SHIJIE ZHUMING PINGMIANJIHE JINGDIAN ZHUZUO GOUCHEN

世界著名平面几何经典著作钩沉

建国初期平面三角老课本

《世界著名平面几何经典著作钩沉》编写组 编

哈爾濱工業大學出版社
HARBIN INSTITUTE OF TECHNOLOGY PRESS

内 容 提 要

本书分为三角函数测角法，三角函数表，三角形的解法以及习题四部分。详细地介绍了平面三角的相关知识。

本书适合平面几何爱好者及在中学师生阅读参考。

图书在版编目(CIP)数据

世界著名平面几何经典著作钩沉：建国初期平面三角老课本/《世界著名平面几何经典著作钩沉》编写组编.—哈尔滨：哈尔滨工业大学出版社，2015.9

ISBN 978－7－5603－5505－4

Ⅰ.①世… Ⅱ.①世… Ⅲ.①平面三角－研究 Ⅳ.①O124.1

中国版本图书馆 CIP 数据核字(2015)第 161853 号

策划编辑 刘培杰 张永芹
责任编辑 张永芹 刘春雷
出版发行 哈尔滨工业大学出版社
社 址 哈尔滨市南岗区复华四道街 10 号 邮编 150006
传 真 0451－86414749
网 址 http://hitpress.hit.edu.cn
印 刷 哈尔滨市工大节能印刷厂
开 本 787mm×960mm 1/16 印张 17.25 字数 300 千字
版 次 2015 年 9 月第 1 版 2015 年 9 月第 1 次印刷
书 号 ISBN 978－7－5603－5505－4
定 价 38.00 元

◎ 目录

绪　论[1]

§1　三角学的对象　三角学一词是从希腊文翻译过来的.它的原意为三角形之量度.至于这门科学叫作三角学的原因,是因其最初研究的问题系利用三角形的已知元素(边与角)以决定其未知元素(解三角形)的缘故.这个问题,到了现在仍为三角学中基本问题之一.

在三角学中三角形边与角之间量的关系,系由几种随着角的改变而变化之辅助量来建立的,这些辅助量我们叫作三角函数.但是三角函数的用处,不仅限于用来解三角形,在许多其他数学科目中,以及在物理学、工程学等也要应用.因而研究三角函数之重要,不减于研究解三角形.

因此三角学之内容可分为两部分:第一部分为测角法,即关于三角函数性质的研究;第二部分则为狭义的三角学,即三角形解法之研究.

在实际工作中,三角学有广泛的应用:在测量工作方面——决定高度与距离,地形图与三角形之测量等;在天文学方面——测量恒星高度与方位,赤纬与赤经及天体坐标,并进一步将天体坐标知识应用于地理坐标之计算;在力学方面——力在坐标轴上的射影,合力的方向,周期运动公式;在机械学方面——螺旋、齿轮之计算,等等.

三角学创始于希腊,它的创立与天文学的应用有着密切的关系.就天文学本身一方面来说,它是在航海与农业的需要影响下成长起来的:为了海上航行的安全,需要按照星宿来决定船只的正确航程;为了农业需要基于数学尤其是三角学所制定的正确日历.

希帕诸斯(Hippurchus 生于公元前 2 世纪)是第一个三角表的著者,希帕诸斯三角表中载有不同圆心角所对弦长.

公元后 100 年学者梅涅劳斯(Menelaus)发现了球面三角学的原理.地球中心说之著名学者克罗狄斯·托勒密(Claudius Ptolemaeus)在所著《算学总览》一书中载有半径为 1 的圆的弦长的表.他将半径分为 60 等份后,再将每一

① 编校注:本书部分语言习惯及行文格式尊重新中国成立初期的语言习惯及行文要求.

份又分为60等份,同样地再将其中每一小份分为60等份(在拉丁文中,这些小份叫作“Partes minutae primae”及“Partes minutae secundae”由此得到我们量角所用的分、秒等名称).托勒密的表中载有圆心角为$1^\circ,1\frac{1}{2}^\circ,2^\circ,2\frac{1}{2}^\circ,\cdots\cdots$所对之弦长.

中世纪时,三角学在印度亦有相当的发展.印度人已经利用了弦的一半即正弦线;他们也引用了余弦、正弦表与三角公式:$\sin^2\alpha+\cos^2\alpha=1$(唯当时系以文字叙述此公式,并未以数学符号表出).以及把钝角的正弦和余弦化为锐角函数的方法也是印度人所知道的.

9世纪与10世纪,阿拉伯学者发现三角函数中的正切,并制成较正确的正弦表.至于三角学所以在阿拉伯发达的原因,亦系受当时天文学与航海术之影响;因为此时阿拉伯与地中海沿岸间的贸易非常繁盛.

在欧洲,第一个三角学的作者是英国学者布拉德沃丁(Bradwardine,13世纪至14世纪);而第一本有系统的三角学,则系德国学者约翰·米勒(John Müller)于15世纪以笔名雷吉奥蒙塔努斯(Regiomontanus)所发表之《论各种三角形》.在该书内,叙述平面三角形与球面三角形之解法,并指出三角学乃为一独立之科学,无须从属于天文学.

16世纪韦达(Vieta)将三角公式以文字符号(字母)表示之后,三角学始具有现代之形式.

以后,更有众多学者致力于三角学之研究,如:纳皮尔(Napier,对数发明者)、波泰诺(Pothenot)以及天才的彼得堡科学院院士欧拉(Eüler)等,而欧拉应推为三角函数近代理论之创始人.

§2　函数概念　于两种变数之间存在着一种关系,即,对于此二变数中之一的每一值有另一变数的确定值与之对应.例如,下列各等式

$$y=a+x,y=x^2,y=\sqrt{x},\cdots$$

中,二变数x,y间存在之关系.

更如,正方形之边与面积间之关系,球体之半径与球体体积间之关系,以及其他,等等.

一变数之数值对应于另一变数之数值时,前一变数即叫作后一变数之函数.例如:圆面积为该圆半径之函数;即,事实上当圆半径长度改变时,则圆面积必随半径之变化而变化.故对于半径的每一值有圆面积的确定值与之相应(反言之,如以圆面积之改变以决定该圆半径之变化时,则圆半径即为该圆面积之函数).

一数量之变化,能决定函数之变化时,则该数量,叫作函数之变数.例如:在 $y=x^3$ 中,y 随 x 之变化而变化,故 y 叫作函数,x 叫作函数 y 之变数.同样的在 $y=\lg N$ 中,y 为函数,N 为变数.

§3 角与弧的度量 我们在几何学中便已知道,角是用弧来度量的.

为了用弧来度量角,我们就把弧用圆周的几分之几或者半径的多少倍[①]来表示.由几何学已知前一个表示法是用"度"来表示弧和角.后一个表示法是用弧长与半径之比值来表示弧.例如:某一弧长为 2.43,即将该弧伸成直线后,其长度等于半径的 2.43 倍.因此圆周之半可用 $\pi R:R$,即用数 π 表示;圆周之 $\frac{1}{4}$ 用数 $\frac{\pi}{2}$ 表示,等等.

弧的这种度量法,叫作弧度法(或叫作弪制).

应用这种方法,为了使得圆心角和它所对的弧量得是同一个数,那么就需要以等于半径的弧长所对的圆心角作为量角的单位.这种量角的单位,叫作弧度(或叫作弪).

因此,角之对应弧长与半径之比值即为该角之弧度数.例如:某角等于 $\frac{3}{2}\pi$,即该角等于 $\frac{3}{2}\pi$ 个弧度.

因为圆周长等于半径之 2π 倍,故一弧度如以度来表示,则为 $\frac{360^\circ}{2\pi}$,等于 $57^\circ17'44.8''$(误差在 $0.05''$ 以内).

应该很好地记住,任一个周角之弧度数均为 $2\pi R:R$,即 2π,而其度数则为 360°,因而可得下面的对应(表 1):

表 1

360°	270°	180°	90°	60°	45°	30°	18°
2π	$\frac{3\pi}{2}$	π	$\frac{\pi}{2}$	$\frac{\pi}{3}$	$\frac{\pi}{4}$	$\frac{\pi}{6}$	$\frac{\pi}{10}$

我们现在来寻求度数与弧度数的换算公式:

① 第一种方法是比较直观的,也是实际上常用的(在量角器上);第二种方法则是在理论研究方面比较常用的.

校者注:譬如说,某弧长是圆周(半径为 R)的 n 分之一,那么,某弧长就是 $\frac{2\pi}{n}R$,也就是 R 的 $\frac{2\pi}{n}$.

设一弧或角的度数为α,弧度数为a;因一整圆周之度数为360°而弧度数为2π.故可得下式

$$\frac{\alpha}{360^\circ}=\frac{a}{2\pi}\text{ 或 }\frac{\alpha}{180^\circ}=\frac{a}{\pi}$$

由此

$$a=\pi\cdot\frac{\alpha}{180^\circ}\tag{1}$$

$$\alpha=180^\circ\cdot\frac{a}{\pi}\tag{2}$$

例题　设一角为67°30′,试求其弧度数.

按公式(1),以67°30′代α,则得

$$x=\pi\cdot\frac{67^\circ30'}{180^\circ}=\frac{3}{8}\pi$$

如以π之近似值3.141 59代入上式,则$x=1.178\ 10$,其误差在0.000 005以内.

不利用公式,由下列对应值亦可求其x之值

$$360^\circ\cdots\cdots2\pi;1^\circ\cdots\cdots\frac{2\pi}{360^\circ}$$

$$67^\circ30'=67.5^\circ\cdots\cdots\frac{2\pi}{360^\circ}\times67\frac{1}{2}=\frac{3}{8}\pi$$

§3a　弧长　设圆半径为r,弧长为l,其所对圆心角的弧度为a;则由弧度之定义可得

$$a=\frac{l}{r}\text{ 或 }l=ra$$

亦即弧长等于圆半径与弧的弧度数之乘积.此公式常用于物理学及技术科学中.

在计算上,我们常使用度与弧度的换算表.

第一编
三角函数测角法

第一章　锐角三角函数

§4　三角函数的名称和表示法　任一角的三角函数有以下六种，即：正弦、余弦、正切、余切、正割、余割.

它们用以下六种符号来表示：sin、cos、tan、cot、sec、csc. 在上列函数符号后，必须附以对应于函数值的变数值(角). 例如：一角 α 的正弦，用符号来表示则为：$\sin\alpha$.

§5　锐角三角函数的定义　取任意一锐角 α，以此角之顶点为圆心，任一长为半径作一圆，使得这个角成为圆心角，设以 R 表半径之长. 为了区别构成此角的两个半径，设角 α 变化时(图1)，半径 OA 的位置不变，仅半径 OB 随之转动. 这样，我们将固定的半径 OA 叫作角的不动径，将转动的半径 OB 叫作角的动径[①]. 现在来看一下三角函数的定义，在开始时可以一般地说：它们是在以已知角为圆心角的圆上所引的特殊线段与半径之比. 为了作出这些特殊线段除弧 AB 外，我们还需利用弧 AB 的延长弧及与 OA 直交的半径 OM.

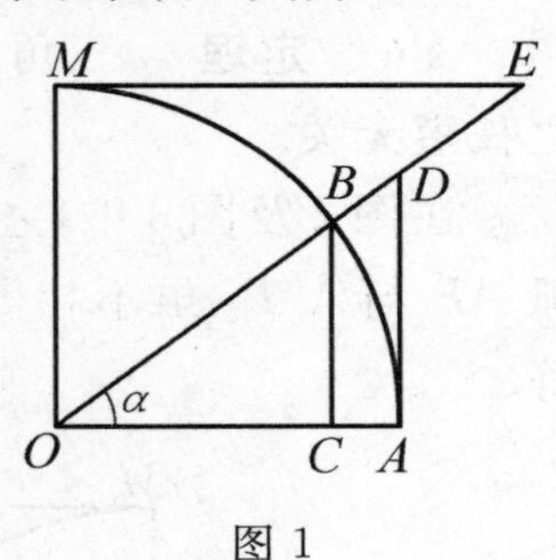

图 1

锐角的三角函数线及三角函数的定义如下：

1) 由动径的端点向不动径所引的垂线(BC)叫作正弦线，正弦线与半径之比叫作已知角的正弦($\sin\alpha=\dfrac{BC}{R}$).

2) 由圆心向正弦线所引的垂线(OC)叫作余弦线，余弦线与半径之比叫作已知角的余弦($\cos\alpha=\dfrac{OC}{R}$).

3) 由不动径的端点向上所引的切线与动径的延长线相交的线段(AD)叫作正切线，正切线与半径之比叫作已知角的正切($\tan\alpha=\dfrac{AD}{R}$).

---

① 有些教科书上，又把动径的最终位置叫作终边，把不动径叫作始边，即表示始边是动径的开始位置，终边是动径的最终位置.

4) 由垂直于不动径的半径端点所引的切线与动径的延长线相交的线段(ME)叫作余切线,余切线与半径之比叫作已知角的余切($\cot\alpha=\frac{ME}{R}$).

5) 从圆心到正切线终点的线段(OD)叫作正割线,正割线与半径之比叫作已知角的正割($\sec\alpha=\frac{OD}{R}$).

6) 从圆心到余切线终点的线段(OE)叫作余割线,余割线与半径之比叫作已知角的余割($\csc\alpha=\frac{OE}{R}$).

例如:半径等于 9 cm,而正弦线等于 6 cm,则正弦即等于数$\frac{2}{3}$.

§6　定理　三角函数的值仅决定于角之大小,而与讨论时所用圆的半径之长短无关.

在图 2 及图 3 中,$\angle AOB$ 与 $\angle A_1O_1B_1$ 都等于已知角 α,半径 OA 与 O_1A_1,弧 AB 与 A_1B_1 虽不相等,但我们要证明 $\angle AOB$ 与 $\angle A_1O_1B_1$ 的同名函数却相等.

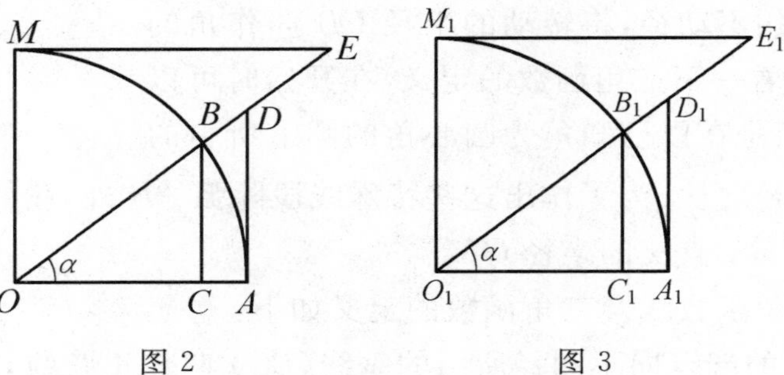

图 2　　　图 3

设关于半径为 R 之圆的三角函数值用 $\sin\alpha,\cos\alpha,\cdots$ 表示;关于半径为 R_1 之圆的三角函数值用 $\sin_1\alpha,\cos_1\alpha,\cdots$ 表示. 现在证明 $\sin_1\alpha=\sin\alpha,\cos_1\alpha=\cos\alpha$,等等.

证明　因三角形 $O_1B_1C_1$、$O_1D_1A_1$ 及 $O_1M_1E_1$ 各与其对应三角形 OBC、ODA 及 OME 相似,因此有

$$\frac{B_1C_1}{R_1}=\frac{BC}{R},\frac{O_1C_1}{R_1}=\frac{OC}{R},\frac{A_1D_1}{R_1}=\frac{AD}{R}$$

等等,亦即 $\sin_1\alpha=\sin\alpha,\cos_1\alpha=\cos\alpha,\tan_1\alpha=\tan\alpha$,等等.

由此可知,等角的三角函数值都相等,而与半径的长短无关.

§7　由前节证明可知,半径的长度无论如何变化,而对已知角的三角函数值并不发生影响;但如果改变角的大小时,由图上就可以明显地看出,该角的

每一个函数值将随角之变化而变化.

§8　因为圆心角及其所对弧有同一的数值,故某角的三角函数,同时亦为该角所对弧的三角函数,此处所谓弧的三角函数,实际上应理解为弧的度量即度或者弧度的三角函数.因此,为了研究方便起见,有时以弧代替角,也有时将弧与角通称为变数.

§9　角由0°变化到90°时三角函数值的变化　在图4中,如角α渐次由0°增加到90°时,则$\frac{BC}{R}$、$\frac{AD}{R}$及$\frac{OD}{R}$各比也渐次增大,而$\frac{OC}{R}$、$\frac{ME}{R}$、$\frac{OE}{R}$各比则渐次减小(在图5中指出了正弦与余弦的变化);因此可知,若一锐角渐次增大时,其正弦、正切、正割亦随之逐渐增大,而余弦、余切、余割则逐渐减小.当角α增大到90°时,$\frac{BC}{R}$变为1,$\frac{OC}{R}$变为0,$\frac{AD}{R}$变为∞,$\frac{ME}{R}$变为0,$\frac{OD}{R}$变为∞,$\frac{OE}{R}$变为1;所以

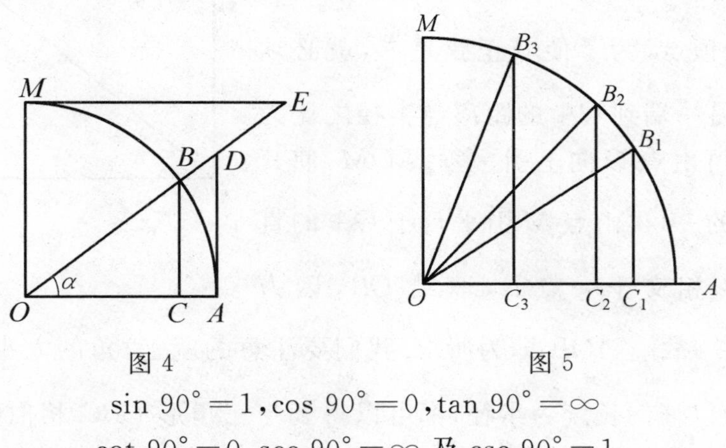

图4　　　　图5

$$\sin 90^\circ=1,\cos 90^\circ=0,\tan 90^\circ=\infty$$
$$\cot 90^\circ=0,\sec 90^\circ=\infty \text{ 及 } \csc 90^\circ=1$$

当一角x由90°渐次减小到0°时,则$\frac{BC}{R}$、$\frac{AD}{R}$及$\frac{OD}{R}$亦随之逐渐减小,而$\frac{OC}{R}$、$\frac{ME}{R}$及$\frac{OE}{R}$则逐渐增大.若角α变为零,则$\frac{BC}{R}$变为0,$\frac{OC}{R}$变为1,$\frac{AD}{R}$变为0,$\frac{ME}{R}$变为∞,$\frac{OD}{R}$变为1,$\frac{OE}{R}$变为∞;所以

$$\sin 0^\circ=0,\cos 0^\circ=1,\tan 0^\circ=0$$
$$\cot 0^\circ=\infty,\sec 0^\circ=1 \text{ 及 } \csc 0^\circ=\infty$$

含有符号∞的等式应该有条件地理解.例如:等式$\tan 90^\circ=\infty$的意义仅为当一角接近于90°的时候,其正切值无限增大.

因此,若角α由0°增大到90°时,则

$\sin\alpha$ 由 0 增大到 1;$\cos\alpha$ 由 1 减小到 0

$\tan\alpha$ 由 0 增大到 ∞;$\cot\alpha$ 由 ∞ 减小到 0

$\sec\alpha$ 由 1 增大到 ∞;$\csc\alpha$ 由 ∞ 减小到 1

因为 0° 与 90° 是锐角的两个极值,故由上之结论可知,哪些数是可以作为一种锐角三角函数值.例如 3 这个数,可作正切、余切、正割及余割各函数之值,但不能作正弦及余弦二函数值.

§10 由已知三角函数作锐角 从 §6 与 §9 可知,对于角 α 的每个值,每种三角函数必有一确定的值与之对应;反之,对于任一三角函数值亦必有一确定的锐角与之对应.下面举例说明由一个已知三角函数值作锐角的方法.

例 1 已知一锐角的正弦为$\frac{2}{3}$,求作此锐角(图 6).

解 先作一任意直线 OA,然后以点 O 为圆心,OA 为半径画弧 AB.设 OA 为所求锐角的不动径,O 为顶点,为了使其正弦是$\frac{2}{3}$,就必须使弧 AB 的另一端到 OA 的距离与半径之比为 2 : 3.因此,可由点 O 向上引一垂线 OM,使其长等于 OA 的$\frac{2}{3}$,再由点 M 引平行于 OA 的直线,与弧 AB 相交于一点 B,联结 OB,因为 $\sin AOB=\frac{2}{3}$,故 $\angle AOB$ 即为所求.我们要注意的就是,角的大小与半径的长短无关.因为以任何长度为半径,都可以得到与三角形 OBC 相似的三角形,因此它们的对应角也是相同的.

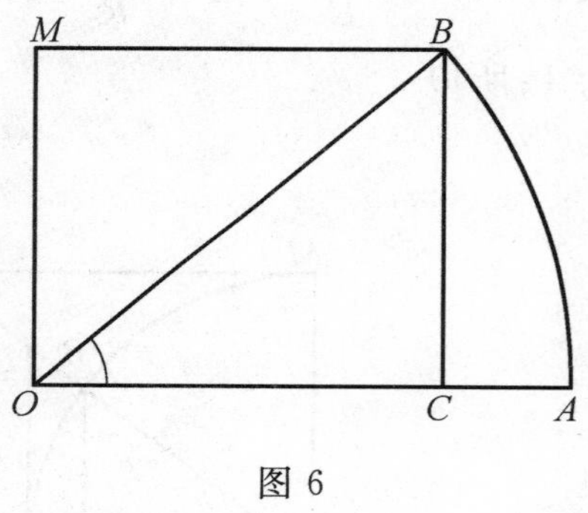

图 6

例 2 已知一锐角的余切为 2,求作此锐角.

解 以直角 AOM(图 7)的顶点为圆心,以任意长为半径画弧 AM,设与角 AOM 的一边 OM 的交点为 M,过 M 引一长为半径 2 倍的切线 ME,联结 OE,交$\overset{\frown}{AM}$于点 B,则所成的角 AOB 即为所求,因为

$$\cot AOB=\frac{ME}{R}=\frac{2R}{R}=2$$

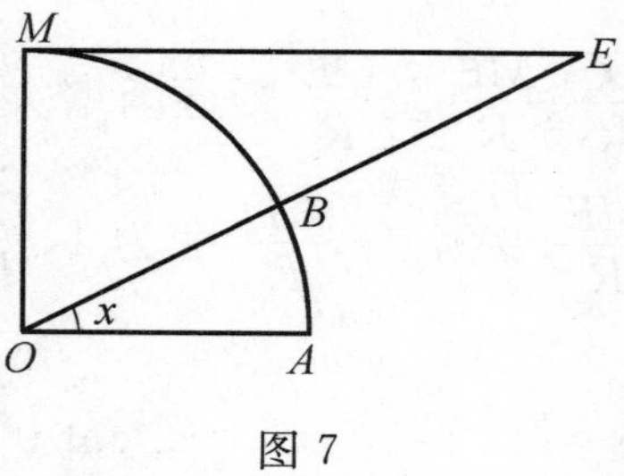

图 7

例 3 已知一锐角的正割为$\frac{4}{3}$,求作此锐角.

解　作任意一弧 AD（图 8），取它的一条半径 OA 作为不动径，由不动径的端点 A 向上作一切线. 因为正割为 $\frac{4}{3}$，故必须使切线的终点与圆心的距离为半径的 $\frac{4}{3}$. 欲达到此目的，可延长 OA 至点 E，使 $OE=\frac{4}{3}OA$，然后以点 O 为圆心，OE 为半径画弧 EC，设弧 EC 与切线相交于一点 C，联结 OC，则角 AOC 即为所求.

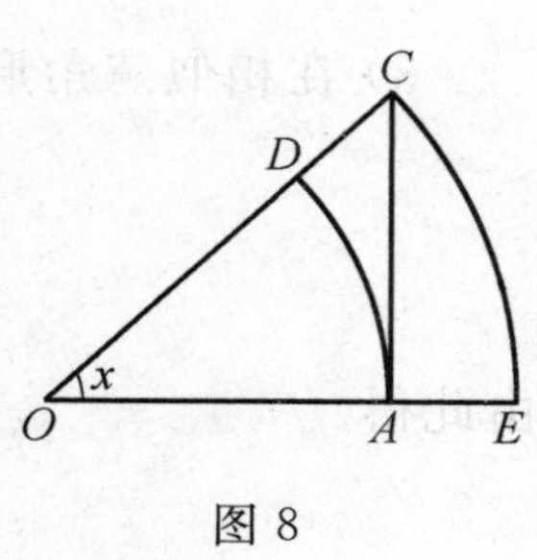

图 8

和前面的两个例子一样，所求的角都与半径的长短无关.

下列各函数的锐角留给读者自己去求

$$\cos x=\frac{3}{5},\tan x=\frac{4}{7},\csc x=2$$

§11　由以上各例可知，对于每一三角函数值即可得出一确定的锐角，并且在前面已经学过，对于任一锐角都有一确定的三角函数值与之对应. 因此可以说锐角与其三角函数，彼此互相完全确定.

§12　同角的三角函数间之相互关系　在同角的三角函数中，很容易发现它们间最简单的关系（图 9）.

1）在直角三角形 OBC 中有

$$BC^2+OC^2=OB^2$$

两边各除以 R^2，则得

$$\left(\frac{BC}{R}\right)^2+\left(\frac{OC}{R}\right)^2=\left(\frac{OB}{R}\right)^2$$

或

$$\sin^2\alpha+\cos^2\alpha=1 \qquad (\text{I})$$

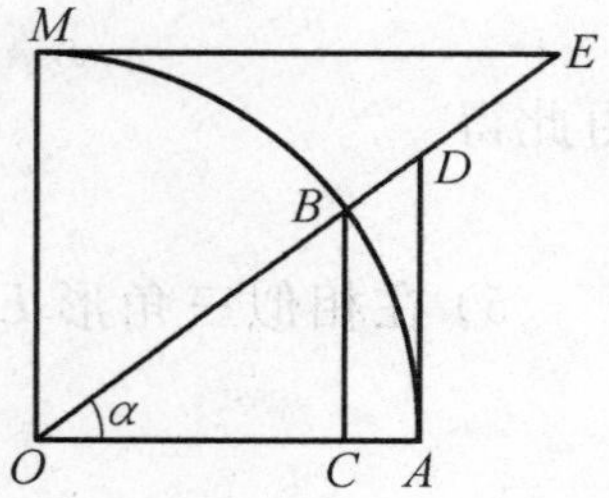

图 9

2）在相似三角形 ODA 与 OBC 中，可得

$$\frac{AD}{OA}=\frac{BC}{OC}$$

在上面等式中，以 R 代替 OA，并用 R 除等式右端的分子分母，则得

$$\frac{AD}{R}=\frac{\left(\frac{BC}{R}\right)}{\left(\frac{OC}{R}\right)}$$

或

$$\tan\alpha=\frac{\sin\alpha}{\cos\alpha} \qquad (\text{II})$$

3) 在相似三角形 EOM 及 OBC 中,得

$$\frac{ME}{OM}=\frac{OC}{BC}$$

由此得

$$\frac{ME}{R}=\frac{\left(\frac{OC}{R}\right)}{\left(\frac{BC}{R}\right)}$$

或

$$\cot\alpha=\frac{\cos\alpha}{\sin\alpha} \qquad (\text{Ⅲ})$$

4) 在相似三角形 ODA 与 OBC 中可得

$$\frac{OD}{OA}=\frac{OB}{OC}$$

由此得

$$\frac{OD}{R}=\frac{\left(\frac{OB}{R}\right)}{\left(\frac{OC}{R}\right)}$$

或

$$\sec\alpha=\frac{1}{\cos\alpha}$$

由此得

$$\sec\alpha\cdot\cos\alpha=1 \qquad (\text{Ⅳ})$$

5) 在相似三角形 EOM 与 OBC 中可得

$$\frac{OE}{OM}=\frac{OB}{BC}$$

由此得

$$\frac{OE}{R}=\frac{\left(\frac{OB}{R}\right)}{\left(\frac{BC}{R}\right)}$$

或

$$\csc\alpha=\frac{1}{\sin\alpha}$$

由此

$$\csc\alpha\cdot\sin\alpha=1 \qquad (\text{Ⅴ})$$

§13. 在同角的三角函数中仅有五种独立的相互关系　我们从作图来证实这个事实.

实际上,若已知某角六个函数中的任一函数值,则该角即可作出(§10). 由

所作的角，即可决定该角的其他五个函数值；这样：若已知一角的一个三角函数的值时，其余五个函数的值就可以求出. 但是当我们要解出五个未知数时，就需要有五个互相独立的方程. 假使这样的方程有六个，则所有的六个函数都将要得出确定的常数值，然而它们是随着角的变化而变化的.

§14 除在 §12 中所得的五个基本公式外，还有以下三个公式，它们可由基本公式推出.

1) 等式(Ⅱ)和等式(Ⅲ)，两端各相乘则得

$$\tan\alpha\cdot\cot\alpha=1 \tag{Ⅵ}$$

2) 以 $\cos^2\alpha$ 除等式(Ⅰ)的两边，然后应用公式(Ⅱ)及(Ⅳ)，并交换等式左端两项的次序则得

$$1+\tan^2\alpha=\sec^2\alpha \tag{Ⅶ}$$

3) 以 $\sin^2\alpha$ 除等式(Ⅰ)的两边，然后应用公式(Ⅲ)及(Ⅴ)，则得

$$1+\cot^2\alpha=\csc^2\alpha \tag{Ⅷ}$$

注意 1 公式(Ⅵ)亦可直接由相似三角形 OAD 及 EMO 中求出. 而公式(Ⅶ)及(Ⅷ)可由毕氏定理[①]求出.

注意 2 为了便于记忆，可将三角函数排成下列的顺序：正弦及余弦，正切及余切，正割及余割. 在这种排列中，与两端有等距的二函数之积等于1(参看公式(Ⅳ)、(Ⅴ)、(Ⅵ)).

正弦、余弦、正切为基本函数，其余各函数为它们的倒数

$$\cot\alpha=\frac{1}{\tan\alpha},\sec\alpha=\frac{1}{\cos\alpha},\csc\alpha=\frac{1}{\sin\alpha}$$

§15 利用 §12 和 §14 的公式，知道了某角的一函数值，就很容易求出此角的其余各函数值. 例如，已知 $\tan\alpha=\frac{3}{4}$，则得

$$\tan\alpha\cdot\cot\alpha=1;\cot\alpha=\frac{1}{\tan\alpha};\cot\alpha=\frac{4}{3}$$

$$\sec^2\alpha=1+\tan^2\alpha;\sec^2\alpha=\frac{25}{16};\sec\alpha=\frac{5}{4}$$

$$\sec\alpha\cdot\cos\alpha=1;\cos\alpha=\frac{1}{\sec\alpha};\cos\alpha=\frac{4}{5}$$

$$\frac{\sin\alpha}{\cos\alpha}=\tan\alpha;\sin\alpha=\tan\alpha\cdot\cos\alpha;\sin\alpha=\frac{3}{5}$$

---

① 编校注：我们应该称为“勾股定理”.

$$\csc\alpha\cdot\sin\alpha=1;\csc\alpha=\frac{1}{\sin\alpha};\csc\alpha=\frac{5}{3}$$

还可利用学过的公式,把某角的各函数用其中的一个表示出来,例如,将角 α 的各函数用 $\sin\alpha$ 来表示,则得

$$\cos\alpha=\sqrt{1-\sin^2\alpha};\tan\alpha=\frac{\sin\alpha}{\sqrt{1-\sin^2\alpha}}$$

$$\cot\alpha=\frac{\sqrt{1-\sin^2\alpha}}{\sin\alpha};\sec\alpha=\frac{1}{\sqrt{1-\sin^2\alpha}};\csc\alpha=\frac{1}{\sin\alpha}$$

§16 从相似三角形 OBC、ODA 及 EOM(图 9)可以看到,一锐角的六个三角函数,就是一直角三角形各边间每次取两边所得的六个不同的比.

实际上,由三角形 OBC 的三边可以形成下列六个比:$\frac{BC}{OB}$,$\frac{OC}{OB}$,$\frac{BC}{OC}$,$\frac{OC}{BC}$,$\frac{OB}{OC}$,$\frac{OB}{BC}$.若在图上作一弧 ABM,及两个直角三角形 ODA 与 EOM,则上面的六个比便可以用以下的六个比来代替:$\frac{BC}{R}$,$\frac{OC}{R}$,$\frac{AD}{R}$,$\frac{ME}{R}$,$\frac{OD}{R}$,$\frac{OE}{R}$.这种由替换所得的比,有很多显著的优点,例如,由分数的形式来看,它们的分母完全相同,这样,相互之间的比较是很容易的.

§17　互余两角三角函数间的相互关系　若某二角之和等于一直角时,则此二角叫作互为余角.如:角 α 与 $90^\circ-\alpha$;角 α 与 $\frac{\pi}{2}-\alpha$;及角度依次为 26° 与 64° 的角都互为余角.

在图 10 中,作 $\angle AOB=\alpha$,和它的正弦线及余弦线,这样 $\sin\alpha=\frac{BC}{R}$;$\cos\alpha=\frac{OC}{R}$.

在图 11 中(图 11 中弧的半径与图 10 中弧的半径相等),作 $\angle AOP=90^\circ-\alpha$ 和它的正弦线与余弦线,这样,$\sin(90^\circ-\alpha)=\frac{PN}{R}$;$\cos(90^\circ-\alpha)=\frac{ON}{R}$.

因为三角形 OBC 与 NOP 全等,故 $NP=OC$,$ON=BC$,所以

$$\sin(90^\circ-\alpha)=\cos\alpha \tag{1}$$

$$\cos(90^\circ-\alpha)=\sin\alpha \tag{2}$$

关于其他各函数,不用作图,利用(1)、(2)两式及 §12 中的各公式,即可得到类似的诸公式

$$\tan(90°-\alpha)=\frac{\sin(90°-\alpha)}{\cos(90°-\alpha)}=\frac{\cos\alpha}{\sin\alpha}=\cot\alpha \tag{3}$$

$$\cot(90°-\alpha)=\frac{\cos(90°-\alpha)}{\sin(90°-\alpha)}=\frac{\sin\alpha}{\cos\alpha}=\tan\alpha \tag{4}$$

$$\sec(90°-\alpha)=\frac{1}{\cos(90°-\alpha)}=\frac{1}{\sin\alpha}=\csc\alpha \tag{5}$$

$$\csc(90°-\alpha)=\frac{1}{\sin(90°-\alpha)}=\frac{1}{\cos\alpha}=\sec\alpha \tag{6}$$

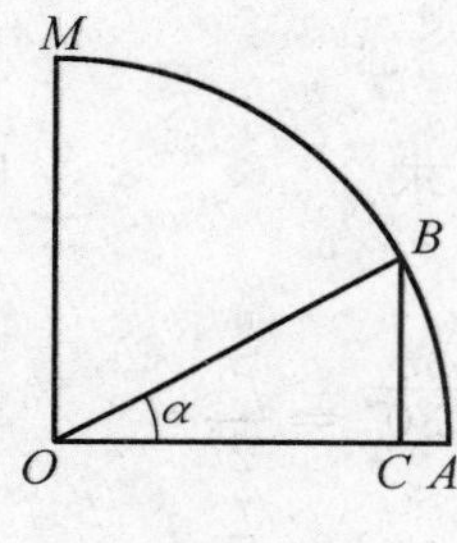

图 10

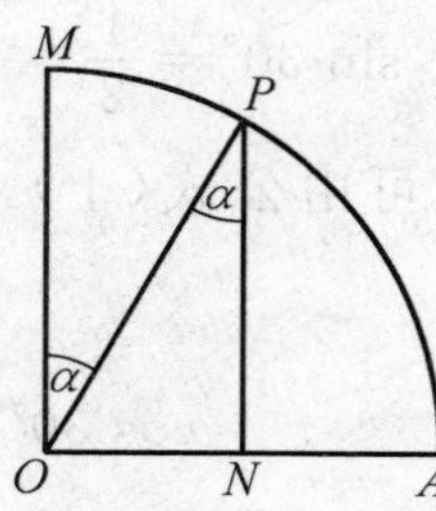

图 11

总述如下：一角的函数等于其余角的余函数[①].

例如：$\tan 63°=\cot 27°$；$\sec\frac{\pi}{6}=\csc(\frac{\pi}{2}-\frac{\pi}{6})$，亦即 $\csc\frac{\pi}{3}$，等等.

§18　余角三角函数的另一求法　设 $\angle AOB=\alpha$（图 12），并作所有的三角函数线，则 $\angle MOB=90°-\alpha$ 的不动径为 OM，动径为 OB. 由三角函数定义（§5）得

$$\sin\alpha=\frac{BC}{R}=\frac{OF}{R}=\cos(90°-\alpha)$$

$$\cos\alpha=\frac{OC}{R}=\frac{FB}{R}=\sin(90°-\alpha)$$

$$\tan\alpha=\frac{AD}{R}=\cot(90°-\alpha)$$

$$\cot\alpha=\frac{ME}{R}=\tan(90°-\alpha)$$

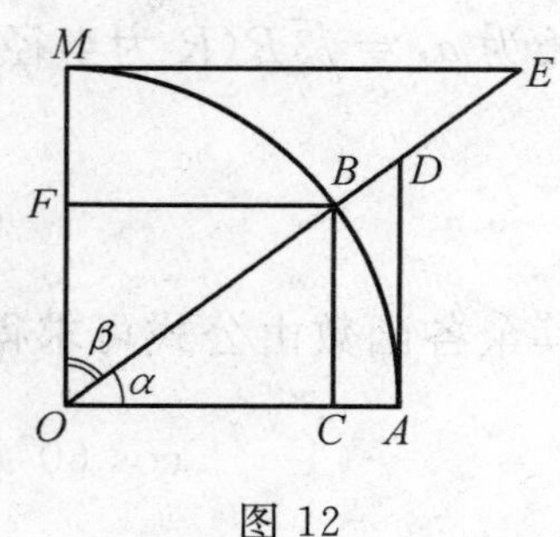

图 12

§19　计算已知角的三角函数值的几个例子

这里仅研究几个很容易借助几何学来计算的情形，不涉及一般的方法.

1）试求角 $30°(\frac{\pi}{6})$ 的三角函数值.

---

① 就命名说是互余的（即正弦和余弦互相叫作余函数，正切和余切，正割和余割也是这样）.

如图 13,延长正弦线,使为弧(此弧为已知弧的延长弧)所对的弦时,则此弦即是以 OB 为半径的圆的内接正六边形的一边,其长与半径相等,这样

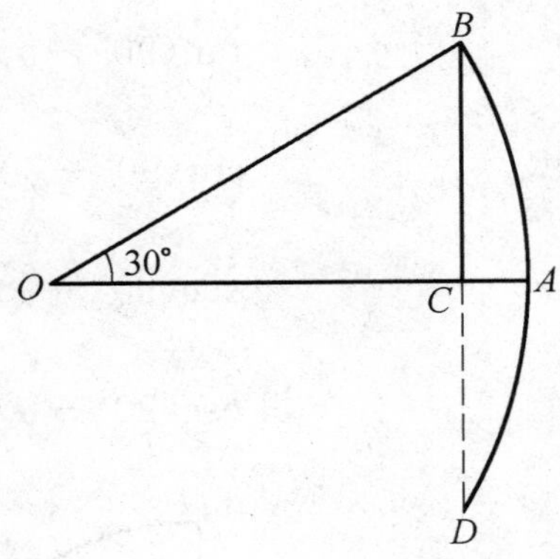

图 13

$$BC=\frac{R}{2}$$

于是

$$\sin 30^\circ=\frac{1}{2}$$

其余的函数可由公式(Ⅰ),(Ⅱ),(Ⅲ)求得

$$\cos 30^\circ=\sqrt{1-\sin^2 30^\circ}=\frac{\sqrt{3}}{2}$$

$$\tan 30^\circ=\frac{\sin 30^\circ}{\cos 30^\circ}=\frac{1}{\sqrt{3}}=\frac{\sqrt{3}}{3}$$

$$\cot 30^\circ=\frac{\cos 30^\circ}{\sin 30^\circ}(\text{或}\frac{1}{\tan 30^\circ})=\sqrt{3}$$

2) 求角 $60^\circ(\frac{\pi}{3})$ 的三角函数值.

将正弦线延长为弧所对的弦时,则正弦线即为圆内接正三角形的一边,其长为 $a_3=\sqrt{3}R$(R 为半径). 于是得

$$\sin 60^\circ=\frac{\frac{1}{2}a_3}{R}=\frac{\frac{1}{2}\sqrt{3}R}{R}=\frac{\sqrt{3}}{2}$$

其余各函数由公式可求得

$$\cos 60^\circ=\frac{1}{2},\tan 60^\circ=\sqrt{3},\cot 30^\circ=\frac{1}{\sqrt{3}}=\frac{\sqrt{3}}{3}$$

3) 求角 $45^\circ(\frac{\pi}{4})$ 的三角函数值.

利用 §17 中的公式,可得 $\sin 45^\circ=\cos 45^\circ$,$\tan 45^\circ=\cot 45^\circ$. 由 $\sin 45^\circ=\cos 45^\circ$ 可得

$$\tan 45^\circ=\frac{\sin 45^\circ}{\cos 45^\circ}=1$$

从而 $\cot 45^\circ=1$. 更得

$$\sin 45^\circ=\frac{1}{\csc 45^\circ}=\frac{1}{\sqrt{1+\cot^2 45^\circ}}=\frac{1}{\sqrt{2}}$$

从而

$$\cos 45^\circ=\frac{1}{\sqrt{2}}$$

4）如果某角等于 $18^\circ(\frac{\pi}{10})$，则正弦线等于圆内接正十边形边长的一半，由于圆内接正十边形的边长等于 $\frac{R}{2}(\sqrt{5}-1)$，所以正弦线为 $\frac{R}{4}(\sqrt{5}-1)$，于是 $\sin 18^\circ=\frac{1}{4}(\sqrt{5}-1)$.

§20　直角三角形中边与角的关系　现在我们考究如何利用三角函数来建立直角三角形中边与角的关系.

先规定记号. 命字母 a,b,c 表三角形三边之长，其对角的量以对应的字母 A,B,C 表示，并且假定所有的边都是用同一单位来度量的，在直角三角形中以 C 表示直角.

现在来推导公式.

Ⅰ. 以 c 为半径画弧 BD（图 14），再按 §5 可得出

$$\frac{a}{c}=\sin A \tag{1}$$

和

$$\frac{b}{c}=\cos A \tag{2}$$

亦即直角边与斜边之比是：1）锐角的正弦，若是这直角边为锐角的对边. 2）锐角的余弦，若是这直角边为夹锐角的一边.

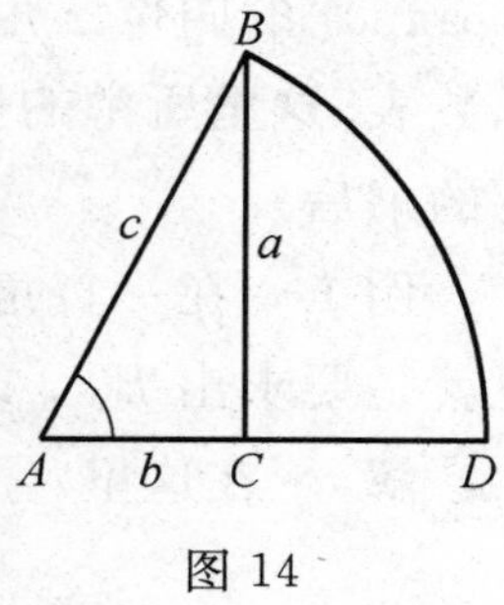

图 14

Ⅱ. 先用式(2) 除式(1)，然后再用式(1) 除式(2) 则得

$$\frac{a}{b}=\tan A \tag{3}$$

和

$$\frac{b}{a}=\cot A \tag{4}$$

亦即直角三角形的直角边之比是：1）锐角的正切，若是第一直角边[①]为锐角的对边，或 2）锐角的余切，若是第一直角边为夹锐角的一边.

---

① 第一直角边即指比之前项.

§21 由 §20 第(1)式可得：$a=c\cdot\sin A$. 但因 $A+B=90°$，故 $\sin A$ 可用 $\cos B$ 来代替(依 §17). 所以，$a=c\cdot\cos B$.

因此可得：直角边等于斜边乘该直角边所对锐角的正弦，或乘该直角边所属锐角的余弦.

由 §20 等式(3)得：$a=b\cdot\tan A$，因为 $\tan A$ 可用 $\cot B$ 来代替，还可得到 $a=b\cdot\cot B$.

因此：直角边等于另一直角边乘第一直角边所对锐角的正切，或乘第一直角边所属锐角的余切.

利用等式 $\frac{a}{c}=\sin A$ 与 $\sin A=\cos B$ 得

$$c=\frac{a}{\sin A}=\frac{a}{\cos B}$$

因此，斜边等于直角边除以其所对锐角的正弦，或除以其所属锐角的余弦.

§22 三角形解法的举例. 关于三角函数表的概念 在解三角形的过程中，除了利用已有的三角公式外，为了由已知角求出其函数值，或由已知函数值求出其角度，还必须利用三角函数表. 最熟知的三角函数表，有 B. 柏拉基斯(брадис)的四位三角函数表及 E. 布尔耶瓦里斯基(пржевальский)的五位三角函数表. 这里所举的例题中，仅用三位三角函数表(刊登在雷布金所编的三角习题的书后).

例1 在一直角三角形 ABC 中，已知 $AB=5$ cm，$\angle A=24°$，求解三角形. 也就是要求出 BC，AC 及 $\angle B$ 的值.

解 在这里，$\angle B=90°-\angle A=66°$. 由 §21 中的公式即可求出

$$a=c\cdot\sin A=5\cdot\sin 24°$$

$$b=c\cdot\cos A=5\cdot\cos 24°$$

由三角函数表中查出 $\sin 24°$ 与 $\cos 24°$ 的值，然后代入上式则得

$$a=5\times0.407=2.035 \text{ 及 } b=5\times0.914=4.57$$

也就是 $BC=2.035$ cm，$AC=4.57$ cm.

验算 因为 $a^2=2.035^2=4.1412$，$b^2=4.57^2=20.8849$，所以，$a^2+b^2=25.0261$，而正确的数值应为 25. 产生这个误差的原因是由于三角函数表所取的函数值均为近似值.

例2 设直角三角形的两直角边 $a=14$，$b=15$，求斜边与各角的度数.

解 由 §20 可得：$\tan A=\frac{a}{b}=\frac{14}{15}$，求到小数第三位时得 $\tan A=0.933$；

由正切函数表查得与该值对应的角度为 43°，所以 $\angle A=43^\circ$，由此，$\angle B=90^\circ-\angle A=47^\circ$. 再由 §21 求斜边，可得：$c=\dfrac{a}{\sin A}=\dfrac{14}{\sin 43^\circ}$，由三角函数表查出 $\sin 43^\circ$ 之值代入，则得 $c=14\div 0.682=20.528$.

验算　由毕氏定理可得

$$c=\sqrt{14^2+15^2}=20.518$$

由验算可知，以上所求出之值，都不十分正确，要求出正确性较大的数值，就必须用非常精细的三角函数表，这种表中的三角函数值，都有很多的小数位，但在计算上就产生了困难.因此，这种计算，就不如利用对数较为方便.这样，所用表中的数值，就不是三角函数值，而为其对数值.像这种表叫作三角函数对数表.我们所见到的这一类的表其中大部分篇幅都是三角函数对数表.前面所用的三角函数表叫作三角函数真数表（函数本身的值）.它在计算方面的应用是比较少的.

在上面所举例题中，我们并没有涉及斜三角形的解法，但是这种三角形的解法很容易化为直角三角形的解法.因为只要在斜三角形中引一高，把它分成两个直角三角形就可以了.以后我们还要讲到这种三角形的其他解法.

第二章 90°到360°间各角的三角函数

§23 引言 前面所讨论的图形,仅是关于四分之一圆的(图1),现在我们用一个整圆(图15)来代替这个四分之一圆.在圆内作水平的和垂直的二直径 NA 与 PM,则此二直径将圆分成四部分,每一部分叫作象限.AOM 叫作第一象限,MON 叫作第二象限,NOP 叫作第三象限,POA 叫作第四象限.与前面同样,OA 叫作不动径,从不动径开始计算角的大小;由其端点 A 开始计算弧的长.动径 OB 转动的方向与时针旋转的方向相反时,所成的角叫作正角;动径转动的方向与时针旋转的方向相同时,所成的角叫作负角.

§24 三角函数线的作图 在§5中所讲的三角函数线,是专指锐角而言.现在把这种定义推广到大于直角的角.

试取一钝角 AOB(图16),则此角的正弦线 BC 是由动径的端点向不动径的延长线所引的垂线.该角的余弦线为 OC.正切线的求法如下:由点 A 向下引一切线,与动径 OB 的延长线相交于一点 D,则 AD 即为所求.余切线的求法是:由点 M 向左引一切线,与动径 OB 的延长线相交于一点 E,则 ME 即为所求的余切线.OD 及 OE 为正割线及余割线.

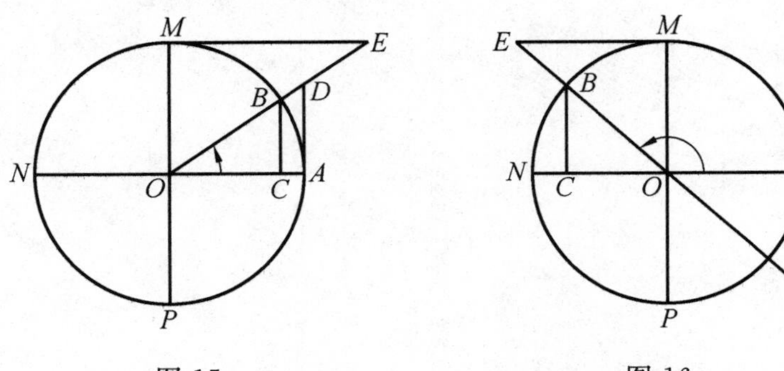

图15　　　　图16

如动径在第三、第四象限时(图17及图18),诸三角函数线的作法与以上相似.

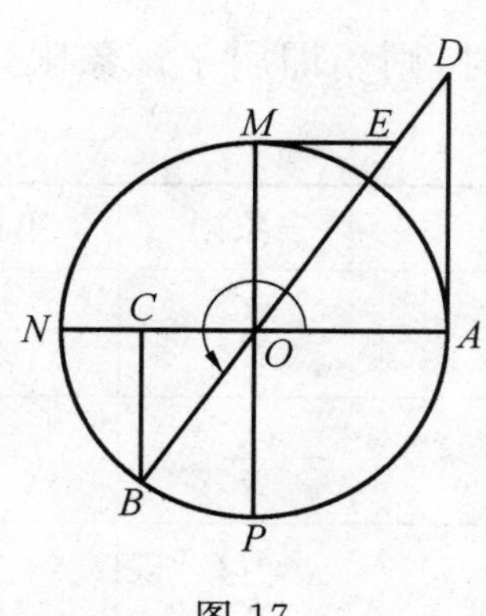

图 17

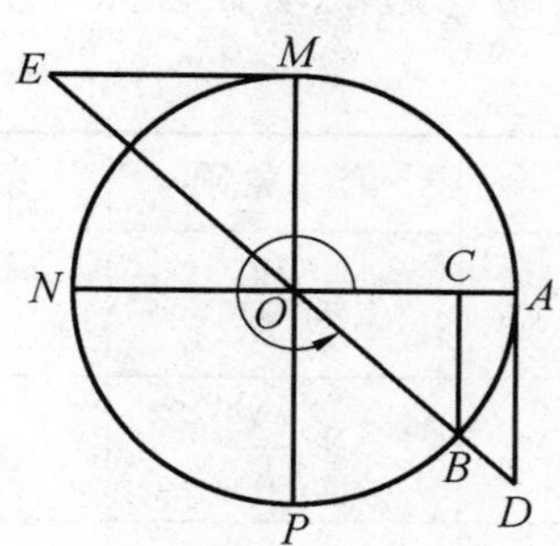

图 18

将图 16、17 和 18 与图 15 相比较，可以看到，同名的三角函数线在各象限中的方向却不完全相同. 即：

1) 正弦线(BC) 的方向，在一、二两象限中，是由水平直径向上；在三、四两象限中，则由水平直径向下.

2) 余弦线(OC) 的方向，在一、四两象限中是由圆心向右；在二、三两象限中由圆心向左.

3) 正切线(AD) 在一、三两象限中由切点向上；在二、四两象限中，则由切点向下.

4) 余切线(ME) 在一、三两象限中由切点向右；在二、四两象限中，则由切点向左.

5) 正割线(OD) 在一、四两象限中与动径的方向一致；在二、三两象限中，与动径的方向相反.

6) 余割线(OE) 在一、二两象限中与动径的方向一致；在三、四两象限中与动径的方向相反.

这样，任一角的三角函数线都有一定的方向，该方向或与第一象限中角的各函数线的方向一致或相反.

§25 三角函数表 由上节可知，任一三角函数线必具有两个相反方向中的一个方向，即第一象限内三角函数线的方向或与其相反的方向. 现在用正负来区别函数线的这两种方向，我们规定具有第一象限内各三角函数线的方向的三角函数线为正，用“+”表示；与其相反的方向为负，用“-”表示.

因为三角函数是三角函数线与半径之比，而我们永远认为半径是正值，所以三角函数的符号，常与比的第一项的符号相同，也就是与三角函数线的符号相同.

由以上的特点，则各象限内的角，可得下面的三角函数的符号(参照图 19

和表 2;构成角的一边的动径在某一象限内时,则角即属于该象限).

表 2

	第一象限	第二象限	第三象限	第四象限
sin	$+\frac{BC}{R}$	$+\frac{BC}{R}$	$-\frac{BC}{R}$	$-\frac{BC}{R}$
cos	$+\frac{OC}{R}$	$-\frac{OC}{R}$	$-\frac{OC}{R}$	$+\frac{OC}{R}$
tan	$+\frac{AD}{R}$	$-\frac{AD}{R}$	$+\frac{AD}{R}$	$-\frac{AD}{R}$
cot	$+\frac{ME}{R}$	$-\frac{ME}{R}$	$+\frac{ME}{R}$	$-\frac{ME}{R}$
sec	$+\frac{OD}{R}$	$-\frac{OD}{R}$	$-\frac{OD}{R}$	$+\frac{OD}{R}$
csc	$+\frac{OE}{R}$	$+\frac{OE}{R}$	$-\frac{OE}{R}$	$-\frac{OE}{R}$

因此,由 0° 到 360° 间各角的三角函数值是由符号及其绝对值而组成,所以是代数值. 例如在图 17 中,设 $\angle AOB=\alpha, R=1.2$ cm 及 $BC=0.9$ cm,则 $\sin\alpha=-\frac{3}{4}$. 至于三角函数的广义,可以这样来表示:三角函数值是以三角函数线与半径之比及三角函数线的方向所决定的正数或负数.

图 19 表示三角函数在各象限的符号.

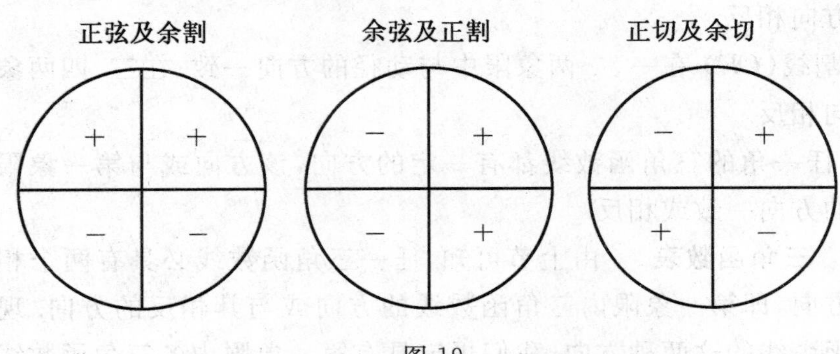

图 19

§ 26　由已知的三角函数值作角　三角函数的值,可以为正,也可以为负.

现在我们为了作图,将利用整圆(半径为任意长)及两个主要的直径,函数值的符号指示着三角函数线的方向,其绝对值为函数线与半径之比.

现在来看几个例子:

例 1　设 $\sin x=\frac{1}{2}$，试作角 x.

解　因正弦值为正，故正弦线的位置必在上半圆内，且其长为半径的二分之一(图 20).

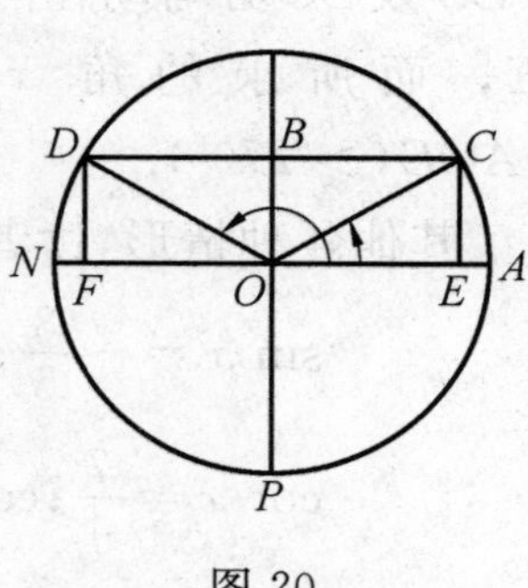

图 20

在上半圆内引平行于水平直径且距离为 $OB=\frac{1}{2}R$ 的平行线，与圆周相交于两点 D,C，联结 OD，OC，则得两角

$$x_1=\angle AOC \text{ 及 } x_2=\angle AOD$$

此两角必适合于所设条件，因为

$$\sin AOC=\frac{CE}{R}=\frac{\frac{1}{2}R}{R}=\frac{1}{2}$$

$$\sin AOD=\frac{DF}{R}=\frac{\frac{1}{2}R}{R}=\frac{1}{2}$$

例 2　设 $\cos x=-\frac{3}{5}$，试作角 x.

解　因余弦值为负值，故余弦线的方向向左，其长度应该是半径的 $\frac{3}{5}$. 在水平直径(图 21)上点 O 之左方取一点 E，使 $OE=\frac{3}{5}R$，然后过点 E 引水平直径的垂线 CF，与圆周相交于 C,F 两点，则得所求的角为：$x_1=\angle AOF$ 及 $x_2=\angle AOC(>180^\circ)$.

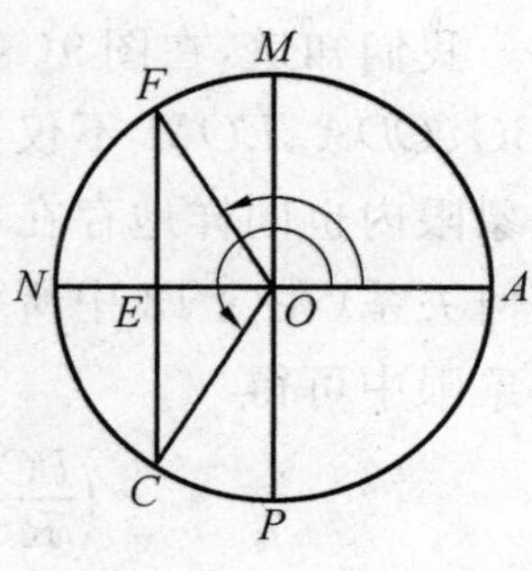

图 21

例 3　设 $\tan x=1$，试作角 x.

解　因已知正切值为正值，故所求正切线的方向必由点 A 向上，且其长与半径相等. 过点 A 向上引一切线 $AB=R$. 动径的延长线应该通过点 B，故由点 B 向圆心引割线 $BCOD$(图 22). 割线与圆周相交于 D,C 两点，则两角 $x_1=\angle AOC$ 及 $x_2=\angle AOD\ (>180^\circ)$ 即符合于所设条件.

例 4　设 $\csc x=-\frac{4}{3}$，试作角 x.

解　余割线应从圆心开始，终止于切线 KL 上，而其长为半径的 $\frac{4}{3}$. 故以点 O 为圆心，$OQ=\frac{4}{3}R$ 为半径(图 23) 画弧，与切线 KL 相交于 B,C 两点，则 OB

及 OC 为余割线的两个可能位置. 已知余割的值为负，故 OB 及 OC 必与动径的方向相反. 所以动径为 OD 及 OE，而所求的角 x 是 $\angle AOD$（$>180°$），及 $\angle AOE$（$>270°$）.

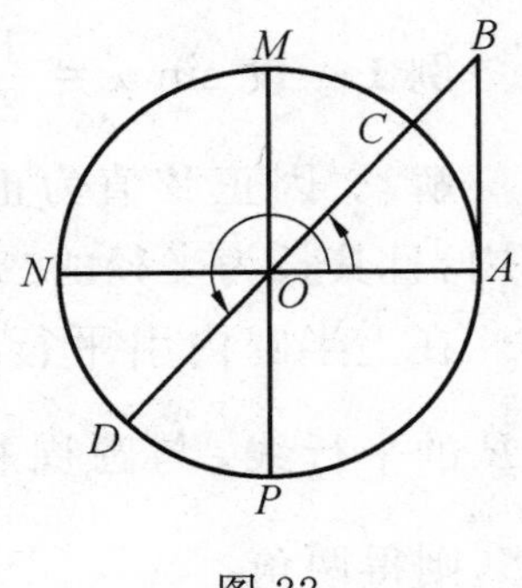

图 22

其他各种情形，读者可自己试作，例如

$$\sin x=-\frac{3}{5};\cos x=\frac{3}{4};\tan x=-2$$

$$\cot x=\frac{7}{4};\cot x=-3;\sec x=2$$

$$\csc x=\frac{5}{4}$$

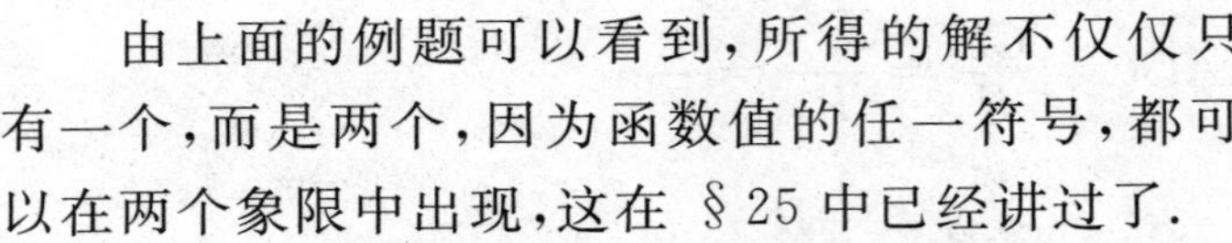

由上面的例题可以看到，所得的解不仅仅只有一个，而是两个，因为函数值的任一符号，都可以在两个象限中出现，这在 §25 中已经讲过了.

图 23

§27　§12 中各公式的推广　在本节中，我们将要证明在第一象限内同一角三角函数间的关系，在其他各象限内也同样是正确的.

我们知道，在图 9(§12) 中的相似直角三角形 OBC、ODA、EOM 不仅在第一象限内存在，在其他象限内也同样地存在(图 15－18). 因此，它们的几何关系(在 §12 中所获得的) 仍然存在. 所以在各象限中可得

$$\left(\frac{BC}{R}\right)^2+\left(\frac{OC}{R}\right)^2=1;\sin^2\alpha+\cos^2\alpha=1 \tag{1}$$

$$\frac{AD}{R}=\frac{BC}{R}:\frac{OC}{R};\tan\alpha=\frac{\sin\alpha}{\cos\alpha} \tag{2}$$

$$\frac{ME}{R}=\frac{OC}{R}:\frac{BC}{R};\cot\alpha=\frac{\cos\alpha}{\sin\alpha} \tag{3}$$

$$\frac{OD}{R}\cdot\frac{OC}{R}=1;\sec\alpha\cdot\cos\alpha=1 \tag{4}$$

$$\frac{OE}{R}\cdot\frac{BC}{R}=1;\csc\alpha\cdot\sin\alpha=1 \tag{5}$$

在这里，并没有考虑到线段的方向，即线段的符号. 但由 §25 的表中所示各象限内的符号可知，于等式(1)—(5) 中各函数值的前面加以适当的符号后，各等式仍然成立. 实际：在等式(1) 中，因指数为偶数，所以括号内的符号无论

为正或负，该等式恒能成立. 又由图 15—18 可知，当角在一、三两象限中时，线段 AD 及 ME 的符号为正，线段 CB 及 OC 的符号也相同（在第一象限内同为正，在第三象限内同为负）；在二、四两象限中，线段 AD 及 ME 的符号为负，而线段 CB 及 OC 的符号不相同，所以等式(2) 及(3) 亦恒成立. 同理，等式(4) 中线段 OD，OC 的符号与等式(5) 中线段 OE，BC 的符号也不影响等式的成立，因为由图 15—18 可知，线段 OD 及 OC 的符号永远相同；同样，线段 OE 及 BC 的符号也永远相同；故它们的乘积恒为正[①].

现在我们把上面的六个比

$$\frac{BC}{R},\frac{OC}{R},\frac{AD}{R},\frac{ME}{R},\frac{OD}{R},\frac{OE}{R}$$

代以相当的函数 $\sin\alpha$、$\cos\alpha$、$\tan\alpha$、$\cot\alpha$、$\sec\alpha$、$\csc\alpha$，则得出同样的公式(Ⅰ)—(Ⅴ)(§12)，其角的值在 0° 到 360° 之间.

所以公式(Ⅰ)－(Ⅴ)(§12) 可以推广到大于 90° 的角；同时，又因为公式(Ⅵ)－(Ⅷ)(§14) 是由公式(Ⅰ)－(Ⅴ) 诱导出来的，所以公式(Ⅵ)－(Ⅷ) 中的各角，同样亦可大于 90°.

我们可以举一个例题来详细地说明这一点. 如在公式 $\cot\alpha=\frac{\cos\alpha}{\sin\alpha}$ 中，设角 α 在第四象限内[②].

按图 24

$$\cot\alpha=-\frac{ME}{R}$$

$$\cos\alpha=+\frac{OC}{R}$$

及

$$\sin\alpha=-\frac{BC}{R} \qquad \text{(a)}$$

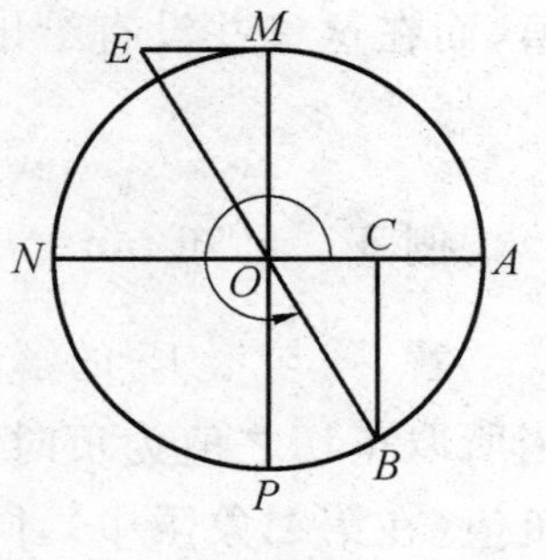

图 24

因 $\triangle OME \backsim \triangle OBC$，故可得 $\frac{ME}{OM}=\frac{OC}{BC}$，于是

$$\frac{ME}{R}=\frac{\left(\frac{OC}{R}\right)}{\left(\frac{BC}{R}\right)} \qquad \text{(b)}$$

---

① 也可以这样说，在 §25 中，我们可以很明显地看到，当正弦与余弦的符号相同时（在一、三两象限中），正切与余切之值为正；当正弦与余弦的符号相异时（在二、四两象限中），正切与余切之值为负.

② 角 α 在第四象限内，就是说动径的最终位置在第四象限内.

在这里,加上我们所需要的符号,等式仍然成立(参看(a)),所以

$$\frac{ME}{R}=\frac{\left(+\frac{OC}{R}\right)}{\left(-\frac{BC}{R}\right)}$$

亦即

$$\cot\alpha=\frac{\cos\alpha}{\sin\alpha}$$

§28　公式(Ⅰ)—(Ⅷ)的应用　这里的应用与§15中的应用有些区别,在以下各例题中就可以看出来.

例1　设角 α 在第四象限,且 $\cot\alpha=-\frac{15}{8}$,求 $\csc\alpha$.

解　由公式(Ⅷ)得

$$\csc^2\alpha=1+\cot^2\alpha=1+\left(\frac{15}{8}\right)^2=\frac{289}{64}$$

因为余割在第四象限中是负值,所以

$$\csc\alpha=-\sqrt{\frac{289}{64}}=-\frac{17}{8}$$

例2　用 $\sin\alpha$ 表示 $\cos\alpha$.

解　由公式(Ⅰ)可得 $\cos^2\alpha=1-\sin^2\alpha$. 因为余弦可以为正值,也可以为负值,而在这里并没有给出选择符号的条件,所以

$$\cos\alpha=\pm\sqrt{1-\sin^2\alpha}$$

例3　已知 $\tan\alpha=-\frac{3}{4}$,求 α 的其余各三角函数的值.

解　与§15的解法相同,但由开方所得的 $\sec\alpha$ 必须保留两个符号,因为当所取正切之值为负时,所求出的正割可以是正值(在第四象限中),也可以是负值(在第二象限中),同理,角 α 的其余各函数也可以得两个不同符号的值(余切为例外,因其常与正切的符号相同).

故得全部函数值如下

$$\cot\alpha=-\frac{4}{3};\sec\alpha=\pm\frac{5}{4};\cos\alpha=\pm\frac{4}{5}$$

$$\sin\alpha=\mp\frac{3}{5};\csc\alpha=\mp\frac{5}{3}$$

或将两个解答分开来写

1) $\cot\alpha=-\frac{4}{3};\sec\alpha=+\frac{5}{4};\cos\alpha=+\frac{4}{5};\sin\alpha=-\frac{3}{5};\csc\alpha=-\frac{5}{3}$.

2) $\cot\alpha=-\frac{4}{3}$; $\sec\alpha=-\frac{5}{4}$; $\cos\alpha=-\frac{4}{5}$; $\sin\alpha=+\frac{3}{5}$; $\csc\alpha=+\frac{5}{3}$.

第一组解答表示角在第四象限中，第二组解答表示角在第二象限中.

§29　角由0°增大到360°时三角函数值的变化　在§9中我们已经知道角从0°增大到90°时函数值的变化.现在来研究角从90°增大到180°、从180°增大到270°、从270°增大到360°各函数值的变化，这几种情形，利用图16、17及18(§24)即可获得解决.亦即：先求出函数值的符号，至于各函数绝对值的表示法，可依§9中的方法来作.其结果如表3所示，在表3中，仅表示各象限中变数(角)与函数的最大值及最小值，并且表明各函数在各象限内仅是渐增或渐减.

表3

	第一象限 $0°\to90°$ $\left(0\to\frac{1}{2}\pi\right)$	第二象限 $90°\to180°$ $\left(\frac{1}{2}\pi\to\pi\right)$	第三象限 $180°\to270°$ $\left(\pi\to\frac{3}{2}\pi\right)$	第四象限 $270°\to360°$ $\left(\frac{3}{2}\pi\to2\pi\right)$
sin	$0\to+1$	$+1\to0$	$0\to-1$	$-1\to0$
cos	$+1\to0$	$0\to-1$	$-1\to0$	$0\to+1$
tan	$0\to+\infty$	$-\infty\to0$	$0\to+\infty$	$-\infty\to0$
cot	$+\infty\to0$	$0\to-\infty$	$+\infty\to0$	$0\to-\infty$
sec	$+1\to+\infty$	$-\infty\to-1$	$-1\to-\infty$	$+\infty\to+1$
csc	$+\infty\to+1$	$+1\to+\infty$	$-\infty\to-1$	$-1\to-\infty$

因为三角函数值是用正负数来表示，故函数值的增大或减小，必须与其绝对值的增大或减小有所区别.例如，当变数(角)由90°增到180°时，余弦的绝对值也随之而增加，但余弦本身却因带着负号反而减小.同理，当变数(角)增加时，在代数意义上来讲，正切的值永远随之而增加，余切的值却随之而减小.

在上表中还表明了以下的各种情形：

Ⅰ.各函数的变化范围：

1) 正弦与余弦在-1与$+1$之间变化(即它们的绝对值不能大于1).

2) 正切与余切在$-\infty$与$+\infty$之间变化(因此，任何数均可以作为正切与余切之值).

3) 正割与余割在$+1$与$+\infty$及-1与$-\infty$二区域之间变化(因之，正割与余割的绝对值不能小于1).

Ⅱ. 某些结果(函数值)的双重性. 例如,若 90° 角是由锐角增加而得,则 $\tan 90^\circ=+\infty$;若 90° 角是由钝角渐次减小而得,则 $\tan 90^\circ=-\infty$;如果不指明角如何地到达 90° 时,则写作 $\tan 90^\circ=\pm\infty$. 同理,$\cot 180^\circ=\pm\infty$ 及其他,等等.

注 如果我们对于正弦函数及余弦函数在图形上的变化已经熟悉后,则其他各函数的变化,可不按照图形,而由它们与正弦及余弦函数的关系中求得. 例如,$\tan\alpha$ 的变化可以看作是 $\dfrac{\sin\alpha}{\cos\alpha}$ 的变化,$\sec\alpha$ 的变化可以看作是 $\dfrac{1}{\cos\alpha}$ 的变化,其他依此类推.

§30 诱导公式 利用动径与水平、垂直二直径所成的二锐角(此二角之和等于 90°),即可将大于直角的三角函数很容易地变为锐角的三角函数. 例如,在图 25 中,设 $\angle AOB=143^\circ$,则得两个锐角:$\angle BON=37^\circ$ 与 $\angle MOB=53^\circ$. 此二角中任一角的函数可表示 $\angle AOB$ 的各函数. 其法如何,可从下面的几何例题看出:

例 1 将钝角的三角函数化为与这个钝角互补的锐角的三角函数.

如图 25 所示,$\angle AOB$ 为钝角,且与 $\angle BON$ 的和等于 180°,所以 $\angle BON$ 即为所求的锐角. 设 $\angle BON$ 之值为 α,则 $\angle AOB=180^\circ-\alpha$.

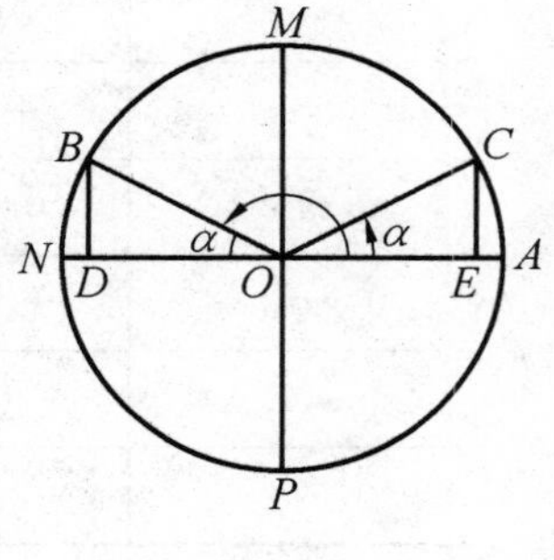

图 25

现在来作角 α 的三角函数线,以 OA 为不动径作 $\angle AOC=\alpha$,再作 $\angle AOB$ 与角 α 的正弦线 BD 及 CE,则得 $\sin(180^\circ-\alpha)=+\dfrac{BD}{R}$ 及 $\sin\alpha=+\dfrac{CE}{R}$,因为 $BD=CE$,所以

$$\sin(180^\circ-\alpha)=\sin\alpha \tag{a}$$

同理

$$\cos(180^\circ-\alpha)=-\frac{OD}{R} \tag{1}$$

及

$$\cos\alpha=+\frac{OE}{R} \tag{2}$$

上二等式右边的绝对值相等(因 $OD=OE$),但其符号相反. 要使此二式完全相等,等式(1) 不变,等式(2) 的两边则乘以 -1,因而得

$$-\cos\alpha=-\frac{OE}{R} \tag{3}$$

等式(1)及(3)的右边相等,所以

$$\cos(180°-\alpha)=-\cos\alpha \tag{b}$$

由公式(a)及(b)即可推出关于其他各函数的公式(由 §27 及 §12)

$$\tan(180°-\alpha)=\frac{\sin(180°-\alpha)}{\cos(180°-\alpha)}=\frac{\sin\alpha}{-\cos\alpha}=-\frac{\sin\alpha}{\cos\alpha}=-\tan\alpha$$

$$\cot(180°-\alpha)=\frac{\cos(180°-\alpha)}{\sin(180°-\alpha)}=\frac{-\cos\alpha}{\sin\alpha}=-\frac{\cos\alpha}{\sin\alpha}=-\cot\alpha$$

$$\sec(180°-\alpha)=\frac{1}{\cos(180°-\alpha)}=\frac{1}{-\cos\alpha}=-\frac{1}{\cos\alpha}=-\sec\alpha$$

$$\csc(180°-\alpha)=\frac{1}{\sin(180°-\alpha)}=\frac{1}{\sin\alpha}=\csc\alpha$$

例 2　将钝角的三角函数化为锐角的三角函数.

在图 26 中,设 $\angle MOB$ 之值为 α,$\angle AOB$ 可以看作是 $90°+\alpha$,在不动径 OA 上作 $\angle AOC=\alpha$,然后再引正弦线 BF 与 CG,则得

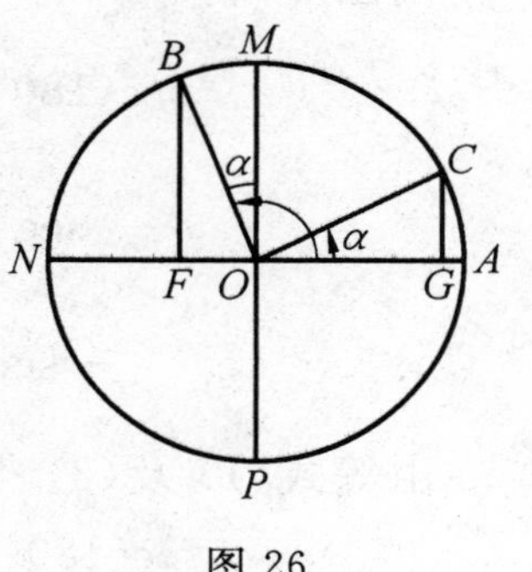

图 26

$$\sin(90°+\alpha)=+\frac{BF}{R} \tag{1}$$

$$\cos(90°+\alpha)=-\frac{OF}{R} \tag{2}$$

$$\sin\alpha=+\frac{CG}{R} \tag{3}$$

$$\cos\alpha=+\frac{OG}{R} \tag{4}$$

因 $BF=OG$,所以

$$\sin(90°+\alpha)=\cos\alpha \tag{a}$$

又因 $OF=CG$,并将等式(3)的两边乘以 -1,则得

$$\cos(90°+\alpha)=-\sin\alpha \tag{b}$$

用例 1 中的方法,由公式(a)及(b)可以推出关于其余各三角函数的公式

$$\tan(90°+\alpha)=-\cot\alpha$$

$$\sec(90°+\alpha)=-\csc\alpha$$

$$\cot(90°+\alpha)=-\tan\alpha$$

$$\csc(90°+\alpha)=\sec\alpha$$

例 3　化 $\cot(90°+\alpha)$ 为角 α 的函数(不要再由余切引出该角的其他函数).

如图 27,$\angle AOC=90°+\alpha$ 并作余切线 MC,则得一三角形 MOC,然后由不动径作角 α,则又得一三角形 AOD,与三角形 MOC 为全等形.因此得

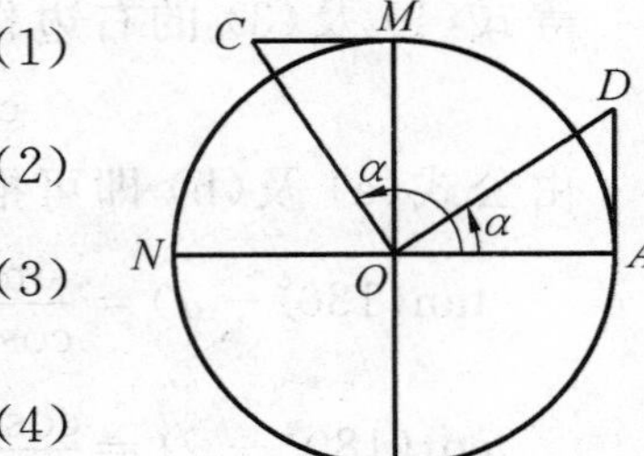

图 27

$$\cot(90^\circ+\alpha)=-\frac{MC}{R} \qquad (1)$$

$$MC=AD \qquad (2)$$

$$\tan\alpha=+\frac{AD}{R} \qquad (3)$$

$$-\tan\alpha=-\frac{AD}{R} \qquad (4)$$

由等式(1),(2) 与(4) 则得

$$\cot(90^\circ+\alpha)=-\tan\alpha$$

例 4　化 $\sec(180^\circ+\alpha)$ 为角 α 的函数.

由图 28 得

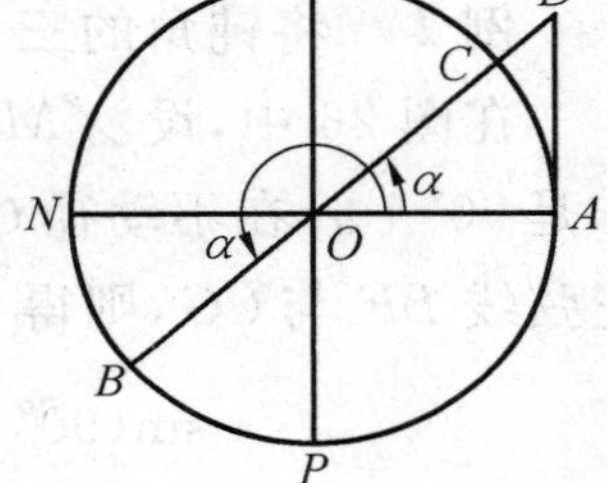

图 28

$$\sec(180^\circ+\alpha)=-\frac{OD}{R} \qquad (1)$$

$$\sec\alpha=+\frac{OD}{R} \qquad (2)$$

$$-\sec\alpha=-\frac{OD}{R} \qquad (3)$$

由等式(1) 及(3) 得

$$\sec(180^\circ+\alpha)=-\sec\alpha$$

法则与例题　研究所有的情形($90^\circ\mp\alpha, 180^\circ\mp\alpha, 270^\circ\mp\alpha, 360^\circ-\alpha$),可得 42 个诱导公式,但它们又可归纳为以下的简单法则:

1) 若原函数为负值时,则化为锐角后的函数需乘以 -1.

2) 若取由动径及水平直径所成的锐角,则其函数与原函数同名;若取由动径及垂直直径所成的锐角,则换为余函数.

现在举例说明法则的应用:

1) 将 $\tan 130^\circ$ 化为锐角函数.

因为 $130^\circ=180^\circ-50^\circ=90^\circ+40^\circ$,所以 $\tan 130^\circ$ 可化为 50° 角的函数与 40° 角的函数,我们知道,$\tan 130^\circ$ 是负值,并且 50° 角是动径与水平直径所成的角,40° 角是动径与垂直直径所成的角,因此

$$\tan 130^\circ=-\tan 50^\circ, \tan 130^\circ=-\cot 40^\circ$$

2) 试将 $\sec 295^\circ$ 化为不大于 45° 的锐角函数.

我们知道,$295^\circ=360^\circ-65^\circ=270^\circ+25^\circ$,故所求不大于 45° 的锐角为 25°,因 $\sec 295^\circ$ 是正值,而 25° 角是由动径与垂直直径所成的角,故由法则可得:$\sec 295^\circ=\csc 25^\circ$.

3）其他例题：

(a)$\cos(\frac{3\pi}{2}-\alpha)=-\sin\alpha$；

(b)$\tan 1.2\pi=\tan(\pi+0.2\pi)=\tan 0.2\pi$；

(c)$\sin 240°=\sin(180°+60°)=-\sin 60°=-\frac{\sqrt{3}}{2}$.

§31　诱导公式的其他推论　1）首先让我们注意这个事实：在第一象限内，三角函数线与半径之比，永远是函数的值. 但在其他各象限内，有时便不能是函数的值，而仅为函数的绝对值（即函数为负值时）. 我们比较弧 AMC、$AMND$、$AMNDE$ 的三角函数线与弧 AB 的三角函数线（图 29），便可以看到，它们或完全相同或对应相等，由此可得结论：弧 $180°-\alpha$、$180°+\alpha$ 与 $360°-\alpha$ 的函数的绝对值与弧 α 的函数值对应相等.

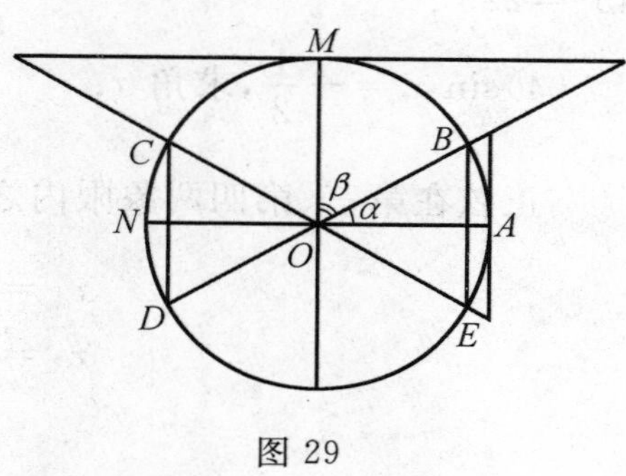

图 29

2）因 $180°-\alpha$、$180°+\alpha$ 与 $360°-\alpha$ 可以化为 $90°+\beta$、$270°-\beta$ 与 $270°+\beta$，又弧 α 的函数等于弧 β 的余函数，所以根据 1）可得以下结论：$90°+\beta$、$270°-\beta$ 与 $270°+\beta$ 各弧的函数的绝对值等于弧 β 的余函数.

3）由 1）及 2）可知，欲求出任何一个诱导公式，必须先求出函数的绝对值及其符号，其绝对值为对应于已知角的锐角的函数，若所求函数的变数组成中包含 180° 或 360° 时，则所求函数与其所对应的锐角函数同名；若所求函数的变数组成中包含 90° 或 270° 时，则所求函数与其所对应的锐角函数异名（互为余函数）. 例如：$\sin(180°-\alpha)=\sin\alpha$；$\tan(360°-\alpha)=-\tan\alpha$；$\cos(270°-\beta)=-\sin\beta$ 及其他，等等.

§32　由已知三角函数值求角（0° 与 360° 之间）　我们由 §26 可知，已知三角函数值求对应角时，可得在某两象限内的二角. 这些角的值，由诱导公式逆行推算，即可求得，现在举例来说明：

1)$\sin x=\frac{1}{2}$，求角 x.

第一个解为 $x_1=30°$；正弦为 $\frac{1}{2}$ 的第二个角在第二象限内：$180°-30°=150°$，第二个解为 $x_2=150°$.

2) $\cos x=0.974$,求角 x.

由函数表可查得:$x_1=13^\circ$,除此角外,余弦函数在第四象限内仍为正值,故

$$x_2=360^\circ-13^\circ=347^\circ$$

3) $\tan x=1$,求角 x.

对应于 $\tan x=1$ 的锐角为 45°,故 $x_1=45^\circ$,由图 22 显然可得:$x_2=180^\circ+45^\circ=225^\circ$.

4) $\sin x=-\frac{1}{2}$,求角 x.

正弦在第三、第四两象限内之值为负,已知 $\sin 30^\circ=\frac{1}{2}$,故所求的角即为

$$x_1=180^\circ+30^\circ=210^\circ$$

$$x_2=360^\circ-30^\circ=330^\circ$$

第三章　负角及大于 360° 的角

§33　负角　如果不仅仅讨论角的大小，而且同时研究它的方向时，我们可以规定：若动径旋转的方向与时针旋转的方向相异时，所成的角用正数来表示，通常叫作正角；若动径旋转的方向与时针旋转的方向相同时，所成的角用负数来表示，通常叫作负角.

负角所对应的弧为负弧，即动径的端点 B 按时针所转动的方向而旋转时所成的弧.

负角三角函数的求法，可仿照正角函数的求法去作. 由图 30 可得：$\sin(-\alpha)=-\frac{BC}{R}$；$\cot(-\alpha)=-\frac{ME}{R}$；$\sec(-\alpha)=+\frac{OD}{R}$，等等.

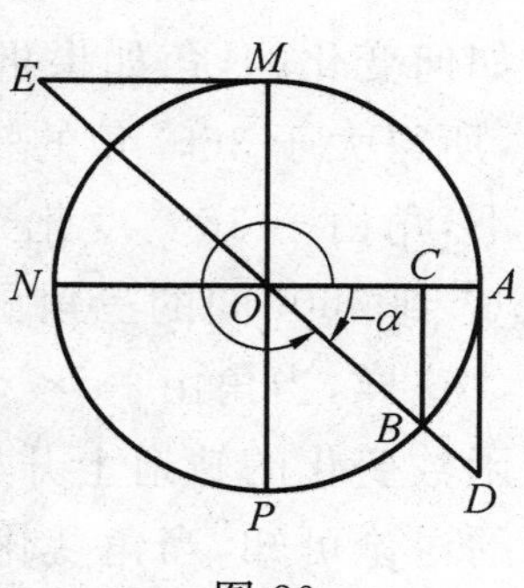

图 30

§34　我们现在来寻求负角与其绝对值相等之正角的函数间之关系.

由图 31，我们知道

$$\sin(-\alpha)=-\frac{CD}{R}\text{ 或 }\sin\alpha=+\frac{BD}{R}$$

因为 $CD=BD$，所以，将第二等式两边乘以 -1，则得：$\sin(-\alpha)=-\sin\alpha$. 此外

$$\cos(-\alpha)=+\frac{OD}{R}\text{ 及 }\cos\alpha=+\frac{OD}{R}$$

所以

$$\cos(-\alpha)=\cos\alpha$$

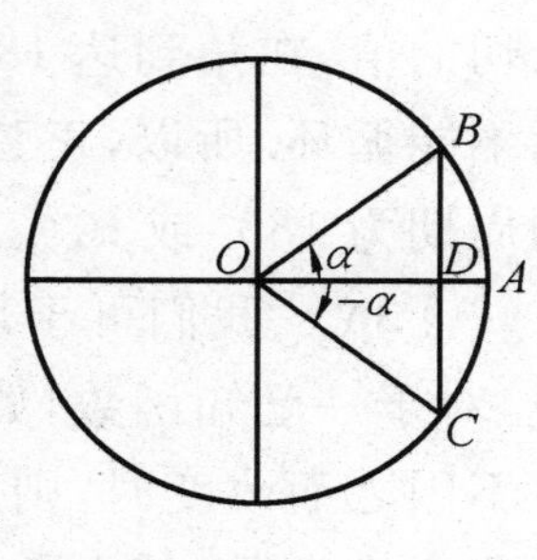

图 31

总括起来，则得

$$\sin(-\alpha)=-\sin\alpha\text{ 及 }\cos(-\alpha)=\cos\alpha$$

由此可以得出

$$\tan(-\alpha)=\frac{\sin(-\alpha)}{\cos(-\alpha)}=\frac{-\sin\alpha}{\cos\alpha}=-\frac{\sin\alpha}{\cos\alpha}=-\tan\alpha$$

用同样的方法可得

$$\cot(-\alpha)=-\cot\alpha$$

法则 在余弦函数与正割函数中,变数前的负号可以去掉;在其他各函数中,变数前的负号可以移在函数符号的前面[①]. 例:

$\sin(-50°)=-\sin 50°$;

$\cos(-50°)=\cos 50°$;

$\tan(-300°)=-\tan 300°$;

$\sec(-300°)=\sec 300°$;

$\sin(\alpha-90°)=\sin[-(90°-\alpha)]=-\sin(90°-\alpha)=-\cos\alpha$.

§35 大于360°的角.三角函数的周期性 在三角函数的理论里,我们也讨论大于 360° 的角[②].

当引进负角及大于 360° 的角的时候,角已经是可以取得从 $-\infty$ 到 $+\infty$ 间一切值的变数.

在 §29 中已经讲过,当角由 0° 增大到 360°(即动径旋转一周)时,三角函数是如何变化的,角如果再继续增大时,则动径的端点仍在原有的轨道上变动. 因此,所得大于 360° 角的三角函数与小于 360° 角的三角函数值相同. 在负角的情况下,角由 $-360°$ 变化到 0°,由 $-720°$ 变化到 $-360°$ 等时,函数值的变化与角由 0° 到 360° 间的三角函数值的变化相同.

这样,当角由 $-\infty$ 变到 $+\infty$ 时,三角函数值周而复始地循环着. 使函数值在函数变化的轨道上开始循环的变数的最小正值,叫作这个函数的周期. 由上面的讨论可知,当角变化到 360° 以后,所有的三角函数都是循环的. 现在的问题,仅仅需要确定 360° 这个区间对于所有的三角函数是否为最小. 由 §29 中的三角函数表我们可以看到,这个区间仅对正切和余切不是最小值,因为正切和余切的值,在角到达 180° 以后就开始第一次循环,其他函数非达到一周(360°)后不能循环. 所以,正弦、余弦、正割及余割的周期为 360° 或 2π,而正切与余切的周期为 180° 或 π.

§36 我们可于周期函数的变数上加其周期,而函数之值不变;反过来说,对于一已知函数,如有一常数,将此常数加于该函数的任何变数值,函数值并不因之而改变时,则此函数叫作周期函数. 因此,三角函数的周期性,可用以下公式来表示,其中角 α 的值在 $-\infty$ 与 $+\infty$ 之间

---

① 与负数之偶次或奇次乘方相类似,正弦、正切、余切及余割叫作奇函数,而余弦及正割叫作偶函数.

② 这样的角在实际工作中也能遇到,如齿轮之旋转、扭转以及其他,等等.

$$\sin(\alpha+360^\circ)=\sin\alpha;\cos(\alpha+360^\circ)=\cos\alpha$$
$$\tan(\alpha+180^\circ)=\tan\alpha;\cot(\alpha+180^\circ)=\cot\alpha$$
$$\sec(\alpha+360^\circ)=\sec\alpha;\csc(\alpha+360^\circ)=\csc\alpha$$

例 1　试将 $m=\tan(\alpha-\pi)$ 化简.

于变数上加正切的周期 π，则得：$m=\tan\alpha$.

例 2　试将 $n=\cot\frac{19}{6}\pi$ 化简.

因为 π 是余切的周期，由变数中减去三个周期 π，则得

$$n=\cot\frac{1}{6}\pi=\sqrt{3}$$

§37　化任意角的三角函数为最小正角的三角函数　任一角的三角函数，不论这个角是正的还是负的，以及其绝对值如何，很容易化为不大于 45° 的正角函数.

1) 设已知角为一正角(大于 45°). 如此角小于 360° 时，应用 §17 和 §30 中的公式即可化简；如此角大于 360° 时，可从其中减去所有的周角，也就是将该角用 360 去除，以其所得余数代替该角. 例：

(1) $\sin 63^\circ=\cos(90^\circ-63^\circ)=\cos 27^\circ$；

(2) $\cos 145^\circ=\cos(180^\circ-35^\circ)=-\cos 35^\circ$；

(3) $\tan 2\,085^\circ=\tan(180^\circ\times 11+105^\circ)=\tan 105^\circ=$
$\tan(90^\circ+15^\circ)=-\cot 15^\circ$

2) 如已知角为负角时，先将负角函数依其角的绝对值化为正角函数，然后再按上面的方法演算，例如 $\sin(-1\,596^\circ)$，用 §34 中的公式则得

$$\sin(-1\,596^\circ)=-\sin 1\,596^\circ$$

现在再化简 $\sin 1\,596^\circ$. 用 360 除 1 596，余数为 156；于是 $\sin 1\,596^\circ=\sin 156^\circ$，但 $\sin 156^\circ=\sin(180^\circ-24^\circ)=\sin 24^\circ$. 所以

$$\sin(-1\,596^\circ)=-\sin 24^\circ$$

§38　诱导公式的一般性　在 §17、§30 及 §34 中，我们已经指出，当角 α 为正锐角时，如何把变数 $-\alpha$、$90^\circ\mp\alpha$、$180^\circ\mp\alpha$、$270^\circ\mp\alpha$ 与 $360^\circ-\alpha$ 的函数化为角 α 的函数. 现在要证明所得公式的一般性：即当角 α 在 $-\infty$ 与 $+\infty$ 间任意变化时，这些公式都能成立. 这个性质，我们就正弦及余弦二函数来证明便足够了，因为其他函数都可以由此二函数得出.

在证明的时候，我们利用这个事实：即余弦是动径在水平直径上的射影，正弦线是动径在垂直直径上的射影.

现在我们来进行证明.

§ 39　1. 设 α 为任意角,则角 $-\alpha$ 与角 α 的绝对值相等而符号相反. α 与 $-\alpha$ 位于水平直径的两侧,两角正弦线的长度相等,符号相反,两角的余弦线在水平直径上相重合;由此即可求出: $\sin(-\alpha)=-\sin\alpha$, $\cos(-\alpha)=\cos\alpha$.

§ 40　2. 1) 把 $90^\circ+\alpha$ 表示成 $\alpha+90^\circ$ 的形式,若于某角加 90° 时,则该角动径的位置即转入下一象限中,且在该象限内,动径与垂直直径间的夹角等于上一象限内动径与水平直径间的夹角,动径与水平直径间的夹角等于上一象限内动径与垂直直径间的夹角;因此,新的垂直射影等于上一象限内的水平射影,新的水平射影等于上一象限内的垂直射影,由此可知, $\sin(\alpha+90^\circ)$ 及 $\cos(\alpha+90^\circ)$ 的绝对值与 $\cos\alpha$ 及 $\sin\alpha$ 的绝对值对应相等,但二函数的符号,由该角所在之象限而定(表 4).

表 4

$\alpha+90^\circ$	$\sin(\alpha+90^\circ)$	$\cos\alpha$	α
第二象限	+	+	第一象限
第三象限	−	−	第二象限
第四象限	−	−	第三象限
第一象限	+	+	第四象限
$\alpha+90^\circ$	$\cos(\alpha+90^\circ)$	$\sin\alpha$	α
第二象限	−	+	第一象限
第三象限	−	+	第二象限
第四象限	+	−	第三象限
第一象限	+	−	第四象限

由上表可以看出, $\sin(\alpha+90^\circ)$ 与 $\cos\alpha$ 的符号,在任何象限都相同;而 $\cos(\alpha+90^\circ)$ 与 $\sin\alpha$ 的符号,在任何象限都相异

$$\sin(90^\circ+\alpha)=\cos\alpha$$

$$\cos(90^\circ+\alpha)=-\sin\alpha$$

2) 利用已得的公式于角 $-\alpha$,可用 § 39 的方法得

$$\sin(90^\circ-\alpha)=\cos(-\alpha)=\cos\alpha$$

$$\cos(90^\circ-\alpha)=-\sin(-\alpha)=\sin\alpha$$

§ 41　3. 1) 将 $180^\circ+\alpha$ 表示成 $\alpha+180^\circ$ 的形式. 如果向一角加 180°,则其动

径转入相对的象限中，其位置与原象限中的位置成一直线①. 由此可知正弦与余弦的绝对值不变，但其符号相反. 因此

$$\sin(180^\circ+\alpha)=-\sin\alpha$$

$$\cos(180^\circ+\alpha)=-\cos\alpha$$

2）把这些公式应用于角 $-\alpha$ 时，则得

$$\sin(180^\circ-\alpha)=-\sin(-\alpha)=\sin\alpha$$

$$\cos(180^\circ-\alpha)=-\cos(-\alpha)=-\cos\alpha$$

§ 42　4. 1）将 $270^\circ+\alpha$ 表示成 $\alpha+270^\circ$ 的形式. 若于一角加 270°，则其动径位置的变化，与动径旋转 -90° 时相同，由 § 40 可知，角 $\alpha+270^\circ$ 的动径在垂直直径上的射影等于角 α 的动径在水平直径上的射影. 同理，角 $\alpha+270^\circ$ 的动径在水平直径上的射影等于角 α 的动径在垂直直径上的射影. 所以，$\sin(\alpha+270^\circ)$ 及 $\cos(\alpha+270^\circ)$ 的绝对值与 $\cos\alpha$ 及 $\sin\alpha$ 的绝对值对应相等.

为了明了以上各函数在各象限中的符号，用 § 40 中同一的方法列成表 5.

表 5

$\alpha+270^\circ$	$\sin(\alpha+270^\circ)$	$\cos\alpha$	α
第四象限	－	＋	第一象限
第一象限	＋	－	第二象限
第二象限	＋	－	第三象限
第三象限	－	＋	第四象限

$\alpha+270^\circ$	$\cos(\alpha+270^\circ)$	$\sin\alpha$	α
第四象限	＋	＋	第一象限
第一象限	＋	＋	第二象限
第二象限	－	－	第三象限
第三象限	－	－	第四象限

由上表可以看到，$\sin(\alpha+270^\circ)$ 与 $\cos\alpha$ 在任一象限中，其符号相异；$\cos(\alpha+270^\circ)$ 与 $\sin\alpha$ 在任一象限中，其符号相同，这样

① 或者弧的一端点转向直径的另一端.

$$\sin(270° + \alpha) = -\cos\alpha$$
$$\cos(270° + \alpha) = \sin\alpha$$

2) 在以上公式中,若以 $-\alpha$ 或 α,则得

$$\sin(270° - \alpha) = -\cos(-\alpha) = -\cos\alpha$$
$$\cos(270° - \alpha) = \sin(-\alpha) = -\sin\alpha$$

§ 43 5. 把 $360° - \alpha$ 表示为 $-\alpha + 360°$ 的形式. 如向某角加 $360°$ 时,则动径的位置不变,因此得

$$\sin(360° - \alpha) = \sin(-\alpha) = -\sin\alpha$$
$$\cos(360° - \alpha) = \cos(-\alpha) = \cos\alpha$$

§ 44 在 §17、§30 与 §34 的公式中,角 α 是不大于 $90°$ 的正角,在 §39—§43 中,我们已经证明,当角 α 为任意值时,以上三节中的公式仍然成立,也就是三角函数公式的一般性得到了证明.

在习题里,如果要求记忆公式,那么应该想象 α 为 $0°$ 与 $90°$ 间的值,并应用 §30 中的法则.

§ 45 以圆周上一已知点为终点的弧的一般形式 在图 32 中,设弧 ACB 所对的圆心角为 $64°$,很明显地可以看出,凡是与 $64°$ 相差一整圆周的弧,其终点仍然是 B(假设弧的起点为 A).

由此可得,所有以 B 为终点的弧,可以表示如下:$64°, 424°, 784°, 1\ 144°$,等等. 由同样的理由,$-296°, -656°, -1\ 016°$,等等也是以 B 为终点的弧,以上各弧可以用 $64° + 360° \cdot n$ 来表示,这里 n 为任意整数(可为正数,亦可为负数或零).

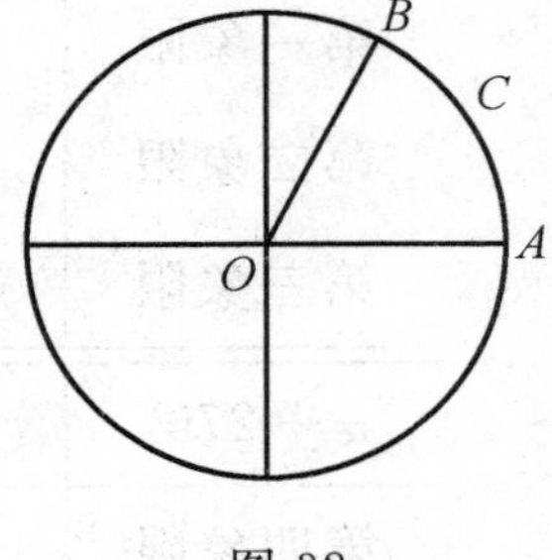

图 32

一般说来,设 α 是有一定起点和终点的弧,那么与 α 有共同起点和终点的所有弧,可用 $\alpha + 360° \cdot n$ 或 $\alpha + 2\pi \cdot n$ 来表示.

以上所讨论的关于弧的公式,可同样适合于不动径与动径都相同的角.

§ 46 三角函数的图像 在 §29 的表 3 中,已表明了当角由 $0°$ 变化到 $360°$ 时函数值的变化,但该表所载的仅是一些特殊的数值,因此不能得到关于变数与函数同时变化的连续轨迹过程完全的观念. 为要得出一函数完全的连续变化的观念,就需要我们作出函数变化的图像.

为了这个目的,我们取互相垂直的二直线 OX, OY 为坐标轴(图 33),在 OX 上取一任意长的线段作标准,表示变数的数值. 在 OY 上取同一长度或另一长度的线段作标准,表示函数的数值. 在坐标轴上取线段时,需要注意符号法

则：就是从点 O（叫作原点）起，在坐标轴上向右、向上取的为正值，而向左、向下取的为负值（在坐标轴上用箭头表示的方向即为正方向）.

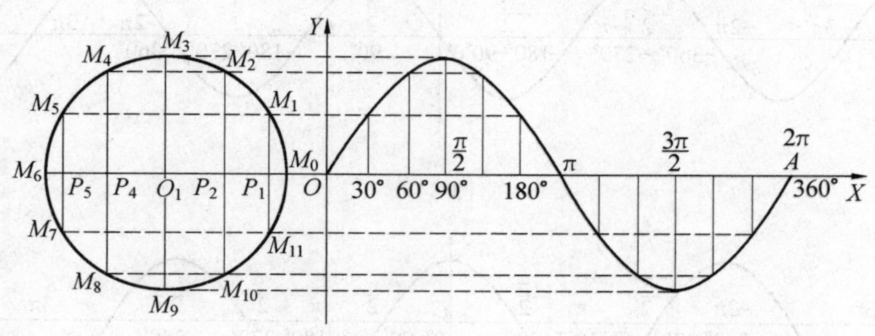

图 33

在 OX 轴上取若干等长线段，设其数为 12，并且假设每一线段的长代表 30° 的角（或 $\frac{\pi}{6}$），则 12 个线段的全长（亦即 OA）即代表 360° 的角或 2π. 若在 OY 上取三角函数例如正弦的数值时，可先作一辅助圆，设其圆心为 O_1，且为轴 OX 上的任意点，半径为 O_1M_0，它的长度用作 OY 轴上的单位线段.

由点 M_0 开始，把圆周分为 12 等份（其数与在 OX 轴上所取的线段数目相同），则其 360° 的中心角也相对地被分为 12 等份. 设在圆周上的分点为 M_0，M_1，…，M_{11}. 由各分点作正弦线 M_1P_1，M_2P_2，…，$M_{11}P_{11}$. 因为圆的半径为 1，故所作的函数线是用同一单位所表示的正弦数值，因此用一些平行于轴 OX 的直线，可将全部正弦的数值移于 OY 轴之上.

由轴 OX 的各分点上，作垂直于该轴的诸线段，以表示正弦的诸对应值，然后经过这些线段的端点绘一曲线，这个曲线表示正弦函数因变数（弧）的变化而变化. 这样的曲线叫作函数的图像.

图 33 所示为正弦函数整个周期的图像.

所取的分点越多，则在线段 OA 及辅助圆上所分成的部分越多，因此我们得到的图形上的点就越多. 用云形规绘出来的图也就越精确.

正弦的值，可以不经过几何作图，而由三角函数表直接查出来.

表示正弦的曲线叫作正弦波线.

对一圆周内的正角所作的正弦图像，可以扩大为任意值的正角或负角. 按照作正弦图像方法，可作余弦、正切及余切的图像，图 34、35、36 所示为正弦、余弦及正切曲线的图像，变数（角或弧）在 -3π 与 3π 之间.

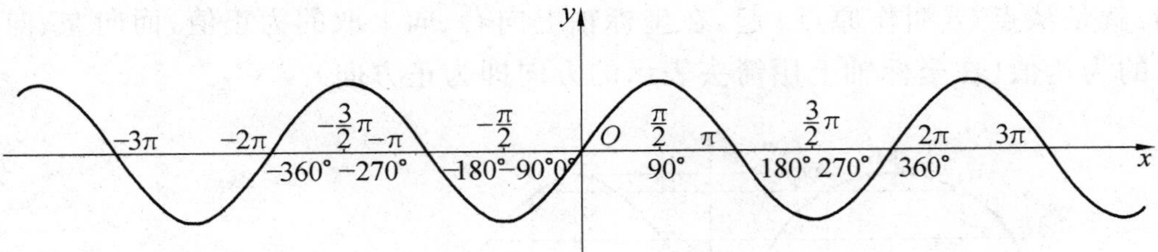

图 34

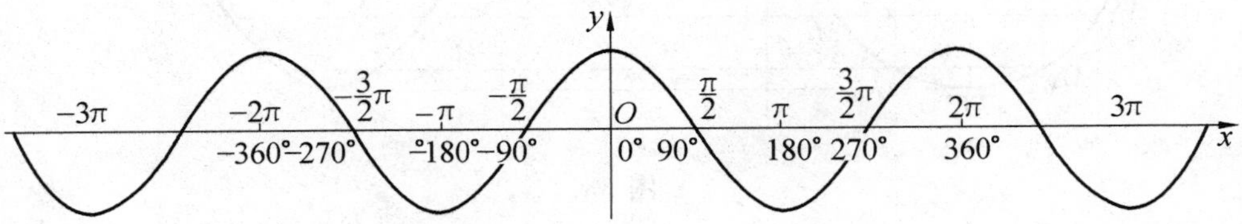

图 35

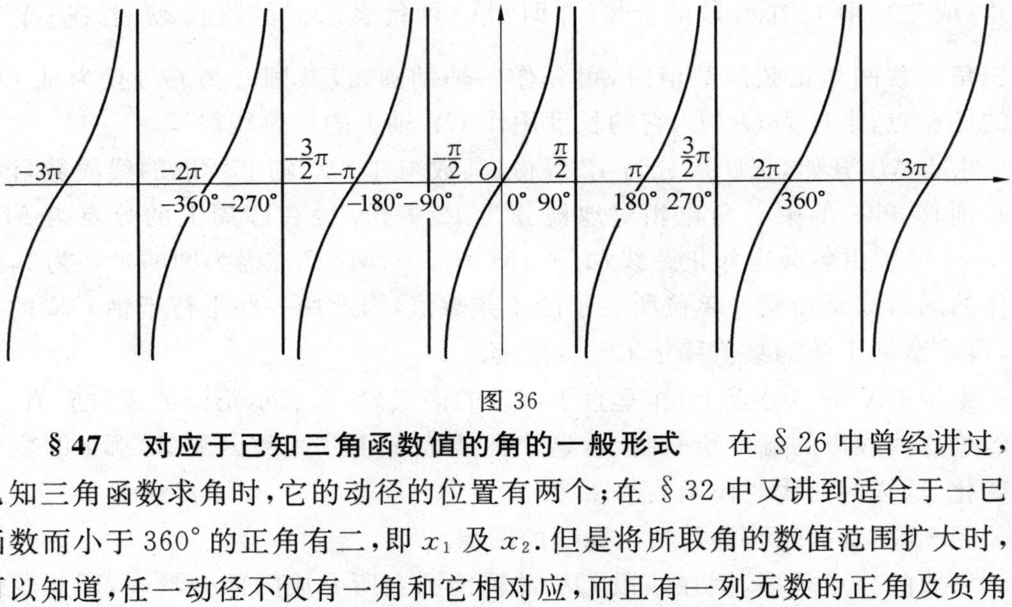

图 36

§47　对应于已知三角函数值的角的一般形式　在 §26 中曾经讲过，由已知三角函数求角时，它的动径的位置有两个；在 §32 中又讲到适合于一已知函数而小于 360° 的正角有二，即 x_1 及 x_2. 但是将所取角的数值范围扩大时，就可以知道，任一动径不仅有一角和它相对应，而且有一列无数的正角及负角和它相对应；因此，对应于已知函数值的角，是由两列无数的角所组成. 按 §45 可分别用 x_1 及 x_2 来表示所有这些角，即用 x_1 表示的一列为：$x_1 + 360° \cdot n$；用 x_2 表示的一列为 $x_2 + 360° \cdot n$（n 为任意整数）.

上面所得一般解法的两个公式，各含有一个基本角. 现在要说明，对于每一函数一般解的两个公式，可以用含有一个基本角的一个公式来代替；但是因为函数不同，而所得的公式也不相同.

现在研究各个函数（为简便计，取已知数值为例）.

1. 1) $\sin x=\frac{1}{2}$.

我们知道，正弦函数值为$\frac{1}{2}$的角是 $30°$ 或 $150°$；由此则得

$$x_1=30°+360°\cdot n\text{ 及 }x_2=150°+360°\cdot n$$

上二式又可以写成

$$x_1=180°\cdot 2n+30°$$

$$x_2=180°-30°+180°\cdot 2n=180°\cdot(2n+1)-30°$$

在这里，$30°$ 前面的符号决定于 $180°$ 后面的因子为偶数 $2n$ 或为奇数 $2n+1$，这种关系可用 -1 的乘方表示出来；这样，以上两公式就可以用下面的一个公式来表示

$$x=180°\cdot m+30°\cdot(-1)^m$$

在这里，m 为任意整数（偶数或奇数）. 当 m 为偶数时，则所得的角为 x_1；当 m 为奇数时，则所得的角为 x_2.

2) $\sin x=-\frac{1}{2}$；$x_1=210°+360°\cdot n$ 及 $x_2=330°+360°\cdot n$.

可以把基本角的绝对值变小，为此取其负值得

$$x_1=-150°+360°\cdot k\text{ 及 }x_2=-30°+360°\cdot k$$

又可以化为

$$x_1=-150°+180°\cdot 2k=$$

$$-150°+180°-180°+180°\cdot 2k=30°+180°\cdot(2k-1)$$

及

$$x_2=180°\cdot 2k-30°$$

上面的两个公式同样可以合并成一个公式

$$x=180°\cdot m-30°\cdot(-1)^m$$

若 m 是偶数，则得 x_2；若 m 是奇数，则得 x_1.

2. 1) $\cos x=\frac{1}{2}$；$x_1=60°+360°\cdot n$ 及 $x_2=300°+360°\cdot n$.

在第二式中，如将基本角代以负值时，则得

$$x_1=60°+360°\cdot m\text{ 及 }x_2=-60°+360°\cdot m$$

这两个式子可以合并成下面的式子

$$x=360°\cdot m\pm 60°$$

2) $\cos x=-\frac{1}{2}$；$x_1=120°+360°\cdot n$ 及 $x_2=240°+360°\cdot n$.

x_1 和 x_2 还可以用下式来表示

$$x_1=120°+360°\cdot m \text{ 及 } x_2=-120°+360°\cdot m$$

它们可以合并成下式

$$x=360°\cdot m\pm 120°$$

3.1) $\tan x=1$; $x_1=45°+360°\cdot n$ 及 $x_2=225°+360°\cdot n$.

把以上二式化为

$$x_1=45°+180°\cdot 2n \text{ 及 } x_2=45°+180°\cdot(2n+1)$$

此二式又可写成

$$x=45°+180°\cdot m$$

m 为偶数时,则得 x_1;m 为奇数时,则得 x_2.

公式 $x=45°+180°\cdot m$ 也容易由以下的方法得出来,在图 22 上可以看到:点 C 和点 D 位于同一直径上,这就表示在 $-\infty$ 与 $+\infty$ 之间的一列弧,这些弧具有同一的正切,且每经过 180° 即循环一次.因此,它们就组成了公差为 180° 的等差级数;这个级数的一般项为

$$x=45°+180°\cdot m$$

2) $\tan x=-1$.

解法与 1) 同

$$x_1=135°+360°\cdot n \text{ 及 } x_2=315°+360°\cdot n$$

或

$$x=135°+180°\cdot m$$

或

$$x=-45°+180°\cdot k$$

4.1) $\cot x=\sqrt{3}$.

这种题的解法与正切的解法完全相同.我们得到

$$x_1=30°+360°\cdot n \text{ 及 } x_2=210°+360°\cdot n$$

或

$$x=30°+180°\cdot m$$

2) $\cot x=-\sqrt{3}$.

解法和正切相同.我们得到

$$x_1=150°+360°\cdot n \text{ 及 } x_2=330°+360°\cdot n$$

或者

$$x=150°+180°\cdot m$$

同样
$$x=-30^\circ+180^\circ\cdot k$$

解正割和余割时，首先将正割及余割依次化为余弦和正弦，然后去解.

§48　反三角函数　若一个方程有两个未知数，一般说来，其中任一未知数可由另一未知数表示出来，例如 $2x+3y=6$，则可得

1) $y=2-\frac{2}{3}x$；　　2) $x=3-\frac{3}{2}y$.

第一个方程表示 y 为 x 的函数，第二个方程表示 x 为 y 的函数；但是这三个方程表示两个变数 x、y 间相同的关系，仅仅是在形式上有所不同：在原方程里既不按 x 解出也不按 y 解出；在 1) 里以 y 为函数，x 为变数；在 2) 里以 x 为函数，y 为变数.

像这样，表示二变数 x、y 间的同一关系的两函数，其中的一个以 y 为函数，而另一个以 x 为函数，就叫作互为反函数. 取其中的任一个为正函数，则另一个就是反函数.

下面是互为反函数的例子

$$y=5x+3;x=\frac{y-3}{5}$$

$$y=2x;x=\frac{1}{2}y$$

$$y=x^2;x=\pm\sqrt{y}$$

$$y=\sqrt[3]{x};x=y^3$$

这种可逆性的概念可以应用到三角函数中去.

例如，在等式 $y=\sin x$ 中，y 是弧 x 的正弦；反过来说，x 是正弦等于 y 的弧. 同样，在 $\frac{1}{2}=\sin 30^\circ$ 中，30° 弧的正弦等于 $\frac{1}{2}$；反过来说，30° 是正弦等于 $\frac{1}{2}$ 的弧.

为了表示这种关系，我们用一种特殊的符号“arc”(拉丁文 arcus 的简写).

于是可写出下列的式子

$$\frac{1}{2}=\sin 30^\circ;30^\circ=\arcsin\frac{1}{2}$$

$$\frac{1}{2}=\cos 60^\circ;60^\circ=\text{acrcos}\,\frac{1}{2}$$

$$1=\tan 45^\circ;45^\circ=\arctan 1$$

$$\sin 16^\circ=0.276;16^\circ=\arcsin 0.276$$

$$\cos\frac{\pi}{4}=0.707;\frac{\pi}{4}=\arccos 0.707$$

$$1=\sin 90^\circ;90^\circ=\arcsin 1$$

$$1=\cos 0^\circ;0^\circ=\arccos 1$$

$$-1=\cos\pi;\pi=\arccos(-1)$$

$$\tan\frac{\pi}{2}=\infty;\frac{\pi}{2}=\arctan\infty$$

$$\sin\frac{\pi}{4}=\cos\frac{\pi}{4}=\frac{1}{2}\sqrt{2};\frac{\pi}{4}=\arcsin\frac{1}{2}\sqrt{2}=\arccos\frac{1}{2}\sqrt{2}$$

在图37(半径等于1)中,弧长用x来表示,它的正弦用m来表示,它的正切用p来表示,也就是x是一个弧,它的正弦为m,而正切为p.或者

$$x=\arcsin m;x=\arctan p$$

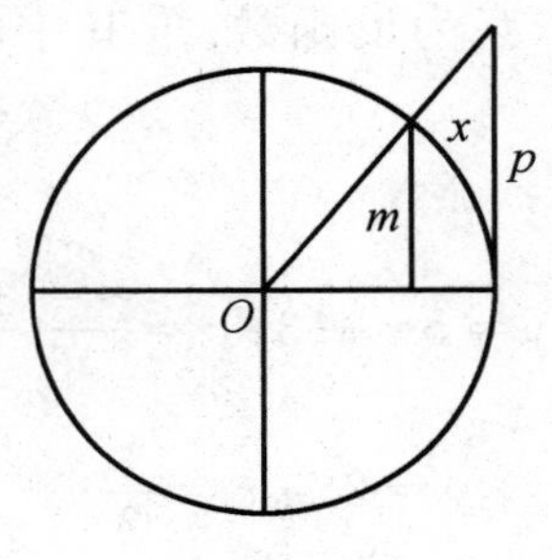

图 37

由此利用三角函数表,我们可以解下列的两个问题:

1)由已知弧(或角)求三角函数.

2)由已知的三角函数求弧(或角).

后面这个问题就是如何由反三角函数的变数之值来求反函数的值.

由 §47 知道,对应于同一三角函数的弧,是具有同一起点的无限多个弧,例如对应于正弦等于$\frac{1}{2}$的弧是30°,150°,390°,510°,……,其中基本弧为30°和150°,如果向此二弧各加360°,则所得新弧与基本弧有相同的正弦.因此反三角函数为多值函数.

§49 上节所举例题中,仅限于和已知三角函数对应的最小的弧.但是也可以用一般的式子来表示所有对应于正弦、余弦和正切的弧.如果所取的对应于函数的弧不是基本弧,而是弧的一般形式,则所用反函数符号的第一字母用大写,例如

$$\arcsin\frac{1}{2}=30^\circ$$

但
$$\mathrm{Arcsin}\,\frac{1}{2}=180°\cdot m+(-1)^m\cdot 30°$$
或
$$\arctan 1=45°$$
但
$$\mathrm{Arctan}\,1=45°+180°\cdot m$$

以上各公式都是由 §47(与已知函数相对应的角的一般形式)中得出来的;只是在那里还没有利用反三角函数的意义罢了!

如果用 §47 中的公式,并且把它们一般化,用文字来代替数值,则可得下列正三角函数及反三角函数的对照

$$y=\sin x;\mathrm{Arcsin}\,y=m\pi+(-1)^m x$$
$$y=\cos x;\mathrm{Arccos}\,y=2m\pi\pm x$$
$$y=\tan x;\mathrm{Arctan}\,y=m\pi+x$$
$$y=\cot x;\mathrm{Arccot}\,y=m\pi+x$$

大部分是按某一个三角函数求出绝对值最小的弧(arc).在这里,对所有三角函数的正值用第一象限(由 0 到$\frac{\pi}{2}$)中的弧,对正弦、正切及余割的负值用第四象限(由 0 到$-\frac{\pi}{2}$)中的弧,而对余弦、余切及正割的负值则所用的弧在第二象限(由$\frac{\pi}{2}$到 π).

因此,对正弦、正切及余割的所有值,弧的数值在$-\frac{\pi}{2}$与$\frac{\pi}{2}$之间,而对于余弦、余切及正割的所有值,弧的值在 0 与 π 之间.

反三角函数,由于它和圆的关系,也叫作反圆函数.

第四章　二角和或差的正弦、余弦与正切，倍角函数与半角函数

§50　二角和与差的正弦与余弦　设 α,β 为正锐角，并且它们的和小于 $90°$.

在圆内作角 $\alpha+\beta$(图 38).

作 α,β 及 $\alpha+\beta$ 各角的正弦线，由图可知

$$\sin\alpha=\frac{BC}{R};\cos\alpha=\frac{OC}{R};\sin\beta=\frac{FD}{R}$$

$$\cos\beta=\frac{OD}{R};\sin(\alpha+\beta)=\frac{FM}{R};\cos(\alpha+\beta)=\frac{OM}{R}$$

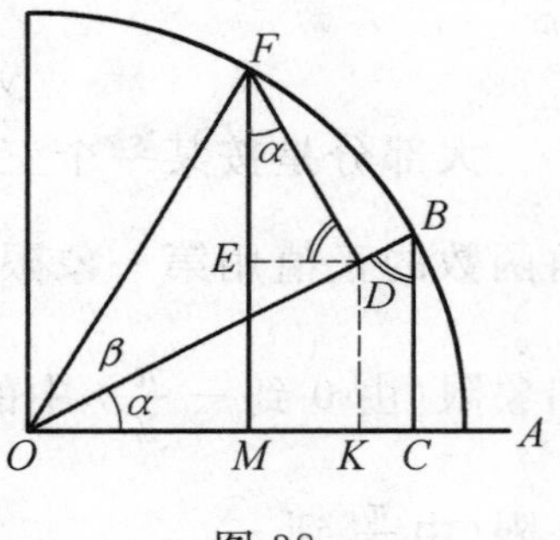

图 38

§51　1) 二角和的正弦

为了把函数 $\sin(\alpha+\beta)$ 用 α 及 β 二角的函数表示出来，作出由这些角的三角函数线所组成的三角形. 由点 D 引 $DE\parallel OA$ 及 $DK\parallel BC$.

由图 38 可知

$$FM=ME+EF=KD+EF$$

为了计算 KD，试就直角三角形 ODK 及 OBC 加以考察；在这两个三角形中，因为有一公共角 α，所以这两个三角形相似，所以其对应边成比例

$$\frac{DK}{BC}=\frac{OD}{OB};DK=BC\cdot\frac{OD}{OB}=ME$$

线段 EF 可以从直角三角形 FED 及 OBC 求得. 因两三角形的各对应边互相垂直，所以它们也是相似形；因此得

$$\frac{EF}{OC}=\frac{FD}{OB};EF=OC\cdot\frac{FD}{OB}$$

把以上二式相加，并由 $OB=OF$ 得

$$FM=ME+EF=BC\cdot\frac{OD}{OF}+OC\cdot\frac{FD}{OB}$$

现在将等式两边用 R 来除，化为各线段的比，则得

$$\frac{FM}{R}=\frac{BC}{R}\cdot\frac{OD}{OF}+\frac{OC}{R}\cdot\frac{FD}{OB}$$

变各比为三角函数得

$$\sin(\alpha+\beta)=\sin\alpha\cdot\cos\beta+\cos\alpha\cdot\sin\beta$$

2）二角和的余弦

欲用二角的函数表示这二角和的余弦函数，我们仍然应用图 38. 由图得知

$$\cos(\alpha+\beta)=\frac{OM}{OF}$$

但 $$OM=OK-MK=OK-ED$$

所以

$$\cos(\alpha+\beta)=\frac{OK}{OF}-\frac{ED}{OF}$$

上式右端第一项乘以 OD，并除以 OD；第二项乘以 FD，并除以 FD，则得

$$\cos(\alpha+\beta)=\frac{OK}{OD}\cdot\frac{OD}{OF}-\frac{ED}{FD}\cdot\frac{FD}{OF}$$

由三角形 ODK

$$\frac{OK}{OD}=\cos\alpha$$

由三角形 EFD

$$\frac{ED}{FD}=\sin\alpha$$

由三角形 OFD

$$\frac{OD}{OF}=\cos\beta$$

由三角形 OFD

$$\frac{FD}{OF}=\sin\beta$$

由以上四式可得

$$\cos(\alpha+\beta)=\cos\alpha\cdot\cos\beta-\sin\alpha\cdot\sin\beta$$

§ 52 1）二角差的正弦

二角差的正弦公式，可由二角和的正弦及余弦公式求得

$$\begin{aligned}\sin(\alpha-\beta)=\cos[90^\circ-(\alpha-\beta)]=\cos[(90^\circ-\alpha)+\beta]=\\ \cos(90^\circ-\alpha)\cos\beta-\sin(90^\circ-\alpha)\sin\beta=\\ \sin\alpha\cdot\cos\beta-\cos\alpha\cdot\sin\beta\end{aligned}$$

2）二角差的余弦

二角差的余弦公式,亦可用同样的方法求得

$$\cos(\alpha-\beta)=\sin[90^\circ-(\alpha-\beta)]=\sin[(90^\circ-\alpha)+\beta]=$$
$$\sin(90^\circ-\alpha)\cos\beta+\cos(90^\circ-\alpha)\sin\beta=$$
$$\cos\alpha\cdot\cos\beta+\sin\alpha\cdot\sin\beta$$

§53 因此我们得出下列四个公式

$$\sin(\alpha+\beta)=\sin\alpha\cdot\cos\beta+\cos\alpha\cdot\sin\beta \qquad (\text{Ⅰ})$$
$$\cos(\alpha+\beta)=\cos\alpha\cdot\cos\beta-\sin\alpha\cdot\sin\beta \qquad (\text{Ⅱ})$$
$$\sin(\alpha-\beta)=\sin\alpha\cdot\cos\beta-\cos\alpha\cdot\sin\beta \qquad (\text{Ⅲ})$$
$$\cos(\alpha-\beta)=\cos\alpha\cdot\cos\beta+\sin\alpha\cdot\sin\beta \qquad (\text{Ⅳ})$$

上面的公式,是在 $\alpha>\beta$ 和 $\alpha+\beta<90^\circ$ 的假定之下证明的;在下一节中,我们将要证明这些公式的一般性,亦即:无论 α 及 β 为任何的数值,这些公式仍能成立.

§54 §53 中公式之一般性的证明 首先证明二角和的公式,再由它们就能很容易地得出来二角差的公式.在证明中,我们要同时利用已在 §38 中证明过了的诸诱导公式的一般性.

让我们来进行证明:

Ⅰ.1) 二角均为正值时

(a) 当 $\alpha+\beta<90^\circ$ 时,已经证明过了.

(b) 当 $\alpha<90^\circ,\beta<90^\circ$,但 $\alpha+\beta>90^\circ$ 时,则可设 $\alpha=90^\circ-\alpha_1,\beta=90^\circ-\beta_1$,于是得

$$\sin(\alpha+\beta)=\sin[180^\circ-(\alpha_1+\beta_1)]=\sin(\alpha_1+\beta_1)$$
$$\cos(\alpha+\beta)=\cos[180^\circ-(\alpha_1+\beta_1)]=-\cos(\alpha_1+\beta_1)$$

因为 $\alpha_1+\beta_1<90^\circ$,故应用已经证明的二角和的公式及余角的性质可得

$$\sin(\alpha+\beta)=\sin\alpha_1\cdot\cos\beta_1+\cos\alpha_1\cdot\sin\beta_1=$$
$$\cos\alpha\cdot\sin\beta+\sin\alpha\cdot\cos\beta$$
$$\cos(\alpha+\beta)=-\cos\alpha_1\cdot\cos\beta_1+\sin\alpha_1\cdot\sin\beta_1=$$
$$-\sin\alpha\cdot\sin\beta+\cos\alpha\cdot\cos\beta$$

所得的公式与 §53 中的公式完全相同.

由(a)及(b)可知公式(Ⅰ)与(Ⅱ)适合于所有的正锐角.

(c) 现在证明:若公式(Ⅰ)与(Ⅱ)对任意二角成立,则向其中之一角加 90° 时,这二公式仍然成立.

设此二角为 α 及 β,且设 $\alpha+90^\circ=\alpha_1$,则得

$$\sin(\alpha_1+\beta)=\sin[90^\circ+(\alpha+\beta)]=\cos(\alpha+\beta)$$

$$\cos(\alpha_1+\beta)=\cos[90°+(\alpha+\beta)]=-\sin(\alpha+\beta)$$

现在根据关于α与β所作的假定，把$\cos(\alpha+\beta)$及$\sin(\alpha+\beta)$展开，则得

$$\sin(\alpha_1+\beta)=\cos\alpha\cdot\cos\beta-\sin\alpha\cdot\sin\beta \tag{1}$$

$$\cos(\alpha_1+\beta)=-(\sin\alpha\cdot\cos\beta+\cos\alpha\cdot\sin\beta) \tag{2}$$

把上式右端的α代以α_1. 因为$\alpha+90°=\alpha_1$，则$\alpha=\alpha_1-90°$或$\alpha=-(90°-\alpha_1)$，由此得

$$\sin\alpha=-\sin(90°-\alpha_1)=-\cos\alpha_1$$

$$\cos\alpha=\cos(90°-\alpha_1)=\sin\alpha_1$$

在(a)，(b)两式中，以$-\cos\alpha_1$代替$\sin\alpha$，以$\sin\alpha_1$代替$\cos\alpha$，则得

$$\sin(\alpha_1+\beta)=\sin\alpha_1\cdot\cos\beta-(-\cos\alpha_1)\cdot\sin\beta=$$
$$\sin\alpha_1\cdot\cos\beta+\cos\alpha_1\cdot\sin\beta$$

$$\cos(\alpha_1+\beta)=-[(-\cos\alpha_1)\cdot\cos\beta+\sin\alpha_1\cdot\sin\beta]=$$
$$\cos\alpha_1\cdot\cos\beta-\sin\alpha_1\cdot\sin\beta$$

由以上可知，当二角为$\alpha_1=\alpha+90°$及β时，我们仍得公式(Ⅰ)和(Ⅱ).

(d) 大于90°的正角，可由锐角连续加90°而得到，如我们所知道的，公式(Ⅰ)及(Ⅱ)对于任意二锐角已经被证明了，由上所述我们可以看到，向任意一角加90°时公式仍然成立，所以这公式适合于任意值的正角.

2) 一角是负值或二角都是负值时

负角可由正角依次增加$-360°$得出. 我们已经证明当角为任意正值时，公式(Ⅰ)及(Ⅱ)是成立的；同时我们知道，当向α，β或二角加$-360°$时，二角及其和的正弦及余弦不变，所以公式(Ⅰ)及(Ⅱ)对于其中一角或二角为负值时均能成立.

由上Ⅰ.1)及2)可知，无论α及β为任何值，公式(Ⅰ)及(Ⅱ)都成立.

Ⅱ. 两角之差

首先把公式中的β用$-\beta$来代替，则得

$$\sin(\alpha-\beta)=\sin\alpha\cdot\cos(-\beta)+\cos\alpha\cdot\sin(-\beta)=$$
$$\sin\alpha\cdot\cos\beta-\cos\alpha\cdot\sin\beta$$

$$\cos(\alpha-\beta)=\cos\alpha\cdot\cos(-\beta)-\sin\alpha\cdot\sin(-\beta)=$$
$$\cos\alpha\cdot\cos\beta+\sin\alpha\cdot\sin\beta$$

以上的公式，当角α与角β为任意值时都能成立，现在已经得到了证明.

由此，公式(Ⅰ)－(Ⅳ)的一般性得到了证明.

§55 二角和与二角差的正切 1) 我们知道

$$\tan(\alpha+\beta)=\frac{\sin(\alpha+\beta)}{\cos(\alpha+\beta)}=\frac{\sin\alpha\cdot\cos\beta+\cos\alpha\cdot\sin\beta}{\cos\alpha\cdot\cos\beta-\sin\alpha\cdot\sin\beta}$$

为了使上式中仅含 $\tan\alpha$ 和 $\tan\beta$,可以把第二分式的分子及分母用 $\cos\alpha\cdot\cos\beta$ 来除,则得

$$\tan(\alpha+\beta)=\frac{\frac{\sin\alpha}{\cos\alpha}+\frac{\sin\beta}{\cos\beta}}{1-\frac{\sin\alpha}{\cos\alpha}\cdot\frac{\sin\beta}{\cos\beta}};\tan(\alpha+\beta)=\frac{\tan\alpha+\tan\beta}{1-\tan\alpha\cdot\tan\beta}\qquad(\text{V})$$

2)用上面同样的方法又可得

$$\tan(\alpha-\beta)=\frac{\tan\alpha-\tan\beta}{1+\tan\alpha\cdot\tan\beta}\qquad(\text{VI})$$

§56 由二角和及差的公式可求出任意个正角及负角的和的函数;例如

$$\sin(\alpha-\beta+\gamma)=\sin[(\alpha-\beta)+\gamma]=\sin(\alpha-\beta)\cdot\cos\gamma+\cos(\alpha-\beta)\cdot\sin\gamma$$

以后可应用公式(Ⅲ)及(Ⅳ).

§57 倍角的正弦、余弦及正切 在二角和的公式中,设 $\beta=\alpha$,则得

$$\sin 2\alpha=2\sin\alpha\cdot\cos\alpha\qquad(\text{VII})$$

$$\cos 2\alpha=\cos^2\alpha-\sin^2\alpha\qquad(\text{VIII})$$

$$\tan 2\alpha=\frac{2\tan\alpha}{1-\tan^2\alpha}\qquad(\text{IX})$$

§58 为了展开角 3α 及 4α 的三角函数,我们把这些角用 $2\alpha+\alpha$ 及 $2\cdot(2\alpha)$ 来表示.例如

1) $\sin 3\alpha=\sin(2\alpha+\alpha)=\sin 2\alpha\cdot\cos\alpha+\cos 2\alpha\cdot\sin\alpha=$
$(2\sin\alpha\cdot\cos\alpha)\cdot\cos\alpha+(\cos^2\alpha-\sin^2\alpha)\cdot\sin\alpha=$
$\sin\alpha(3\cos^2\alpha-\sin^2\alpha)=3\sin\alpha-4\sin^3\alpha$

2) $\sin 4\alpha=\sin 2\cdot(2\alpha)=2\sin 2\alpha\cdot\cos 2\alpha=$
$4\sin\alpha\cdot\cos\alpha\cdot(\cos^2\alpha-\sin^2\alpha)$

§59 有时已知角的函数必须用它的半角的函数来表示,这时可把已知角当作半角的二倍来看并应用 §57.例如

1) $\sin\alpha=\sin 2\left(\frac{\alpha}{2}\right)=2\sin\frac{\alpha}{2}\cdot\cos\frac{\alpha}{2}$;

2) $\cos\alpha=\cos 2\left(\frac{\alpha}{2}\right)=\cos^2\frac{\alpha}{2}-\sin^2\frac{\alpha}{2}$.

§60 半角的正弦、余弦及正切 由 §12 及 §59 可得以下等式

$$\cos^2\frac{\alpha}{2}+\sin^2\frac{\alpha}{2}=1;\cos^2\frac{\alpha}{2}-\sin^2\frac{\alpha}{2}=\cos\alpha$$

加减以上二式则得

$$2\cos^2\frac{\alpha}{2}=1+\cos\alpha \text{ 及 } 2\sin^2\frac{\alpha}{2}=1-\cos\alpha$$

所以

$$\sin\frac{\alpha}{2}=\pm\sqrt{\frac{1-\cos\alpha}{2}} \qquad (\text{X})$$

及

$$\cos\frac{\alpha}{2}=\pm\sqrt{\frac{1+\cos\alpha}{2}} \qquad (\text{XI})$$

等式(Ⅹ)除以(Ⅺ)则得

$$\tan\frac{\alpha}{2}=\pm\sqrt{\frac{1-\cos\alpha}{1+\cos\alpha}} \qquad (\text{XII})$$

在下一节中将要得出更方便的公式,在应用得到的公式时,如果没给出选择符号的条件,那么在根号前应保持正负二符号;反之,则取其中的一个适合条件的符号.

例　设 α 介于 270° 与 360° 之间,而 $\cos\alpha=0.6$,求 $\tan\frac{\alpha}{2}$.

因为 $270^\circ<\alpha<360^\circ$,则 $135^\circ<\frac{\alpha}{2}<180^\circ$;于是 $\frac{\alpha}{2}$ 是钝角,而 $\tan\frac{\alpha}{2}$ 必是负值,在这种情形下,我们应取负号. $\tan\frac{\alpha}{2}=-\sqrt{\frac{1-0.6}{1+0.6}}=-\frac{1}{2}$.

§61　关于公式(Ⅹ)及(Ⅺ)中的二重符号　若 $\cos\alpha$ 的值为已知且 α 之值无任何限制,则弧 $\frac{\alpha}{2}$ 的函数的确定与对于适合于已知余弦值之 α 的所有值的确定应相配合. 设 φ 为 α 之最小正值,则 $\alpha=\pm\varphi+360^\circ\cdot n$,故 $\frac{\alpha}{2}=\pm\frac{\varphi}{2}+180^\circ\cdot n$. 弧 $+\frac{\varphi}{2}$ 及 $-\frac{\varphi}{2}$ 的终点在第一及第四象限里,若加上 $180^\circ\cdot n$,则当 n 为偶数时,弧的终点不变(仍在第一及第四两象限里),而当 n 为奇数时与其相反(即在第三及第二两象限里). 由此,弧 $\frac{\alpha}{2}$ 的终点分布在所有的四个象限里,与此配合的弧 $\frac{\alpha}{2}$ 的函数自然可为正亦可为负.

§62　还可以用 $\sin\alpha$ 及 $\cos\alpha$ 来表示 $\tan\frac{\alpha}{2}$,因此,用 $\frac{\sin\frac{\alpha}{2}}{\cos\frac{\alpha}{2}}$ 来代替 $\tan\frac{\alpha}{2}$.

先将分子次将分母配成 $\sin\alpha=2\sin\frac{\alpha}{2}\cdot\cos\frac{\alpha}{2}$,我们得到(由 §59 及 §60)

$$1)\tan\frac{\alpha}{2}=\frac{\sin\frac{\alpha}{2}\cdot 2\cos\frac{\alpha}{2}}{\cos\frac{\alpha}{2}\cdot 2\cos\frac{\alpha}{2}};\tan\frac{\alpha}{2}=\frac{\sin\alpha}{1+\cos\alpha};$$

$$2)\tan\frac{\alpha}{2}=\frac{\sin\frac{\alpha}{2}\cdot 2\sin\frac{\alpha}{2}}{\cos\frac{\alpha}{2}\cdot 2\sin\frac{\alpha}{2}};\tan\frac{\alpha}{2}=\frac{1-\cos\alpha}{\sin\alpha}.$$

例　应用公式 1) 及 2) 于 §60 的例题.

解　因为 $270^\circ<\alpha<360^\circ$,且 $\cos\alpha=0.6$;所以

$$\sin\alpha=-\sqrt{1-(0.6)^2}=-0.8$$

于是

$$1)\tan\frac{\alpha}{2}=\frac{-0.8}{1+0.6}=\frac{-0.8}{1.6}=-\frac{1}{2};$$

$$2)\tan\frac{\alpha}{2}=\frac{1-0.6}{-0.8}=\frac{0.4}{-0.8}=-\frac{1}{2}.$$

第五章　将函数式化为适于对数计算的形式

§63　引言　为了使一个式子的值能够很方便地用对数来计算,这个式子就不应含有和及差的形式,如果不是和及差的形式,就很容易地可以直接把它求出来.

假若不满足这种条件,就需要将已知式变形,使它尽可能地适用于对数计算.现在我们来讨论几种主要的变形.

§64　二角的正弦或余弦的和及差的变形　现在先把 $\sin\alpha+\sin\beta$ 变形.设

$$\alpha=x+y \tag{1}$$

及

$$\beta=x-y \tag{2}$$

应用 §53 公式(Ⅰ)和(Ⅲ),则得

$$\sin\alpha=\sin(x+y)=\sin x\cdot\cos y+\cos x\cdot\sin y \tag{3}$$

$$\sin\beta=\sin(x-y)=\sin x\cdot\cos y-\cos x\cdot\sin y \tag{4}$$

由此

$$\sin\alpha+\sin\beta=2\sin x\cdot\cos y$$

但由式(1)及式(2)可知

$$x=\frac{\alpha+\beta}{2}\text{ 及 }y=\frac{\alpha-\beta}{2}$$

于是

$$\sin\alpha+\sin\beta=2\sin\frac{\alpha+\beta}{2}\cdot\cos\frac{\alpha-\beta}{2} \tag{XIII}$$

由式(3)减去式(4)得

$$\sin\alpha-\sin\beta=2\cos x\cdot\sin y=2\cos\frac{\alpha+\beta}{2}\sin\frac{\alpha-\beta}{2}$$

或

$$\sin\alpha-\sin\beta=2\cos\frac{\alpha+\beta}{2}\sin\frac{\alpha-\beta}{2} \tag{XIV}$$

现在再利用公式

$$\cos(x+y)=\cos x\cos y-\sin x\sin y \tag{5}$$

$$\cos(x-y)=\cos x\cos y+\sin x\sin y \tag{6}$$

并且设

$$\alpha=x+y \text{ 及 } \beta=x-y$$

式(5)与式(6)相加,则得

$$\cos(x+y)+\cos(x-y)=2\cos x\cos y$$

或

$$\cos\alpha+\cos\beta=2\cos\frac{\alpha+\beta}{2}\cos\frac{\alpha-\beta}{2} \tag{XV}$$

由式(5)减去式(6),则得

$$\cos\alpha-\cos\beta=-2\sin\frac{\alpha+\beta}{2}\sin\frac{\alpha-\beta}{2}=2\sin\frac{\alpha+\beta}{2}\sin\frac{\beta-\alpha}{2}\text{[①]} \tag{XVI}$$

例题

1) $\sin 100°-\sin 16°=2\cos\frac{100°+16°}{2}\cdot\sin\frac{100°-16°}{2}=2\cos 58°\cdot\sin 42°$;

2) $\cos 12°-\cos 60°=2\sin 36°\cdot\sin 24°$;

3) $\cos 50°+\sin 70°=\cos 50°+\cos 20°=2\cos 35°\cdot\cos 15°$;

4) $\sin\alpha+\cos\alpha=\sin\alpha+\sin(90°-\alpha)=2\sin 45°\cdot\cos(\alpha-45°)=\sqrt{2}\cdot\cos(\alpha-45°)$.

§65 把下列含有正弦及余弦的式子加以变形.

1) 用公式(XIV)去除公式(XIII),则得

$$\frac{\sin\alpha+\sin\beta}{\sin\alpha-\sin\beta}=\frac{2\sin\frac{\alpha+\beta}{2}\cdot\cos\frac{\alpha-\beta}{2}}{2\cos\frac{\alpha+\beta}{2}\cdot\sin\frac{\alpha-\beta}{2}}=\frac{\sin\frac{\alpha+\beta}{2}}{\cos\frac{\alpha+\beta}{2}}:\frac{\sin\frac{\alpha-\beta}{2}}{\cos\frac{\alpha-\beta}{2}}$$

由此得

$$\frac{\sin\alpha+\sin\beta}{\sin\alpha-\sin\beta}=\frac{\tan\frac{\alpha+\beta}{2}}{\tan\frac{\alpha-\beta}{2}} \tag{XVII}$$

2) 由 §60 得

① $\sin\frac{\alpha-\beta}{2}=\sin\left(-\frac{\beta-\alpha}{2}\right)=-\sin\frac{\beta-\alpha}{2}$. 公式(XVI)的读法是这样:二角余弦的差等于二角和之半的正弦与二角的逆差之半的正弦相乘积的2倍.

$$1+\cos\alpha=2\cos^2\frac{\alpha}{2} \qquad (\text{XVIII})$$

$$1-\cos\alpha=2\sin^2\frac{\alpha}{2} \qquad (\text{XIX})$$

例题

1) $\dfrac{\sin 35^\circ+\sin 14^\circ}{\sin 35^\circ-\sin 14^\circ}=\dfrac{\tan\dfrac{35^\circ+14^\circ}{2}}{\tan\dfrac{35^\circ-14^\circ}{2}}=\dfrac{\tan 24^\circ30'}{\tan 10^\circ30'}$;

2) $1+\cos 10^\circ23'=2\cos^2 5^\circ11'30''$;

3) $1-\sin 40^\circ=1-\cos 50^\circ=2\sin^2 25^\circ$.

§66 二角的正切或余切的和及差的变形 为了将式子:$\tan\alpha\pm\tan\beta$;$\cot\alpha\pm\cot\beta$;$\tan\alpha\pm\cot\beta$及$\cot\alpha\pm\tan\beta$等变形,必须先将它们变为正弦及余弦的形式.例如

1) $\tan\alpha+\tan\beta=\dfrac{\sin\alpha}{\cos\alpha}+\dfrac{\sin\beta}{\cos\beta}=\dfrac{\sin(\alpha+\beta)}{\cos\alpha\cdot\cos\beta}$;

2) $\cot\alpha-\cot\beta=\dfrac{\cos\alpha}{\sin\alpha}-\dfrac{\cos\beta}{\sin\beta}=\dfrac{\sin(\beta-\alpha)}{\sin\alpha\cdot\sin\beta}$;

3) $\tan\alpha-\cot\beta=\dfrac{\sin\alpha}{\cos\alpha}-\dfrac{\cos\beta}{\sin\beta}=-\dfrac{\cos(\alpha+\beta)}{\cos\alpha\cdot\sin\beta}$.

§67 引用辅助角 为了使已知的式子能够化为适于用对数计算的形式,有时需要将某些数值看作是某角的三角函数值.现在举例如下

1) $\sqrt{\sqrt{5}-1}=\sqrt{4\sin 18^\circ}=2\sqrt{\sin 18^\circ}$;

2) $1+\tan\alpha=\tan 45^\circ+\tan\alpha=\dfrac{\sin(45^\circ+\alpha)}{\cos 45^\circ\cdot\cos\alpha}$;

3) $\sin\alpha+\cos\alpha=\sqrt{2}\cdot\left(\sin\alpha\cdot\dfrac{1}{\sqrt{2}}+\cos\alpha\cdot\dfrac{1}{\sqrt{2}}\right)=\sqrt{2}\cdot(\sin\alpha\cdot\cos 45^\circ+\cos\alpha\cdot\sin 45^\circ)=\sqrt{2}\cdot\sin(\alpha+45^\circ)$;

4) $1+2\sin 50^\circ=2\cdot\left(\dfrac{1}{2}+\sin 50^\circ\right)=2\cdot(\sin 30^\circ+\sin 50^\circ)=4\sin 40^\circ\cdot\cos 10^\circ$.

§68 在§67里,由于几何简单角的帮助,我们完成了变形.现在我们再来研究一般的情形,也就是:引用辅助角把$A+B$及$A-B$用A及B的适当的式子表示出来.

1) 在$A+B=A\left(1+\dfrac{B}{A}\right)$中,可以把$\dfrac{B}{A}$当作是某角的正切,因为正切可为任意的数值,所以,这样作是可能的.设$\dfrac{B}{A}=\tan\varphi$,则得

$$A+B=A(1+\tan\varphi)$$

但由 §67,$1+\tan\varphi=\dfrac{\sin(45^\circ+\varphi)}{\cos 45^\circ\cdot\cos\varphi}$,于是

$$A+B=A\cdot\frac{\sin(45^\circ+\varphi)}{\cos 45^\circ\cdot\cos\varphi}$$

为了求出第二部分的值,首先要求出辅助角φ的值(用三角函数表).

2) 同法可得

$$A-B=A\cdot\frac{\sin(45^\circ-\varphi)}{\cos 45^\circ\cdot\cos\varphi}$$

3) 还可得

$$\frac{A+B}{A-B}=\frac{1+\tan\varphi}{1-\tan\varphi}=\tan(45^\circ+\varphi)$$

§69 如果知道A及B都是正值,则将$A+B$及$A-B$变形的方法要比在 §68 中的变形方法简便得多.

1)$A+B=A\left(1+\dfrac{B}{A}\right)$,因为$\dfrac{B}{A}$是正值,故可设$\dfrac{B}{A}=\tan^2\varphi$;因此

$$A+B=A(1+\tan^2\varphi)=A\sec^2\varphi=\frac{A}{\cos^2\varphi}$$

2) 在$A-B$中,如$A>B$,可取$A-B=A\left(1-\dfrac{B}{A}\right)$,设$\dfrac{B}{A}=\sin^2\varphi$,因为$\dfrac{B}{A}$是正值同时又小于1,所以这样设是可能的;因此

$$A-B=A(1-\sin^2\varphi)=A\cos^2\varphi$$

如$A<B$,则先取$A-B=-(B-A)$,然后再将$B-A$变形,它的方法和以前相同.

第六章　三角方程

§70　引言　若一方程的未知数含于三角函数之记号下时，则此方程就叫作三角方程，例如方程

$$2\sin^2 x+3\cos x=0$$

$$\sin 5x=\sin 4x$$

$$\tan(a+x)=m\tan x$$

(在第一个方程中，未知数就是三角函数的变数；在第二个方程中，未知数含于三角函数的变数中；第三个方程兼有以上两种情形).

应当区别出三角恒等式与三角方程不同，三角恒等式是对于自变数[①]的一切值(使此等式中所含的三角函数有意义的一切值)恒能成立的等式.例如在等式 $\sin^2 x+\cos^2 x=1$ 中，无论用任何之值代 x，左边永远等于右边，所以这是恒等式.但等式 $\sin^2 x-\cos^2 x=1$，仅对于自变数为某些数值[②]时方能成立，像这样的等式便叫作方程.

解三角方程，就是要求出适合于该方程的角，也就是求出的角可使方程的两边相等(这种角叫作方程的根，有时也叫作解).解三角方程时，首先要求出未知角的某一函数值，然后再由此函数值求出变数来(通常由三角函数表查出).但由§47可知，一函数值对应着无限个角，所以三角方程(如果能解)有无限个根.一般说来，我们是求三角方程的根的一般形式，这叫作方程的根的通值(也叫作三角方程的一般解)，例如解某一三角方程时，我们得到 $\tan 3x=1$.对应着这个正切值的角是 $45°+180°\cdot n$(n 可为任意整数).所以 $3x=45°+180°\cdot n$，用3除等式的两边，则得 $x=15°+60°\cdot n$，这就是已知方程的根的一般解(再举一个没有解的例题，如 $5\sin x=7$，从这个方程得 $\sin x=\frac{7}{5}$，但是我们知道，这是不可能的，因为正弦的绝对值无论如何不能大于1).

关于三角方程的解法，有许多情形需要把方程中不同的函数化为同一的函

① 编校注：有时也称函数之变数为自变数.

② 例如，当 $x=45°$ 时，该等式两边不等.

数(最好是正弦或余弦),并且化为相同的变数;这样,就可以把方程中的三角函数当作一个特殊的未知数,按照代数方程的解法解出,并舍掉不适于该函数值的根.有时也需要把方程化为乘积或分数等于零的形式,然后求解.这些,在下面的例题里都将得到说明.

§71　例题　Ⅰ.解方程:$2\sin^2 x=3\sin x$.

解　变方程为 $\sin x(2\sin x-3)=0$,得

$$\sin x=0;2\sin x-3=0,\sin x=\frac{3}{2}$$

$\sin x$ 的第二个数值是不可能的(因为正弦函数值不能大于1),故应舍去.由第一个数值得 $x=180°\cdot n$(或 $x=\pi\cdot n$).

Ⅱ.解方程:$2\sin^2 x+3\cos x=0$.

解　以 $1-\cos^2 x$ 替代原方程中之 $\sin^2 x$,则得

$$2(1-\cos^2 x)+3\cos x=0$$

化简

$$\cos^2 x-\frac{3}{2}\cos x-1=0$$

解之得

$$\cos x=\frac{3}{4}\pm\sqrt{\frac{9}{16}+1}$$

$$\cos x_1=2 \text{ 及 } \cos x_2=-\frac{1}{2}$$

$\cos x$ 的第一个数值是不可能的,故舍去.取 $\cos x=-\frac{1}{2}$,得

$$x=360°\cdot n\pm 120°(\text{或 } x=2\pi n\pm\frac{2}{3}\pi)$$

Ⅲ.解方程:$\cot(270°-x)=3\cot x$.

解　以 $\tan x$ 及 $\frac{1}{\tan x}$ 代替 $\cot(270°-x)$ 及 $\cot x$,则得

$$\tan x=\frac{3}{\tan x}$$

解之,则得

$$\tan x=\pm\sqrt{3}$$

此二值皆适合于 $\tan x$.若 $\tan x_1=\sqrt{3}$,则 $x_1=60°+180°\cdot n$;若 $\tan x_2=-\sqrt{3}$,则 $x_2=-60°+180°\cdot n$.故得

$$x=180°\cdot n\pm 60° \text{ 或 } x=\pi n\pm\frac{\pi}{3}$$

Ⅳ. 设 α 及 m 均为已知数,解方程

$$\tan(\alpha+x)=m\cdot\tan x$$

解　展开 $\tan(\alpha+x)$,则得

$$\frac{\tan\alpha+\tan x}{1-\tan\alpha\cdot\tan x}=m\cdot\tan x$$

$$\tan\alpha+\tan x=m\cdot\tan x-m\cdot\tan\alpha\cdot\tan^2 x$$

$$m\cdot\tan\alpha\cdot\tan^2 x-(m-1)\cdot\tan x+\tan\alpha=0$$

$$\tan x=\frac{m-1\pm\sqrt{(m-1)^2-4m\cdot\tan^2\alpha}}{2m\cdot\tan\alpha}$$

Ⅴ. 解方程: $\sin x-\cos x=\sqrt{\frac{1}{2}}$.

解　在这里要将原方程的左边化为乘积的形式(参看 §64)

$$\sin x-\sin(90°-x)=\sqrt{\frac{1}{2}}$$

$$2\cos 45°\cdot\sin(x-45°)=\sqrt{\frac{1}{2}}$$

$$\sqrt{2}\sin(x-45°)=\sqrt{\frac{1}{2}};\sin(x-45°)=\frac{1}{2}$$

由此得

$$x-45°=30°+360°\cdot n \text{ 及 } x-45°=150°+360°\cdot n$$

于是

$$x=75°+360°\cdot n \text{ 及 } x=195°+360°\cdot n$$

或

$$x=\frac{5}{12}\pi+2\pi\cdot n \text{ 及 } x=\frac{13}{12}\pi+2\pi\cdot n$$

Ⅵ. 解方程: $\sin^2 x-2\sin x\cdot\cos x=3\cos^2 x$.

解　以 $\cos^2 x$ 除方程的两边,则得

$$\tan^2 x-2\tan x=3$$

依 $\tan x$ 解之得二值: -1 及 3;对应此二值得

$$x_1=135°+180°\cdot n \text{ 或 } x_1=-45°+180°\cdot n$$

及

$$x_2=71°33'54''+180°\cdot n$$

Ⅶ. 解方程: $\sin 5x=\sin 4x$.

解 $\sin 5x-\sin 4x=0$;$2\sin\frac{x}{2}\cdot\cos\frac{9x}{2}=0$.于是 $\sin\frac{x}{2}=0$,由此得 $\frac{x}{2}=180°\cdot n$,$x=360°\cdot n$;由 $\cos\frac{9x}{2}=0$ 得,$\frac{9x}{2}=90°+180°\cdot n$ 故

$$x=20°+40°\cdot n$$

由此
$$x=360°\cdot n;x=20°+40°\cdot n$$

Ⅷ.解方程:$a\sin x=b\cos^2\frac{x}{2}$.

解
$$a\cdot 2\sin\frac{x}{2}\cdot\cos\frac{x}{2}=b\cos^2\frac{x}{2}$$

$$\cos\frac{x}{2}\left(2a\sin\frac{x}{2}-b\cos\frac{x}{2}\right)=0$$

于是得

$$\cos\frac{x}{2}=0;2a\sin\frac{x}{2}-b\cos\frac{x}{2}=0$$

因而
$$\tan\frac{x}{2}=\frac{b}{2a}$$

Ⅸ.解方程:$\tan 5x=\tan 2x$.

解 变原方程为 $\tan 5x-\tan 2x=0$,并应用 §67,得:$\frac{\sin(5x-2x)}{\cos 5x\cdot\cos 2x}=0$;由此可得 $\sin 3x=0$,所以 $3x=180°\cdot n$,$x=60°\cdot n$.

Ⅹ.解方程:$a\sin x+b\cos x=c$.

解 第一种方法,因为 $\sin x$ 及 $\cos x$ 中的一个函数用另一个函数表示的式子是无理式,所以首先就要将 $a\sin x$(或 $b\cos x$)移项,然后变方自乘,就可得到 $\sin^2 x$(或 $\cos^2 x$).

第二种方法,将式中 $\sin x$ 及 $\cos x$ 用 $\tan\frac{x}{2}$ 的有理式来表示,即

$$\sin x=\frac{2\tan\frac{x}{2}}{1+\tan^2\frac{x}{2}}\text{ 及 }\cos x=\frac{1-\tan^2\frac{x}{2}}{1+\tan^2\frac{x}{2}}\text{①}$$

---

① 取 $\sin x=2\sin\frac{x}{2}\cdot\cos\frac{x}{2}$ 及 $\cos x=\cos^2\frac{x}{2}-\sin^2\frac{x}{2}$,并用 $\cos^2\frac{x}{2}+\sin^2\frac{x}{2}$(等于1)去除各方程的右边,然后用 $\cos^2\frac{x}{2}$ 除右式中的分子、分母,即得.

将以上二式代入原方程，则原方程变为关于 $\tan\frac{x}{2}$ 的二次方程，解之则得

$$\tan\frac{x}{2}=\frac{a\pm\sqrt{a^2+b^2-c^2}}{b+c}$$

由此可知，此题可解的条件是：$a^2+b^2\geqslant c^2$.

如所求角的三角函数值为文字式时（如本例所示），此式即可看作是方程的解，需要注意的仅仅是在什么条件下，文字式的值适合于此函数.

第三种方法，当 a,b,c 是多位数的时候，应用前法是困难的，此时，解已知方程可以利用下面所述的辅助角的方法：用 b 除方程的两边，并设 $\frac{a}{b}=\tan\varphi$，则得

$$\tan\varphi\cdot\sin x+\cos x=\frac{c}{b}$$

现在用 $\cos\varphi$ 乘方程的两边，则得

$$\cos(x-\varphi)=\frac{c}{b}\cos\varphi$$

由此可先求出 $x-\varphi$，然后再求 x.

§72　在本节的例题里，我们将谈到方程的减根和增根的问题. 关于这个问题的一般理论在代数学里已经学过了.

Ⅰ. 当乘积本身是零以致把某一乘数看作零时，必须注意其他乘数是否成 ∞ 之形.

例如：解方程：$\sin x\cdot\cot 2x=0$，若使各因式等于零，则得：

1) $\sin x=0$，$x=180^\circ\cdot n$；2) $\cot 2x=0$，$2x=90^\circ+180^\circ\cdot n$. 故

$$x=45^\circ+90^\circ\cdot n$$

验算：

现在把所得的根 $x=180^\circ\cdot n$ 代入原方程，则左边得：$\sin(180^\circ\cdot n)\cdot\cot(360^\circ\cdot n)$ 等于 $0\cdot\infty$.

要解此不定式，就需要把乘积 $\sin x\cot 2x$ 变形；对 x 之任何值可得

$$\sin x\cdot\cot 2x=\sin x\frac{\cos 2x}{\sin 2x}=\frac{\cos 2x}{2\cos x}$$

再把 $x=180^\circ\cdot n$ 代入上式，则得

$$\frac{\cos(360^\circ\cdot n)}{2\cos(180^\circ\cdot n)}=\frac{1}{2\cdot(-1)^n}=\frac{1}{2}(-1)^n$$

也就是原方程的左边等于 $\frac{1}{2}$ 或 $-\frac{1}{2}$，而不等于零，所以由 1) 所得的根

$x=180°\cdot n$ 不适合于原方程.

现在再把根 $x=45°+90°\cdot n$ 代入原方程, $\sin x$ 之值无论何时不能趋于 ∞,所以我们只能得到乘积等于零的结果;由此可知该根适于原方程. 因此,经过研究之后,原方程只有一根 $x=45°+90°\cdot n$.

Ⅱ. 解方程: $\frac{\sin 2x}{\sin x}=\frac{\cos 2x}{\cos x}$.

解 去分母则得 $\sin 2x\cdot\cos x=\cos 2x\cdot\sin x$ 或 $\sin 2x\cdot\cos x-\cos 2x\cdot\sin x=0$,这个方程的左边可以化为二角差的正弦,故得 $\sin x=0$,所以 $x=180°\cdot n$. 因为 $\sin x=0$ 时公分母 $\sin x\cdot\cos x$ 为零,因之所得之根是可疑的.

以 $x=180°\cdot n$ 代入已知方程,则得

$$\frac{\sin(360°\cdot n)}{\sin(180°\cdot n)}=\frac{\cos(360°\cdot n)}{\cos(180°\cdot n)} \text{ 或 } \frac{0}{0}=\frac{1}{(-1)^n}$$

为弄清左边的不定式,把 $\frac{\sin 2x}{\sin x}$ 化为 $\frac{2\sin x\cos x}{\sin x}$ 或 $2\cos x$;于是方程左边

 的值为 $2\cos(180°\cdot n)$ 或 $2\times(-1)$.

由此可知, $x=180°\cdot n$ 不适合于原方程.

一般说来,如方程中有分母时,则最可靠的解法如下:将所有各项移于等号一端,并把它们合并为一个分式;可能化简时加以化简,然后再求出可使方程左方为零的解.

按照这种方法,已知方程的解法的步骤如下

$$\frac{\sin 2x\cdot\cos x-\cos 2x\cdot\sin x}{\sin x\cdot\cos x}=0$$

$$\frac{\sin(2x-x)}{\sin x\cdot\cos x}=0;\frac{1}{\cos x}=0;\sec x=0$$

但正割无论任何情形都不能等于零,所以原方程没有解.

Ⅲ. 在例题 Ⅰ 中,如以 $\sin x$ 除方程的两边,则方程失去 $\sin x=0$ 的根.

在例题 Ⅵ(§71)中,曾用 $\cos^2 x$ 除方程的两端,但 $\cos x=0$ 的根不适合于已知方程,所以减根的问题并不发生.

Ⅳ. 解方程

$$\sin x+7\cos x=5 \tag{a}$$

解 将方程变为

$$\sin x=5-7\cos x \tag{b}$$

两边平方则得

$$\sin^2 x = 25 - 70\cos x + 49\cos^2 x$$

以 $1-\cos^2 x$ 代替 $\sin^2 x$,则得

$$50\cos^2 x - 70\cos x + 24 = 0;\cos^2 x - \frac{7}{5}\cos x + \frac{12}{25} = 0$$

$$\cos x = \frac{7}{10} \pm \sqrt{\frac{49}{100} - \frac{12}{25}} = \frac{7}{10} \pm \frac{1}{10}$$

所以:

1)$\cos x_1 = 0.8$ 时,$x_1 = 360° \cdot n \pm 36°52'12''$;

2)$\cos x_2 = 0.6$ 时,$x_2 = 360° \cdot n \pm 53°07'48''$.

应该注意,在解方程的时候,我们曾取两边的平方,由此可以产生不适于原方程的增根,这种增根属于另外一个方程,它和原方程的差别,仅仅是一边的符号不同,即为 $\sin x = -(5 - 7\cos x)$;由此所得的正弦,其符号和我们所要求的不同.所以,要求出适合于已知方程的角,必须确定正弦的符号,因此将 $\cos x$ 之值代入方程(b),得:

1)$\sin x_1 = 5 - 7 \times 0.8 < 0$;2)$\sin x_2 = 5 - 7 \times 0.6 > 0$.

因此,我们已经得到的解里必须除掉:$x_1 = 360° \cdot n + 36°52'12''$(因为它们的正弦为正)和 $x_2 = 360° \cdot n - 53°07'48''$(因为它们的正弦为负).

所以方程(a)的根为

$$x_1 = 360° \cdot n - 36°52'12'' \text{ 及 } x_2 = 360° \cdot n + 53°07'48''$$

为与以上所得结果比较,现在,我们再把原方程化为关于 $\tan \frac{x}{2}$ 的方程,解之则得

1)$\tan \frac{x}{2} = \frac{1}{2};\frac{x}{2} = 26°33'54'' + 180° \cdot n;x = 53°07'48'' + 360° \cdot n$;

2)$\tan \frac{x}{2} = -\frac{1}{3};\frac{x}{2} = -18°26'6'' + 180° \cdot n;x = -36°52'12'' + 360° \cdot n$.

第二编
三角函数表

第七章　造表法的概念

§73　现在来研究怎样求出任意角的三角函数的近似值.

我们知道,任意角的三角函数可以变成不超过 45° 的正角的三角函数;而且所有三角函数的值可以由一个三角函数的值——如正弦之值来求得.因此,问题是在于用什么方法可以求出从 0° 到 45° 之间的各角的正弦.

这些方法中之一,是根据这样的事实,即对于非常小的角,用对应弧的长来代替正弦线的长时,它的误差是很小的.

在图 39 中,若 $\angle AOB=10'$(实际在图上不可能画出这样小的角),则按正弦的定义可知: $\sin 10'=\frac{BC}{R}$.但由上面所述的方法,式中的 $\frac{BC}{R}$ 可用 $\frac{\overset{\frown}{AB}}{R}$ 来代替,而且我们知道

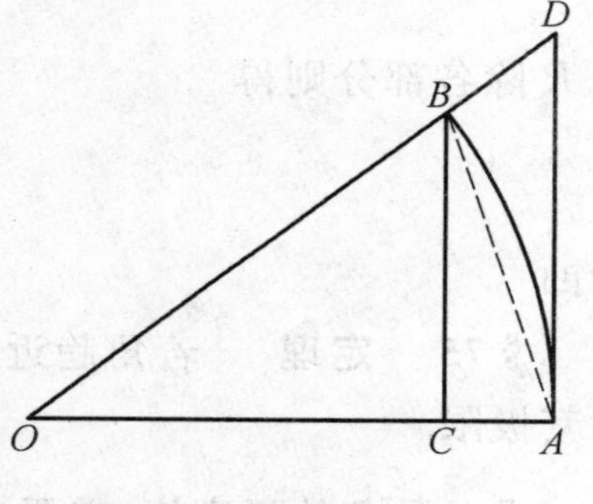

图 39

$$\overset{\frown}{AB}=\frac{2\pi R\cdot 10}{360\times 60}=\frac{\pi R}{1\ 080}$$

由此

$$\frac{\overset{\frown}{AB}}{R}=\frac{\pi}{1\ 080}$$

以 π 之值代入上式得

$$\frac{\overset{\frown}{AB}}{R}=0.002\ 908\ 882\cdots$$

这个值便是 $\sin 10'$ 的近似值.

因为比式 $\frac{\overset{\frown}{AB}}{R}$ 的值是角的弧度值,因此可以说:非常小的角的正弦,可用此角的弧度值来代替.

按照这种方法,我们可以首先计算一个非常小的已知角,然后再应用和角及倍角的公式逐渐把角增大.

在 §74 到 §76 里,我们将要证明三个定理.其中的第二个,就是说明非常

小的角的正弦可用其弧度值来代替;而第三个定理,将判定在这种代替时所产生的误差.

§74　定理　角的弧度值(小于$\frac{\pi}{2}$的角)大于该角的正弦,而小于它的正切.

假若:$0<\alpha<\frac{\pi}{2}$,α是角的弧度值,要证明的是$\sin\alpha<\alpha<\tan\alpha$.

证明　如图39,作一辅助弦AB,可以看出

$$\triangle OBA \text{ 的面积} < \text{扇形 } OAB \text{ 的面积} < \triangle ODA \text{ 的面积}$$

或用式子来表示

$$\frac{1}{2}OA\cdot BC<\frac{1}{2}OA\cdot\widehat{AB}<\frac{1}{2}OA\cdot AD$$

由此

$$BC<\widehat{AB}<AD$$

用R除各部分则得

$$\frac{BC}{R}<\frac{\widehat{AB}}{R}<\frac{AD}{R}$$

亦即

§75　定理　若角趋近于零时,则此角的正弦与此角的弧度值之比以1为其极限.

设α是角的弧度值,需要证明的是$\lim\limits_{\alpha\to0}\frac{\sin\alpha}{\alpha}=1$.

证明　由§74知

$$\sin\alpha<\alpha<\tan\alpha \tag{1}$$

以$\sin\alpha$除此不等式的各项而取其倒数,则得

$$1>\frac{\sin\alpha}{\alpha}>\cos\alpha \tag{2}$$

如果角α趋近于零,则$\cos\alpha$趋近于1;在不等式(2)里,第三项和第一项的数值无限接近,因此,第二项也无限接近于第一项,也就是比式$\frac{\sin\alpha}{\alpha}$的极限值为1.

§76　定理　锐角的弧度值和它的正弦之差,小于该角弧度值的三次方的四分之一.

设α为角的弧度值,且$0<\alpha<\frac{\pi}{2}$,需要证明的是$\alpha-\sin\alpha<\frac{\alpha^3}{4}$.

证明　先由不等式$\frac{\alpha}{2}<\tan\frac{\alpha}{2}$(用$\frac{\alpha}{2}$代替 §74 中的$\alpha$即得此不等式)开始,用$2\cos^2\frac{\alpha}{2}$乘其两边得:$\alpha\cdot\cos^2\frac{\alpha}{2}<2\sin\frac{\alpha}{2}\cdot\cos\frac{\alpha}{2}$,由此得:$\alpha(1-\sin^2\frac{\alpha}{2})<\sin\alpha$,所以$\alpha-\sin\alpha<\alpha\cdot\sin^2\frac{\alpha}{2}$.把$\sin\frac{\alpha}{2}$用比它大的$\frac{\alpha}{2}$来代替(§74),则得以下的结果

$$\alpha-\sin\alpha<\frac{\alpha^3}{4}$$

§77　用上面所说的方法,更加简化可以作出三角函数真数表,若取每个求得数值的对数,则得出三角函数对数表,这是在三角计算上常用的.

注意　上面证明的仅是制作三角函数表的可能性.如果涉及制作三角函数表的具体问题时,我们将会看到,上面所说的方法,实际上是非常繁杂的.

第八章　三角函数表的用法

§ 78　现在把 B. 柏拉基斯所编的《四位数学用表》(1946 年出版) 中的三角函数表作一简短的说明.

表 Ⅸ(Ⅷ)[①] 中包含着所有用整数的度和分表示的锐角的正弦及余弦之值. 求某角的正弦时,要从左方找度数,从上方找分数;在由左向右,由上向下之交叉处,可以看到所求正弦的值.

例如

$$\sin 20°12' = 0.3453$$

$$\sin 75°48' = 0.9694$$

相反地,如果我们按已知正弦的值去求某角时,必须首先在表中找到已知的正弦的值,然后在它的左面找出角的度数,在上面找出分数,例如

$$\sin x = 0.8949;\ x = 63°30'$$

若求余弦,则必须从右边找度数,从下面找分数,例如

$$\cos 35°42' = 0.8121$$

在这个表里相邻二角的差是 6′,为了求出此二角间任意一角的函数,必须使用右侧各行中的 1、2、3 分的修正值,例如

$$\sin 34°15' = 0.5628$$

(在 sin 34°12′ 之对应值的最后一位上加 3′ 的修正值"7").

在第一象限里,当角增大时,正弦的值随之增大,余弦反而减小,因此,在修正正弦时必须加上修正值,而修正余弦时则必须减去修正值.

在表 Ⅹ(Ⅸ) 中含有从 0° 到 76° 的正切的值及由 14° 到 90° 的余切的值,这个表的使用方法与表 Ⅸ(Ⅷ) 完全相同.

在表 Ⅺ(Ⅹ) 中含有从 76° 到 90° 的正切的值和从 0° 到 14° 的余切的值;在这些间隔里,正切和余切的变化是很快的,但在这个表里相邻二角的差是 1′,因此,并不需要修正.

§ 79　在表 Ⅻ、ⅩⅢ、ⅩⅣ、ⅩⅤ(Ⅲ、Ⅳ、Ⅴ、Ⅵ) 及 ⅩⅥ(Ⅶ) 里含有正弦及余弦,

---

① 编校注:括弧里的数码,是原东北教育部依据 B. 柏拉基斯所编的表改编的数码,以下同此.

正切及余切的对数.这些表的用法和前面的相同.

例　$\lg\sin 20°18' = \overline{1}.540\ 2$；$\lg\tan 61°54' = \overline{0}.272\ 5$；

$\lg\cos 26°48' = \overline{1}.950\ 6$；$\lg\cot 18°30' = 0.475\ 5$.

§80　五位对数表的用法　现在讲述布尔耶瓦里斯基编的五位对数表的构造和用法.

在此表内，从 62(53) 页到 151(143) 页载有锐角的正弦、余弦、正切及余切的对数；这里的角以 $1'$ 为单位，而对数值准确到十万分之一的二分之一.

首数为负时，为方便起见一律加 10，因此表中的首数 9 是表示 $\overline{1}$，8 是表示 $\overline{2}$，依此类推.

在各页的下端载有 45° 以上的度数.如果我们采取这些度数时，角的分数要在右边去找，函数的名称可以在下面找到.

若角的值含有秒数时，必须用比例计算的方法修正表内的数值；因为角的微小变化和对数的微小变化几乎是成比例的.

例 1　求 $\lg\sin 34°16'43''$.

解　在五位对数表的 122 页可以查到

$$\lg\sin 34°16' = \overline{1}.750\ 54$$

对数表中的表差 $d = 19$，由此可作成比例式

$$x : 19 = 43'' : 60''$$

x 就是相当于 $43''$ 的对数修正值，计算之得

$$x = 19 \times \frac{43}{60} \approx 14$$

于是

$$\lg\sin 34°16'43'' = \overline{1}.750\ 68$$

每页旁边所载的表，也是用来求修正值的，如在上面的例题里，也可以先由旁边的表中取出 $40''$ 的修正值(得 12.7)，再取 $3''$ 的修正值(得 0.95)，二者的和约得 14，这与比例计算的结果是一致的.

算式的写法应像下面那样

$$\begin{array}{rr} \lg\sin 34°16' = \overline{1}.750\ 54 & d = 19 \\ +43'' \quad\quad +14 & \\ \hline \lg\sin 34°16'43'' = \overline{1}.750\ 68 & \end{array}$$

例 2　求 $\lg\cos 29°45'23''$.

解

$$\begin{array}{rr} \lg\cos 29°45' = \overline{1}.938\ 62 & d = 7 \\ +23'' \quad\quad -3 & \\ \hline \lg\cos 29°45'23'' = \overline{1}.938\ 59 & \end{array}$$

修正时必须用减,这是因为由于角的增大,余弦及余弦的对数都随之而减小.

例 3　求 lg tan 57°20′30″.

解

$$\begin{array}{lll} \lg\tan 57^\circ20' & =0.193\,03 & d=28 \\ \quad +30'' & \quad +14 & \\ \hline \lg\tan 57^\circ20'30'' & =0.193\,17 & \end{array}$$

例 4　若 $\lg\sin x=\overline{1}.636\,23$,求角 x.

解　在五位对数表的 105 页找到最接近的角,然后再作修正,算式像下边这样

$$\begin{array}{lll} \overline{1}.636\,10\cdots 25^\circ38' & & d=26 \\ \quad +13 \qquad +30'' & & \\ \hline \overline{1}.636\,23\cdots 25^\circ38'30'' & & \\ \qquad x=25^\circ38'30'' & & \end{array}$$

最简单的修正方法是用旁边的表,在标明表差是 26 的一行里,可以找到 3″ 的修正值是 1.3,因而 13 就是 30″ 的修正值.

例 5　已知 $\lg\tan x=\overline{2}.956\,96$,求 x.

解

$$\begin{array}{lll} \overline{2}.956\,27\cdots 5^\circ10' & & d=140 \\ \quad +69 \qquad +30'' & & \\ \hline \overline{2}.956\,96\cdots 5^\circ10'30'' & & \\ \qquad x=5^\circ10'30'' & & \end{array}$$

例 6　已知 $\lg\cot x=1.070\,85$,求 x.

解

$$\begin{array}{lll} 1.069\,84\cdots 4^\circ52' & & d=150 \\ \quad +101 \qquad -40'' & & \\ \hline 1.070\,85\cdots 4^\circ51'20'' & & \\ \qquad x=4^\circ51'20'' & & \end{array}$$

§81　对数表差甚大时修正值的求法　以上所讲的计算对数修正值方法的根据是角的变化和对数的变化成比例. 但是实际上这种关系近似地成立. 比例计算的方法只有在同一函数的一切对数表差完全相等时才能精确. 而一切表差并不完全相等. 虽然是这样,一般说来对数表差的变化是很慢的. 但从表 Ⅲ 和表 Ⅴ 中可以看出:对于非常小的角的正弦、正切及余切(或接近 90° 的余弦、余切及正切) 对数表差的变化是很快的. 在这样的情形下,上述的方法就不能够计算出准确的修正值了. 现在举一个例子来说明:

由以前的方法求得

$$\lg \sin 22'48''=7.806\,15-10+0.019\,30\times \frac{8}{10}=7.821\,59-10$$

但在比较更完备的表里 $\lg \sin 22'48''=7.821\,66-10$；显然，要求出这样精确的数值，以前的方法是不能做到的.

因此，在对数表差非常大的情况下(例如小于 2° 的角的正弦和正切)，要使用另外的方法，它的根据是：非常小的角的正弦及正切与这个角本身的大小成比例.

现在举几个例题来说明这种方法.

例 1　用新的方法求 $\lg \sin 22'48''$.

$$\frac{\sin 22'48''}{\sin 22'}=\frac{22'48''}{22'}\text{[1]} \text{ 或 } \frac{\sin 22'48''}{\sin 22'}=\frac{22.8}{22}$$

由此

$$\begin{aligned}\lg \sin 22'48''&=\lg \sin 22'+(\lg 22.8-\lg 22)=\\&7.806\,15-10+(1.357\,93-1.342\,42)=\\&7.821\,66-10\end{aligned}$$

这个结果和比较更完备的表里所记载的相同.

例 2　求 $\lg \tan 88^\circ 56'20''$.

按以前的方法得 7.732 32，但在比较更完备的表中所记载的是 1.732 31，现在用新的方法来计算[2].

---

① 编校注：根据 §73 所说："非常小的角的正弦可用此角的弧度值来代替"，我们得到

$$\frac{\sin 22'48''}{\sin 22'}=\frac{\frac{\pi}{180\times 60}\times 22.8}{\frac{\pi}{180\times 60}\times 22}=\frac{22.8}{22}$$

不可误会为用角的分(或秒)数来代替此角的正弦.

② 编校注：§73 节说"非常小的角的正弦，可用此角的弧度值来代替"，是根据 §75 所述 $\lim\limits_{\alpha\to 0}\frac{\sin \alpha}{\alpha}=1$. 现在是非常小的角的正切，可用此角的弧度值来代替，就该补充

$$\lim_{\alpha\to 0}\frac{\tan \alpha}{\alpha}=1$$

此式的证明，附列于下：由 §74 知

$$\sin \alpha<\alpha<\tan \alpha$$

以 $\tan \alpha$ 除之

$$\cos \alpha<\frac{\alpha}{\tan \alpha}<1$$

所以

$$\sec \alpha>\frac{\tan \alpha}{\alpha}>1$$

如角 α 趋近于 0，则 $\sec \alpha$ 趋近于 1，因而 $\frac{\tan \alpha}{\alpha}$ 的极限值为 1.

1) $\tan 88^\circ 56'20'' = \cot 1^\circ 3'40'' = \dfrac{1}{\tan 1^\circ 3'40''}$;

2) $\dfrac{\tan 1^\circ 3'40''}{\tan 1^\circ 3'} = \dfrac{1^\circ 3'40''}{1^\circ 3'}$ 或 $\dfrac{\tan 1^\circ 3'40''}{\tan 1^\circ 3'} = \dfrac{191}{189}$.

计算可得:

(1) $\lg \tan 1^\circ 3'40'' = 8.263\ 12 - 10 + (2.281\ 03 - 2.276\ 46) = 8.267\ 69 - 10$;

(2) $\lg \cot 1^\circ 3'40'' = \lg 1 - \lg \tan 1^\circ 3'40'' = 1.732\ 31$.

所得的值和比较更完备的表中所记载的相同.

例 3 $\lg \cot \alpha = 2.204\ 43$ 求 α.

用以前的方法得 $\alpha = 21'29''$,现在用新的方法计算.

取 $\lg \tan \alpha = \lg 1 - \lg \cot \alpha = 7.795\ 57 - 10$;而在表中所记载的值与此最接近的是 7.785 95,其所对应的角度为 $21'$,以此作为比例式

$$\frac{\alpha}{21'} = \frac{\tan \alpha}{\tan 21'}$$

假定 $\alpha = x''$,则得

$$\frac{x}{1\ 260} = \frac{\tan \alpha}{\tan 21'}$$

由此

$$\lg x = \lg 1\ 260 + (\lg \tan \alpha - \lg \tan 21') = 3.109\ 99$$

取对数与此最接近的整数 $x = 1\ 288$,于是,$\alpha = 1\ 288'' = 21'28''$. 这和比较更完备的表中所记载的相同.

§ 82　用五位对数表求角的精确度　在某一三角函数的对数表里,为了使两个对数值相差为 0.000 01,必须使其对应角的差为 $\dfrac{60''}{d}$,这里的 d 是对数表差的值(单位十万分之一),如果二角之差比 $\dfrac{60''}{d}$ 小,则与此相对应的对数差亦将小于 0.000 01. 若用五位以内的小数来表示,两对数的值常常是相等的. 由此可以得出结论:由对数求角的值其误差在 $\dfrac{60''}{d}$ 以内.

在 12° 以内的角的正弦,$d > 60$,因之 $\dfrac{60''}{d}$ 的值小于 $1''$;以后,它开始上升,到 85° 时达到 $1'$,在接近 90° 时,同一的对数值已与数个角相对应,且其大小之差可达数分. 故由正弦及余弦的对数求角的值,其精确度是不够的. 特别在由正弦求接近于 90° 的角和由余弦求接近于 0° 的角时,更不准确.

由正切及余切的对数求角的值时，精确度是很大的. 因为正切及余切的变化，远快于正弦及余弦，其对数表差也常比正弦及余弦的表差为大. 在角度接近 45° 时，精确度较小，其误差小于 $\frac{60''}{25}$，也就是小于 $2.4''$.

第三编
三角形的解法

第九章　直角三角形

§ 83　直角三角形诸元素相互间的关系　在 § 20 里我们已经知道在直角三角形里诸元素相互间的关系，也就是由三角函数的定义推证出来的几个公式(图 40)

$$\sin A=\frac{a}{c};\cos A=\frac{b}{c};\tan A=\frac{a}{b}$$

由这些公式中求出 a、b 及 c，则得

1) $a=c\cdot\sin A$; 2) $b=c\cdot\cos A$; 3) $a=b\cdot\tan A$

这些公式在 § 20 ~ § 21 里已经证明过了. 现在，在这些公式以外还需要加上三个在几何学里已经熟知了的公式

$$\angle A+\angle B=90°;c^2=a^2+b^2;S=\frac{1}{2}ac$$

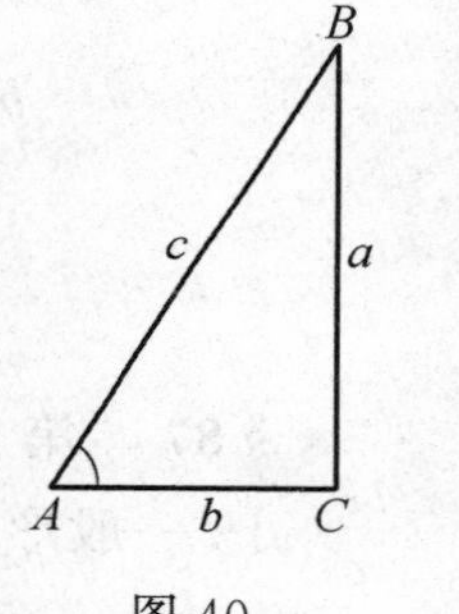

图 40

§ 84　三角形的诸元素之间仅有三个互相独立的关系式

三角形是由三个边和三个角所组成的，在这六个元素里，如果我们已知其中的三个(除掉仅有三个角的情况)，就可以作出三角形；随之也就得出了其余的三个元素. 由此可知：在三角形中，可由已知三元素求出其他三元素；为此，三角形各元素间的独立方程的数目也必须是三个. 若方程多于三个，则其中的一些必可由其余的方程中导出.

在直角三角形中有以下的基本公式

$$\angle A+\angle B=90°;a=c\cdot\sin A;b=c\cdot\cos A$$

其余公式可由这些基本公式推出.

§ 85　直角三角形的解法　三角形的基本元素是边和角. 所以直角三角形的解法就决定于已知的元素. 在下面各节里我们将要研究四种不同的情形. 但在已知数值中必须有一个边长，否则就不能知道三角形的大小；因为，仅知三个内角可以作出无数个相似三角形. 解三角形(和解其他数学问题同样)在可能范围内自始至终用一般的形式进行演算，然后再把已知的数值代入. 下面这些例题是用四位数学用表计算的，首先按照三角函数的值，然后用对数表.

§ 86　第一种情形. 已知斜边及一锐角(c 及 $\angle A$)，求他一锐角，直角边及

面积($\angle B,a,b,S$).

Ⅰ.一般形式的解法

$$\angle B=90°-\angle A;a=c\cdot\sin A;b=c\cdot\cos A$$

$$S=\frac{1}{2}ab=\frac{c^2}{2}\sin A\cdot\cos A=\frac{c^2}{4}\sin 2A$$

Ⅱ.数值的例题:$c=627,\angle A=23°30'$.

解 $\angle B=90°-23°30'=66°30';a=627\cdot\sin 23°30'$.

由四位数学用表的表 Ⅸ 中可以找到 $\sin 23°30'=0.398\ 7$;于是

$$a=627\times 0.398\ 7=249.984\ 9$$

$$a\approx 250(\text{长度单位})$$

$$b=627\cdot\cos 23°30'=627\times 0.917\ 1=575.021\ 7$$

$$b\approx 575(\text{长度单位})$$

$$S=\frac{1}{2}\times 249.98\times 575.02=71\ 872(\text{面积单位})$$

§87 第二种情形.已知一直角边及一锐角(a 及 $\angle A$),求 $\angle B,c,b,S$.

Ⅰ.一般形式的解法

$$\angle B=90°-\angle A;c=\frac{a}{\sin A};b=\frac{a}{\tan A}=a\cdot\cot A$$

$$S=\frac{ab}{2}=\frac{a^2}{2}\cdot\cot A$$

Ⅱ.数值的例题:$a=18;\angle A=47°$.

解 $$\angle B=90°-47°=43°;c=\frac{18}{\sin 47°}=\frac{18}{0.731\ 4}$$

$$c=24.61(\text{长度单位})$$

$$b=18\cdot\cot 47°=18°\times 0.932\ 5$$

$$b=16.79(\text{长度单位})$$

$$S=\frac{18^2}{2}\times 0.932\ 5=151.07(\text{面积单位})$$

§88 第三种情形.已知斜边及一直角边(c 及 a),求 $\angle A,\angle B,b,S$.

Ⅰ.一般形式的解法

$$\sin A=\frac{a}{c};\cos B=\frac{a}{c}$$

$$b=\sqrt{c^2-a^2};S=\frac{a}{2}\sqrt{c^2-a^2}$$

Ⅱ.数值的例题:$c=65;a=16$.

解　$\sin A=\frac{16}{65}=0.246\ 1$；$\angle A=14°12'+3'=14°15'$

$$\angle B=90°-14°15'=75°45'$$

$b=\sqrt{65^2-16^2}=\sqrt{(65+16)(65-16)}=\sqrt{81\times 49}=$

9×7

$b=63$(长度单位)

$$S=\frac{16}{2}\times 63=504(\text{面积单位})$$

§89　第四种情形. 已知两个直角边(a 及 b)，求 $\angle A$，$\angle B$，c，S.

Ⅰ. 一般形式的解法

$$\tan A=\frac{a}{b};\tan B=\frac{b}{a};c=\sqrt{a^2+b^2};S=\frac{ab}{2}$$

Ⅱ. 数值的例题：$a=25$；$b=40$.

解　$\tan A=\frac{25}{40}=0.625$；$\angle A=32°$；$\angle B=58°$

$$c=\sqrt{25^2+40^2}\approx 47.2;S=500(\text{面积单位})$$

用四位对数表解直角三角形

§90　第一种情形. 已知斜边及一锐角：$c=287.4$；$\angle A=42°06'$. 求 $\angle B$，a，b，S.

解　1)　$\angle B=90°-42°06'=47°54'$

2)

$$a=c\cdot\sin A$$

$$a=287.4\cdot\sin 42°06'$$

$$\lg a=\lg 287.4+\lg\sin 42°06'$$

$$\begin{array}{r}\lg 287.4=2.458\ 5\\ +\lg\sin 42°06'=\overline{1}.826\ 4\\ \hline \lg a=2.284\ 9\\ a=192.7\end{array}$$

3)

$$b=c\cdot\cos A$$

$$b=287.4\cdot\cos 42°06'$$

$$\lg b=\lg 287.4+\lg\cos 42°06'$$

$$\lg 287.4=2.4585$$
$$+\lg\cos 42°06'=\overline{1}.8704$$
$$\lg b=2.3289$$
$$b=213.2$$

4) $$S=\frac{1}{2}ab;S=0.5\times 192.7\times 213.2$$

$$\lg S=\lg 0.5+\lg 192.7+\lg 213.2$$
$$\lg 0.5=\overline{1}.6990$$
$$\lg 192.7=2.2849$$
$$+\lg 213.2=2.3289$$
$$\lg S=4.3128;S=20\ 550(\text{面积单位})$$

§91 第二种情形.已知一直角边及一锐角:$a=797.9$;$\angle A=66°36'$.求$\angle B,c,b,S$.

解 1) $$\angle B=90°-66°36'=23°24'$$

2) $$c=\frac{a}{\sin A};c=\frac{797.9}{\sin 66°36'}$$

$$\lg c=\lg 797.9-\lg\sin 66°36'$$
$$\lg 797.9=2.9020$$
$$-\lg\sin 66°36'=\overline{1}.9627$$
$$\lg c=2.9393$$
$$c=869.6$$

3) $$b=a\cdot\cot A$$
$$b=797.9\cdot\cot 66°36'$$
$$\lg b=\lg 797.9+\lg\cot 66°36'$$
$$\lg 797.9=2.9020$$
$$+\lg\cot 66°36'=\overline{1}.6362$$
$$\lg b=2.5382$$
$$b=345.3$$

4) $$S=\frac{1}{2}ab;S=\frac{1}{2}\times 797.9\times 345.3$$

$$\lg S=\lg 0.5+\lg 797.9+\lg 345.3$$
$$\lg 0.5=\overline{1}.6990$$
$$\lg 797.9=2.9020$$
$$+\lg 345.3=2.5382$$
$$\lg S=5.1392;S=137\ 800(\text{面积单位})$$

§92 第三种情形.已知一直角边及斜边:$a=35.47$,$c=45.93$.求$\angle A$,

$\angle B, b, S.$

解　1)
$$\sin A=\frac{a}{c};\sin A=\frac{35.47}{45.93}$$
$$\lg\sin A=\lg 35.47-\lg 45.93$$
$$\begin{array}{r} \lg 35.47=1.549\,9 \\ -\lg 45.93=1.662\,1 \\ \hline \lg\sin A=\bar{1}.887\,8 \end{array}$$
$$\angle A=50°34'$$

2)
$$\angle B=90°-50°34'=39°26'$$

3)
$$b=a\cdot\cot A$$
$$b=35.47\cdot\cot 50°34'$$
$$\lg b=\lg 35.47+\lg\cot 50°34'$$
$$\begin{array}{r} \lg 35.47=1.549\,9 \\ +\lg\cot 50°34'=\bar{1}.915\,1 \\ \hline \lg b=1.465\,0 \end{array}$$
$$b=29.17$$

4)
$$S=\frac{1}{2}ab;S=\frac{1}{2}\times 35.47\times 29.17$$
$$\lg S=\lg 0.5+\lg 35.47+\lg 29.17$$
$$\begin{array}{r} \lg 0.5=\bar{1}.699\,0 \\ \lg 35.47=1.549\,9 \\ \lg 29.17=1.465\,0 \\ \hline \lg S=2.7139;S=517.5(\text{面积单位}) \end{array}$$

§ 93　第四种情形. 已知二直角边：$a=104;b=20.49$，求 $\angle A,\angle B,c,S.$

解　1)
$$\tan A=\frac{a}{b};\tan A=\frac{104}{20.49}$$
$$\lg\tan A=\lg 104-\lg 20.49$$
$$\begin{array}{r} \lg 104=2.017\,0 \\ -\lg 20.49=1.311\,5 \\ \hline \lg\tan A=0.705\,5 \end{array}$$
$$\angle A=78°51'$$

2)
$$\angle B=90°-78°51'=11°09'$$

3)
$$c=\frac{a}{\sin A};c=\frac{104}{\sin 78°51'}$$
$$\lg c=\lg 104-\lg\sin 78°51'$$

$$\lg 104 = 2.0170$$
$$-\lg \sin 78°51' = \bar{1}.9917$$
$$\lg c = 2.0253$$
$$c = 106$$

4) $S = \frac{1}{2}ab$；$S = \frac{1}{2} \times 104 \times 20.49$

$$\lg S = \lg 52 + \lg 20.49$$

$$\lg 52 = 1.7160$$
$$+\lg 20.49 = 1.3115$$
$$\lg S = 3.0275$$；$S = 1\,065$(面积单位)

用五位对数表解直角三角形的例题

§ 94 第一种情形. 已知斜边及一锐角(c 及 $\angle A$).

数值的例题：$c = 457$；$\angle A = 32°40'15''$.

计算 $\angle B = 90° - \angle A = 57°19'45''$

$$a = c \cdot \sin A$$
$$\lg c = 2.65992$$
$$+\lg \sin A = 9.73224 - 10$$
$$\lg a = 2.39216$$
$$a = 246.69$$

$$b = c \cdot \sin B$$
$$\lg c = 2.65992$$
$$+\lg \sin B = 9.92520 - 10$$
$$\lg b = 2.58512$$
$$b = 384.7$$

$$\lg 0.5 = 9.69897 - 10$$
$$S = 0.5 \cdot ab \quad \lg a = 2.39216$$
$$+\lg b = 2.58512$$
$$\lg S = 4.67625$$；$S = 47\,451$(面积单位)

§ 95 第二种情形. 已知一直角边及一锐角(a 及 $\angle A$).

数值的例题. $a = 9.82$，$\angle A = 63°21'45''$.

计算 $\angle B = 90° - \angle A = 26°38'15''$

$$c = \frac{a}{\sin A}$$
$$\lg a = 0.99211$$
$$-\lg \sin A = 9.95127 - 10$$
$$\lg c = 1.04084$$
$$c = 10.986.$$

$$b = \frac{a}{\tan A}$$
$$\lg a = 0.99211$$
$$-\lg \tan A = 0.29966$$
$$\lg b = 0.69245$$
$$b = 4.9255$$

计算面积时用公式：$\lg S=\lg 0.5+\lg a+\lg b$；得 $S=24.184$（面积单位）.

§ 96　第三种情形. 已知斜边及一直角边（c 及 a）.

数值的例题：$c=58.5$；$a=47.54$.

计算

$$\sin A=\frac{a}{c}$$

$$\begin{array}{r} \lg a=1.677\,06 \\ -\lg c=1.767\,16 \\ \hline \lg\sin A=9.909\,90-10 \end{array}$$

$$\angle A=54°21'20''$$

$$\angle B=90°-\angle A=35°38'40''$$

$$b=c\cdot\sin B$$

$$\begin{array}{r} \lg c=1.767\,16 \\ +\lg\sin B=9.765\,48-10 \\ \hline \lg b=1.532\,64 \end{array}$$

$$b=34.091$$

面积 $S=810.34$（面积单位）.

第四种情形. 已知二直角边（a 及 b）.

数值的例题：$a=23\,214$；$b=38\,947$.

计算

$$\tan A=\frac{a}{b}$$

$$\begin{array}{r} \lg a=4.365\,75 \\ -\lg b=4.590\,48 \\ \hline \lg\tan A=9.775\,27-10 \end{array}$$

$$\angle A=30°47'47''$$

$$\angle B=59°12'13''$$

$$c=\frac{a}{\sin A}$$

$$\begin{array}{r} \lg a=4.365\,75 \\ +\lg\sin A=9.709\,26-10 \\ \hline \lg c=4.656\,49 \end{array}$$

$$c=45\,341$$

求面积得

$$S=b\cdot\frac{a}{2}=38\,947\times 11\,607=452\,057\,829\text{（面积单位）}$$

注意　斜边也可用公式 $c=\sqrt{a^2+b^2}$ 求出. 例如 $a=400$ 及 $b=503$；则 $a^2=160\,000$，$b^2=253\,009$，由此，$c=\sqrt{413\,009}$，应用对数，$\lg c=2.807\,98$；$c=642.66$.

第十章　斜三角形

§97　斜三角形各元素相互间的关系　由三角形各内角和的关系式

$$\angle A+\angle B+\angle C=180°$$

可得下面的结论：

1) 因为 $\angle A$ 与 $\angle B+\angle C$ 之和等于 180°，所以它们的正弦相等，余弦仅符号不同，即

$$\sin(B+C)=\sin A;\cos(B+C)=-\cos A;\cos A=-\cos(B+C)$$

同样

$$\tan(B+C)=-\tan A$$

2) 因为 $\frac{\angle A}{2}$ 与 $\frac{\angle B+\angle C}{2}$ 的和等于 90°，故其中一角的函数等于另一角的余函数(§17)，例

$$\sin\frac{B+C}{2}=\cos\frac{A}{2};\sin\frac{A}{2}=\cos\frac{B+C}{2}$$

3) 下列的三角形内角间的关系式应加以记忆：

(1) $\sin A+\sin B+\sin C=4\cos\frac{A}{2}\cdot\cos\frac{B}{2}\cdot\cos\frac{C}{2}$；

(2) $\tan A+\tan B+\tan C=\tan A\cdot\tan B\cdot\tan C$；

(3) $\cot\frac{A}{2}+\cot\frac{B}{2}+\cot\frac{C}{2}=\cot\frac{A}{2}\cdot\cot\frac{B}{2}\cdot\cot\frac{C}{2}$.

这些公式的证明，留给读者去做.

§98　辅助定理　三角形的任一边，等于外接圆的直径与此边所对之顶角的正弦之积.

用 R 表示外接圆的半径，则所需证明的是：$a=2R\cdot\sin A$，此处 $\angle A$ 可为锐角亦可为钝角 .

证明　1) $\angle A$ 为锐角(图 41)，在外接圆里，由已知边之一端引直径，将此边之他端和直径之他端联结起来，得一直角三角形，在图 41 里此三角形为

BDC:根据 §21 得:$BC=BD\cdot\sin D$ 或 $a=2R\cdot\sin D$,但 $\angle D=\angle A$[①];所以 $a=2R\cdot\sin A$.

2)$\angle A$ 为钝角.仍按 1) 的方法,作辅助图形.则由直角三角形 BCE(图 42)知:$a=2R\cdot\sin E$;但 $\angle E+\angle A=180°$,故 $\sin E=\sin A$,由此得:$a=2R\cdot\sin A$.

故可得出一般的公式

$$a=2R\cdot\sin A,b=2R\cdot\sin B,c=2R\cdot\sin C$$

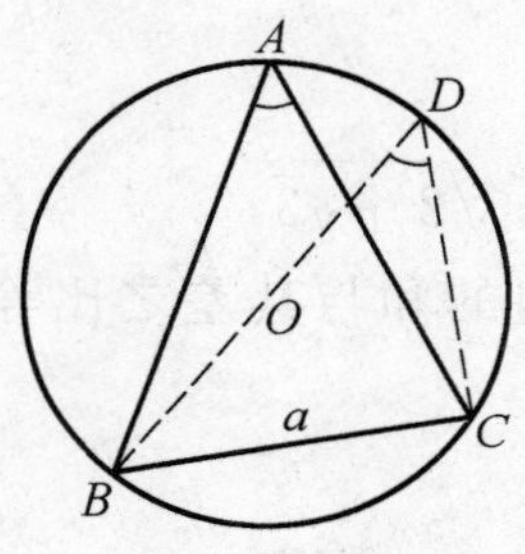

图 41

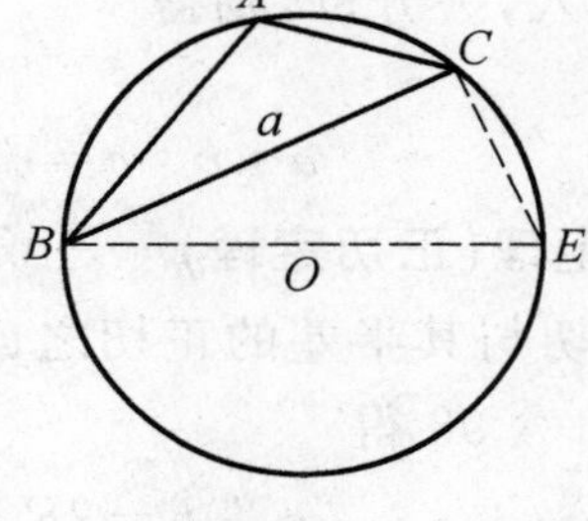

图 42

§99　定理(正弦定理)　三角形的各边与其对角的正弦成比例.

需要证明的是 $\dfrac{a}{\sin A}=\dfrac{b}{\sin B}=\dfrac{c}{\sin C}$.

证明　由 §98 对于所有的三角形,无论其为锐角三角形或为钝角三角形皆可得

$$a=2R\cdot\sin A;b=2R\cdot\sin B;c=2R\cdot\sin C$$

故得

$$2R=\frac{a}{\sin A};2R=\frac{b}{\sin B};2R=\frac{c}{\sin C}$$

所以

$$\frac{a}{\sin A}=\frac{b}{\sin B}=\frac{c}{\sin C}=2R$$

也就是:在同一三角形内各边与其对角的正弦之比为一常数,即等于外接圆的直径.

变换比例式 $\dfrac{a}{\sin A}=\dfrac{b}{\sin B}=\dfrac{c}{\sin C}$ 可得

$$a:b:c=\sin A:\sin B:\sin C$$

① 二者都用弧 BC 的一半来量.

由此可知:三角形各边之比等于其对角的正弦之比.

例题　若 $\angle A:\angle B:\angle C=3:4:5$,试求:$a:b:c$.

因为 $\angle A+\angle B+\angle C=180^\circ$,故先把 180° 按 $3:4:5$ 之比分成:$\angle A=45^\circ$, $\angle B=60^\circ$, $\angle C=75^\circ$. 由此可知

$$a:b:c=\sin 45^\circ:\sin 60^\circ:\sin 75^\circ$$

在右侧各正弦之值 $\sin 45^\circ=\frac{\sqrt{2}}{2}$, $\sin 60^\circ=\frac{\sqrt{3}}{2}$ 及 $\sin 75^\circ=\cos\frac{30^\circ}{2}=\frac{1}{2}\sqrt{2+\sqrt{3}}$ 代入,去分母,则得

$$a:b:c=\sqrt{2}:\sqrt{3}:\sqrt{2+\sqrt{3}}$$

§100　定理(正切定理)　三角形二边的和与其差之比等于这二边所对角的半和的正切与其半差的正切之比.

证明　由 §98 得

$$a+b=2R\cdot(\sin A+\sin B)$$

及

$$a-b=2R\cdot(\sin A-\sin B)$$

所以

$$\frac{a+b}{a-b}=\frac{\sin A+\sin B}{\sin A-\sin B}$$

由 §65 公式(XVIII)可直接求得

$$(a+b):(a-b)=\tan\frac{A+B}{2}:\tan\frac{A-B}{2}$$

§101　莫尔韦德(Mollweide)[①] 公式　下面的两个比例式叫作莫尔韦德公式,一个含有三角形的二边之和与其第三边的比,另一个含有三角形的二边之差与其第三边的比

$$\frac{a+b}{c}=\frac{\cos\frac{A-B}{2}}{\sin\frac{C}{2}}$$

$$\frac{a-b}{c}=\frac{\sin\frac{A-B}{2}}{\cos\frac{C}{2}}$$

---

① 编校注:仅就平面三角形说,在莫尔韦德(1774—1825)以前,奥贝尔(F. W. Oppel)于1746年已给出这两个公式;其中的第一个,牛顿(1642—1727)也先知道了.辛普森(T. Simpson 1710—1761)所著的三角学课本中已载有这两个公式的完善证明.

证明 (1) 由 §98

$$a+b=2R\cdot(\sin A+\sin B)$$

及
$$c=2R\sin C$$

所以

$$\frac{a+b}{c}=\frac{\sin A+\sin B}{\sin C} \tag{a}$$

把等式的右边变形

$$\frac{\sin A+\sin B}{\sin C}=\frac{2\sin\frac{A+B}{2}\cdot\cos\frac{A-B}{2}}{2\sin\frac{C}{2}\cos\frac{C}{2}} \tag{b}$$

但 $\sin\frac{A+B}{2}=\cos\frac{C}{2}$,(因为$\frac{\angle A+\angle B}{2}+\frac{\angle C}{2}=90^\circ$) 化简式(b) 则得

$$\frac{a+b}{c}=\frac{\cos\frac{A-B}{2}}{\sin\frac{C}{2}}$$

2) 同样可得

$$\frac{a-b}{c}=\frac{\sin A-\sin B}{\sin C}=\frac{2\cos\frac{A+B}{2}\cdot\sin\frac{A-B}{2}}{2\sin\frac{C}{2}\cdot\cos\frac{C}{2}}=\frac{\sin\frac{A-B}{2}}{\cos\frac{C}{2}}$$

§102 定理(余弦定理) 三角形一边的平方等于其他二边的平方和减去此二边与其夹角之余弦的连乘积的二倍.

需要证明 $a^2=b^2+c^2-2bc\cdot\cos A$(无论 $\angle A$ 是锐角或是钝角).

证明 1) 若 $\angle A$ 是锐角,则由几何学中关于三角形内锐角对边之平方的定理可知(图 43)

$$a^2=b^2+c^2-2b\cdot AD$$

但在直角三角形 ABD 里,可用 $c\cdot\cos A$ 代替 AD;故得

$$a^2=b^2+c^2-2bc\cos A$$

2) 若 $\angle A$ 是钝角,则由几何学中关于三角形内钝角对边之平方的定理可得(图 44)

$$a^2=b^2+c^2+2b\cdot AE$$

由三角形 ABE 得

$$AE=c\cdot\cos\alpha$$

而 $$\alpha = \angle BAE = 180^\circ - \angle A$$

故 $$\cos\alpha = \cos(180^\circ - A) = -\cos A$$

因此 $$AE = -c \cdot \cos A$$

代入几何公式可得

$$a^2 = b^2 + c^2 - 2bc \cdot \cos A$$

此与第一种情形中所得的结果完全相同.

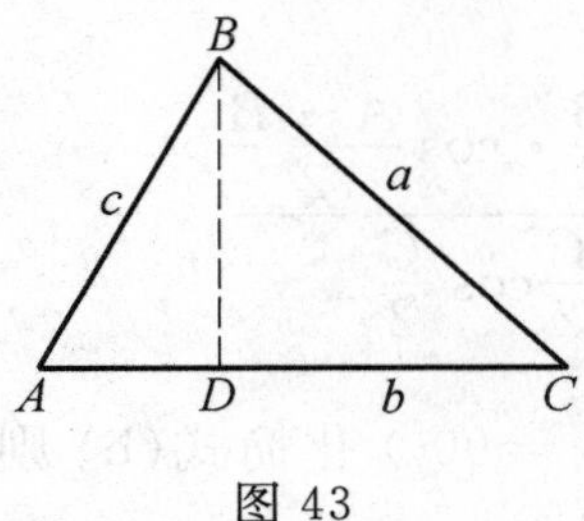

图 43

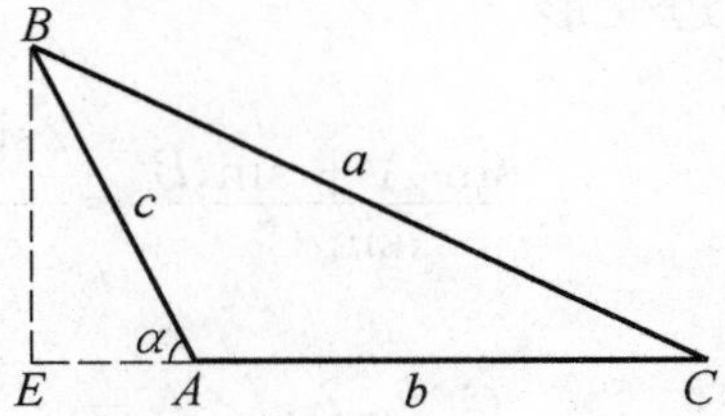

图 44

§ 103 由三角形的三边求各角的公式 1) 由等式 $a^2 = b^2 + c^2 - 2bc \cdot \cos A$ 求得

$$\cos A = \frac{b^2 + c^2 - a^2}{2bc}$$

但当三边之长是多位数时,这个公式用起来是很不方便的.

2) 前一公式进行下列的变形,即可得出便于用对数计算的式子.

$$1 - \cos A = \frac{2bc - b^2 - c^2 + a^2}{2bc} = \frac{a^2 - (b-c)^2}{2bc} = \frac{(a+b-c)(a-b+c)}{2bc}$$

$$1 + \cos A = \frac{2bc + b^2 + c^2 - a^2}{2bc} = \frac{(b+c)^2 - a^2}{2bc} = \frac{(b+c+a)(b+c-a)}{2bc}$$

按 § 60 的公式代替左边的各项,并设 $a + b + c = 2p$,可得

$$2\sin^2\frac{A}{2} = \frac{2(p-c) \cdot 2(p-b)}{2bc}$$

$$\sin\frac{A}{2} = \sqrt{\frac{(p-b)(p-c)}{bc}} \quad (\text{XX})$$

$$2\cos^2\frac{A}{2} = \frac{2p \cdot 2(p-a)}{2bc}$$

$$\cos\frac{A}{2} = \sqrt{\frac{p(p-a)}{bc}} \quad (\text{XXI})$$

因为在三角形里任一内角的一半一定小于 90°,故 $\sin\frac{A}{2}$ 及 $\cos\frac{A}{2}$ 恒为正值,上二式之开方仅取正根. 以等式(XXI)除等式(XX),则得

$$\tan\frac{A}{2}=\sqrt{\frac{(p-b)(p-c)}{p(p-a)}} \qquad (\text{XXII})$$

求 $\angle B$ 及 $\angle C$ 的方法，可依求 $\angle A$ 的方法类推.

当三个角都要计算的时候，公式(XXII)可以变成更便利的形式；也就是用 $p-a$ 乘根号内的分子及分母，得

$$\tan\frac{A}{2}=\frac{1}{p-a}\sqrt{\frac{(p-a)(p-b)(p-c)}{p}}$$

此处根号内的数值不随所求哪一个角而变化，故可用 k 表示其平方根的值，由此得出

$$\tan\frac{A}{2}=\frac{k}{p-a};\tan\frac{B}{2}=\frac{k}{p-b};\tan\frac{C}{2}=\frac{k}{p-c}$$

在这里

$$k=\sqrt{\frac{(p-a)(p-b)(p-c)}{p}} \qquad (\text{XXIII})$$

§ 104　三角形内半角的正切可借助于内切圆的半径来表示.

假设(图 45)：O 为内切圆的中心；D,E 及 F 为切点；r 为半径的长，便可以看到：直线 OA,OB 及 OC 平分三角形的内角及两边上同顶点的切线长相等(例如 $AE=AF$).

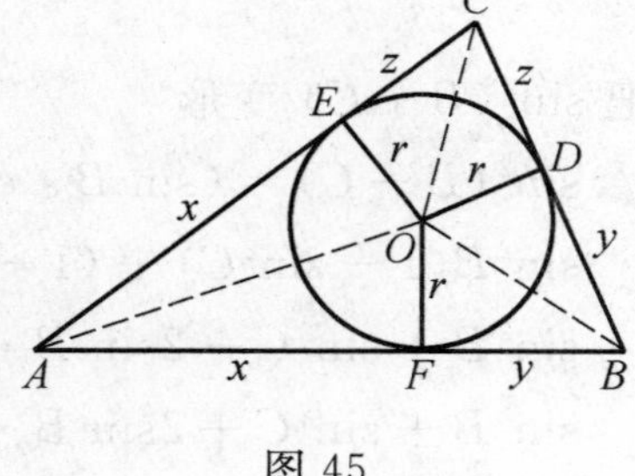

图 45

首先，按角顶的顺序用 x、y 及 z 表示切点在各边上所分成诸线段之长，这样就可以得到 $x+y+z=p$，但 $y+z=BC=a$，所以 $x=p-a$.

同样 $y=p-b$ 及 $z=p-c$. 由图 45 中的各直角三角形里可以得出

$$\tan\frac{A}{2}=\frac{r}{p-a};\tan\frac{B}{2}=\frac{r}{p-b};\tan\frac{C}{2}=\frac{r}{p-c} \qquad (\text{XXIV})$$

为了用这些公式进行计算，首先要求出 r 的值(或仅 $\lg r$ 的值). 为此可利用几何学里的公式

$$S=r\cdot p^{①} \text{ 及 } S=\sqrt{p(p-a)(p-b)(p-c)}$$

故

① $S_{\triangle ABC}=S_{\triangle AOB}+S_{\triangle AOC}+S_{\triangle BOC}=\frac{c\cdot r}{2}+\frac{b\cdot r}{2}+\frac{a\cdot r}{2}=r\cdot\frac{c+b+a}{2}=r\cdot p.$

$$r=\frac{S}{p}=\sqrt{\frac{(p-a)(p-b)(p-c)}{p}}$$

将此式与 §103 中含 k 的式子相比较,可知:$k=r$.

§105　斜三角形内边角间相互独立的关系　这些关系必须是三个.这三个关系是

$$\angle A+\angle B+\angle C=180^{\circ} \tag{a}$$

$$\frac{a}{\sin A}=\frac{b}{\sin B}=\frac{c}{\sin C}\text{①} \tag{b}$$

其余的关系可由此推出.

§100 和 §101 里的公式,是由(b)导出的.而 §102 的定理是用几何定理证明的,现在要用(a)和(b)把它导出.

设式(b)内各边的值是 m,则可得

$$a=m\cdot\sin A;b=m\cdot\sin B;c=m\cdot\sin C \tag{c}$$

先取 $a=m\cdot\sin A$,由(a)$\angle A+(\angle B+\angle C)=180^{\circ}$,故 $\sin A=\sin(B+C)$;由此:$a=m\cdot\sin(B+C)$,所以

$$a^2=m^2\cdot\sin^2(B+C) \tag{d}$$

把 $\sin^2(B+C)$ 变形

$\sin^2(B+C)=(\sin B\cdot\cos C+\cos B\cdot\sin C)^2=$

$\sin^2 B(1-\sin^2 C)+(1-\sin^2 B)\sin^2 C+2\sin B\cdot\sin C\cdot\cos B\cdot\cos C=$

$\sin^2 B+\sin^2 C+2\sin B\cdot\sin C(\cos B\cdot\cos C-\sin B\cdot\sin C)=$

$\sin^2 B+\sin^2 C+2\sin B\cdot\sin C\cdot\cos(B+C)$

但 $\cos(B+C)=-\cos A$;由此得

$$\sin^2(B+C)=\sin^2 B+\sin^2 C-2\sin B\cdot\sin C\cdot\cos A$$

把上式代入等式(d)中则可得

$$a^2=m^2\cdot\sin^2 B+m^2\cdot\sin^2 C-2(m\cdot\sin B)(m\cdot\sin C)\cos A$$

由等式(c)得

$$a^2=b^2+c^2-2bc\cdot\cos A$$

§106　三角形面积的公式　由几何学我们知道以下的公式

$$S=\frac{1}{2}bh_b \tag{1}$$

---

① 这是两个独立的比:$\frac{a}{\sin A}=\frac{b}{\sin B}$ 及 $\frac{a}{\sin A}=\frac{c}{\sin C}$.

$$S=\sqrt{p(p-a)(p-b)(p-c)} \tag{2}$$

$$S=r\cdot p \tag{3}$$

现在我们把这些公式化为含有角的公式.

§ 107　1）先取 $S=\frac{1}{2}bh_b$. 为了代换 h_b 应注意图 43 及图 44：当 $\angle A$ 为锐角时，$h_b=c\cdot\sin A$；当 $\angle A$ 为钝角时，$h_b=c\cdot\sin\alpha=c\cdot\sin(180°-A)=c\cdot\sin A$，在两种情形下 $h_b=c\cdot\sin A$ 的关系都成立. 亦即三角形的高等于其一侧边乘这边与底边所夹角的正弦.

将 $h_b=c\cdot\sin A$ 之值代入公式 $S=\frac{1}{2}bh_0$，则得

$$S=\frac{1}{2}bc\cdot\sin A \tag{XXV}$$

也就是三角形的面积等于其两边与其夹角的正弦的连乘积的一半.

2）由公式 $\frac{a}{\sin A}=\frac{b}{\sin B}=\frac{c}{\sin C}$ 求得

$$b=\frac{a\cdot\sin B}{\sin A} \text{ 及 } c=\frac{a\cdot\sin C}{\sin A}$$

把这些式子代入 $S=\frac{1}{2}bc\cdot\sin A$ 则得

$$S=\frac{a^2\cdot\sin B\cdot\sin C}{2\sin A}$$

因为 $\sin A=\sin(B+C)$，所以上面的公式也可以取下面的形式

$$S=\frac{a^2}{2}\cdot\frac{\sin B\cdot\sin C}{\sin(B+C)}$$

§ 108　1）在几何学里已知的由三角形的三边求面积的公式. 用三角的方法也不难求出.

我们已知 $S=\frac{1}{2}bc\cdot\sin A$，但 $\sin A=2\sin\frac{A}{2}\cdot\cos\frac{A}{2}$，依 § 103 的公式代替 $\sin\frac{A}{2}$ 及 $\cos\frac{A}{2}$ 则得

$$S=bc\sqrt{\frac{(p-b)(p-c)}{bc}}\cdot\sqrt{\frac{p(p-a)}{bc}}=\sqrt{p(p-a)(p-b)(p-c)}$$

2）由 § 103 得

$$\tan\frac{A}{2}=\sqrt{\frac{(p-b)(p-c)}{p(p-a)}}$$

$$\tan\frac{B}{2}=\sqrt{\frac{(p-a)(p-c)}{p(p-b)}}$$

$$\tan\frac{C}{2}=\sqrt{\frac{(p-a)(p-b)}{p(p-c)}}$$

三式连乘并简约之,则得

$$\tan\frac{A}{2}\cdot\tan\frac{B}{2}\cdot\tan\frac{C}{2}=\sqrt{\frac{(p-a)(p-b)(p-c)}{p^3}}=$$

$$\sqrt{\frac{p(p-a)(p-b)(p-c)}{p^4}}=\frac{S'}{p^2}$$

由此

$$S'=p^2\cdot\tan\frac{A}{2}\cdot\tan\frac{B}{2}\cdot\tan\frac{C}{2} \qquad (\text{XXVI})$$

由公式便于验算三角形的解是否正确.

§109　外接圆的半径

1) 由 §98 $a=2R\cdot\sin A$;由此得 $R=\dfrac{a}{2\sin A}$.

2) 取 $R=\dfrac{a}{2\sin A}$;由等式 $S=\dfrac{1}{2}bc\cdot\sin A$ 中求出 $\sin A$ 之值得 $\sin A=\dfrac{2S}{bc}$,代入第一公式得:$R=\dfrac{abc}{4S}$.

§110　内切圆的半径

1) 由公式 $S=r\cdot p$ 得:$r=\dfrac{S}{p}$.

2) 由图 45 得:$r=x\cdot\tan\dfrac{A}{2}$,但 $x=p-a$;因此 $r=(p-a)\tan\dfrac{A}{2}$.

3) 由图 45 从 $\triangle BOD$ 及 $\triangle COD$ 中可知:$y=r\cdot\cot\dfrac{B}{2}$ 及 $z=r\cdot\cot\dfrac{C}{2}$;二式相加并以 a 代替 $y+z$,则得

$$a=r\cdot\left(\cot\frac{B}{2}+\cot\frac{C}{2}\right)=r\cdot\frac{\sin\left(\frac{B}{2}+\frac{C}{2}\right)}{\sin\frac{B}{2}\cdot\sin\frac{C}{2}}=$$

$$r\cdot\frac{\cos\frac{A}{2}}{\sin\frac{B}{2}\sin\frac{C}{2}};r=\frac{a\sin\frac{B}{2}\cdot\sin\frac{C}{2}}{\cos\frac{A}{2}}$$

用三角函数真数表解斜三角形

§ 111　第一种情形.已知一边及二角(a,$\angle B$,$\angle C$).求 $\angle A$,b,c,S.

Ⅰ.一般形式的解法.

1) 为了求 $\angle A$ 的值应用三角形内角之和的公式

$$\angle A+\angle B+\angle C=180°;\angle A=180°-(\angle B+\angle C)$$

2) 为了求边 b 及 c 应用正弦定理

$$\frac{a}{\sin A}=\frac{b}{\sin B};b=\frac{a\cdot\sin B}{\sin A};b=\frac{a\cdot\sin B}{\sin(B+C)}$$

3) $\frac{a}{\sin A}=\frac{c}{\sin C};c=\frac{a\cdot\sin C}{\sin A};c=\frac{a\cdot\sin C}{\sin(B+C)}$.

4) 求面积时应用下列面积公式中的一个

$$S=\frac{1}{2}ab\cdot\sin C;S=\frac{a^2\cdot\sin B\cdot\sin C}{2\sin(B+C)}$$

Ⅱ.数值的例题

$$a=37;\angle B=86°03';\angle C=50°56'$$

1) $\angle A=180°-(86°03'+50°56')=43°01'$;

2) $b=\frac{37\cdot\sin 86°03'}{\sin 43°01'}=\frac{37\times 0.997\,6}{0.682\,2}$;$b=54.1$;

3) $c=\frac{37\cdot\sin 50°56'}{0.682\,2}=\frac{37\times 0.776\,4}{0.682\,2}$;$c=42.1$;

4) $S=\frac{1}{2}\times 37\times 54.1\cdot\sin 50°56'$;

$S=\frac{1}{2}\times 37\times 54.1\times 0.776\,4$;

$S=777$(面积单位).

第二种情形.已知二边及其夹角(a,b,$\angle C$),求 $\angle A$,$\angle B$,c,S.

Ⅰ.一般形式的解法.

1) 边 c 可由余弦定理求出

$$c^2=a^2+b^2-2ab\cdot\cos C$$

2) $\angle A$ 可用正弦定理求出

$$\frac{a}{\sin A}=\frac{c}{\sin C};\sin A=\frac{a\cdot\sin C}{c}$$

3) 用同样的方法

$$\frac{a}{\sin A}=\frac{b}{\sin B};\sin B=\frac{b\cdot\sin A}{a}$$

4）求面积可用公式

$$S=\frac{1}{2}ab\cdot\sin C$$

Ⅱ.数值的例题.已知:$a=110$;$b=100$;$\angle C=50°$,求 c,$\angle A$,$\angle B$,S.

1）$c^2=110^2+100^2-2\times 110\times 100\cdot\cos 50°$;

$c^2=12\ 100+10\ 000-22\ 000\times 0.642\ 8$;

$c=89.21$;

2）$\sin A=\dfrac{110\cdot\sin 50°}{89.21}$;$\sin A=0.944\ 5$;

$\angle A=70°49'$ 或 $109°11'$;

3）$\sin B=\dfrac{100\times 0.944\ 5}{110}$;$\sin B=0.858\ 6$;

$\angle B=59°10'$.

验算:$\angle A+\angle B+\angle C=70°49'+59°10'+50°=179°59'$.

(因求各角时是基于近似计算,故各角之和里有含微小误差的可能.)

4)$S=\dfrac{1}{2}\times 110\times 100\cdot\sin 50°=5\ 500\times 0.766=4\ 213$(面积单位).

问题　已知:$a=50$;$c=30$;$\angle B=60°$.求 b,$\angle A$,$\angle C$.

答　$b=43.59$;$\angle A=83°21'$;$\angle C=36°35'$.

问题　已知:$b=12$;$c=10$;$\angle A=54°$.求面积 S.

答　48.54.

问题　已知三角形的一边 $a=10$ cm 及夹此边的两角 $\angle B=50°$,$\angle C=70°$,用直尺,圆规及量角器作出此三角形;更作外接圆,内切圆;然后计算 $\angle A$,b,c,R,S,r;再用实测以验证其与答数是否符合.

用四位对数表解斜三角形

§112　第一种情形.已知一边及二角(a,$\angle B$,$\angle C$).求 $\angle A$,b,c,S.

这种解法和用真数表的方法相同,但最终的计算必须用对数的方法来完成.

数值的例题.已知 $a=1\ 235$;$\angle B=37°32'$;$\angle C=115°18'$.

解　1)$\angle A=180°-(\angle B+\angle C)$;$\angle A=180°-(37°32'+115°18')=$

$27°10'$;

2) $\frac{a}{\sin A}=\frac{b}{\sin B}$;$b=\frac{a\cdot\sin B}{\sin A}$;$b=\frac{1\ 235\cdot\sin 37°32'}{\sin 27°10'}$

$$\lg b=\lg 1\ 235+\lg\sin 37°32'-\lg\sin 27°10'$$

$$\begin{aligned}\lg 1\ 235&=3.091\ 7\\ \lg\sin 37°32'&=\bar{1}.784\ 7\\ -\lg\sin 27°10'&=0.3405\\ \hline \lg b&=3.216\ 9\\ b&=1\ 648\end{aligned}$$

$$\begin{aligned}\lg\sin 27°10'&=\bar{1}.659\ 5\\ -\lg\sin 27°10'&=-\bar{1}.6595\\ &=0.340\ 5\end{aligned}$$

3) $\frac{a}{\sin A}=\frac{c}{\sin C}$;$c=\frac{a\cdot\sin C}{\sin A}$;$c=\frac{1\ 235\cdot\sin 115°18'}{\sin 27°10'}$

$$\lg c=\lg 1\ 235+\lg\sin 115°18'-\lg\sin 27°10'$$

$$\begin{aligned}\lg 1\ 235&=3.091\ 7\\ \lg\sin 115°18'&=\bar{1}.956\ 2\\ -\lg\sin 27°10'&=0.340\ 5\\ \hline \lg c&=3.388\ 4\\ c&=2\ 446\end{aligned}$$

$$\begin{aligned}&\sin 115°18'\\ &=\sin(180°-64°42')\\ &=\sin 64°42';\\ &\lg\sin 64°42'=\bar{1}.956\ 2\end{aligned}$$

4) $S=\frac{1}{2}ab\cdot\sin C$;$S=\frac{1}{2}\times 1\ 235\times 1\ 648\cdot\sin 115°18'$

$$S=\frac{1}{2}\times 1\ 235\times 1\ 648\cdot\sin 64°42'$$

$$\lg S=\lg 1\ 235+\lg 824+\lg\sin 64°42'$$

$$\begin{aligned}\lg 1\ 235&=3.091\ 7\\ \lg 824&=2.915\ 9\\ \lg\sin 64°42'&=\bar{1}.956\ 2\\ \hline \lg S&=5.963\ 8\end{aligned}$$

$S=920\ 000$(面积单位)

§113 第二种情形.已知二边及其夹角($a,b,\angle C$).求 $\angle A,\angle B,c,S$.

数值的例题.$a=42.53$;$b=29.81$;$\angle C=47°14'$.

1)首先用正切定理计算 $\angle A$ 及 $\angle B$ 之值

$$\frac{a+b}{a-b}=\frac{\tan\frac{A+B}{2}}{\tan\frac{A-B}{2}};\tan\frac{A-B}{2}=\frac{(a-b)\cdot\tan\frac{A+B}{2}}{a+b}$$

求出所需要的数值

$$a+b=42.53+29.81=72.34;a-b=42.53-29.81=12.72$$

$$\angle A+\angle B=180°-47°14'=132°46';\frac{\angle A+\angle B}{2}=66°23'$$

$$\tan\frac{A-B}{2}=\frac{12.72\cdot\tan 66°23'}{72.34}$$

$$\lg\tan\frac{A-B}{2}=\lg 12.72+\lg\tan 66°23'-\lg 72.34$$

$$\begin{aligned}\lg 12.72&=1.1045\\ \lg\tan 66°23'&=0.3593\\ -\lg 72.34&=\bar{2}.1407\\ \hline \lg\tan\frac{A-B}{2}&=\bar{1}.6045\end{aligned}\qquad\begin{aligned}\lg 72.34&=1.8593\\ -\lg 72.34&=-1.8593\\ \hline &=\bar{2}.1407\end{aligned}$$

由正切对数表求角$\frac{A-B}{2}$,得

$$\frac{\angle A-\angle B}{2}=21°55'$$

现在我们已知$\angle A$及$\angle B$之半和及半差,亦即有两个含有二未知数的联立方程式;将此二方程式的两边对应相加相减可求得

$$\begin{aligned}\frac{\angle A+\angle B}{2}&=66°23'\\ \frac{\angle A-\angle B}{2}&=21°55'\\ \hline \angle A&=88°18'\\ \angle B&=44°28'\end{aligned}$$

2) 为了求边 c 需应用正弦定理

$$\frac{a}{\sin A}=\frac{c}{\sin C};c=\frac{a\cdot\sin C}{\sin A};c=\frac{42.53\cdot\sin 47°14'}{\sin 88°18'}$$

$$\lg c=\lg 42.53+\lg\sin 47°14'-\lg\sin 88°18'$$

$$\begin{aligned}\lg 42.53&=1.6287\\ \lg\sin 47°14'&=\bar{1}.8657\\ -\lg\sin 88°18'&=0.0002\\ \hline \lg c&=1.4946\\ c&=31.23\end{aligned}\qquad\begin{aligned}\lg\sin 88°18'&=\bar{1}.9998\\ -\lg\sin 88°18'&=0.0002\end{aligned}$$

3) $S=\frac{1}{2}ab\cdot\sin C;S=\frac{1}{2}\times 42.53\times 29.81\cdot\sin 47°14'$

$$\lg S=\lg 0.5+\lg 42.53+\lg 29.81+\lg\sin 47°14'$$

$$\begin{aligned}\lg 0.5&=\bar{1}.6990\\ \lg 42.53&=1.6287\\ \lg 29.81&=1.4743\\ \lg\sin 47°14'&=\bar{1}.8657\\ \hline \lg S&=2.6677\end{aligned}\qquad S=465.2$$

§ 114　第三种情形.已知三边(a,b,c).求$\angle A,\angle B,\angle C$及$S$.

用三角形中半角正切的公式求出各角;用海伦公式

$$S=\sqrt{p(p-a)(p-b)(p-c)}$$

求出其面积.

数值的例题$a=15.37$;$b=21.42$;$c=13.83$.

1) 写出求$\angle A$的公式

$$\tan\frac{A}{2}=\sqrt{\frac{(p-b)(p-c)}{p(p-a)}}$$

求p并作出所指出的公式中的一切计算

$$\begin{array}{ll} a=15.37 & p-a=9.94 \\ b=21.42 & p-b=3.89 \\ c=13.83 & p-c=11.48 \\ \hline 2p=50.62 & \\ p=25.31 & \end{array}$$

$$\tan\frac{A}{2}=\sqrt{\frac{3.89\times 11.48}{25.31\times 9.94}}$$

$$\lg\tan\frac{A}{2}=\frac{1}{2}(\lg 3.89+\lg 11.48-\lg 25.31-\lg 9.94)$$

$$\begin{array}{ll} \lg 3.89=0.589\ 9 & \lg 25.31=1.403\ 3 \\ \lg 11.48=1.059\ 9 & -\lg 25.31=\bar{2}.596\ 7 \\ -\lg 25.31=\bar{2}.596\ 7 & \lg 9.94=0.997\ 4 \\ -\lg 9.94=\bar{1}.002\ 6 & -\lg 9.94=\bar{1}.002\ 6 \\ \hline \lg\tan\frac{A}{2}=\frac{1}{2}\times\bar{1}.249\ 1 & \lg\tan\frac{A}{2}=\bar{1}.624\ 6 \end{array}$$

$$\frac{\angle A}{2}=22^\circ 51';\angle A=45^\circ 42'$$

2) 求$\angle B$

$$\tan\frac{B}{2}=\sqrt{\frac{(p-a)(p-c)}{p(p-b)}};\tan\frac{B}{2}=\sqrt{\frac{9.94\times 11.48}{25.31\times 3.89}}$$

$$\lg\tan\frac{B}{2}=\frac{1}{2}(\lg 9.94+\lg 11.48-\lg 25.31-\lg 3.89)$$

$\lg 9.94=0.9974$ $\lg 3.89=0.5899$

$\lg 11.48=1.0599$ $-\lg 3.89=\bar{1}.4101$

$-\lg 25.31=\bar{2}.5967$

$-\lg 3.89=\bar{1}.4101$

$$\lg\tan\frac{B}{2}=\frac{1}{2}\times 0.0641$$

$$\lg\tan\frac{B}{2}=0.0320;\frac{\angle B}{2}=47°06';\angle B=94°12'$$

3) 求 $\angle C$

$$\tan\frac{C}{2}=\sqrt{\frac{(p-a)(p-b)}{p(p-c)}};\tan\frac{C}{2}=\sqrt{\frac{9.94\times 3.89}{25.31\times 11.48}}$$

$$\lg\tan\frac{C}{2}=\frac{1}{2}(\lg 9.94+\lg 3.89-\lg 25.31-\lg 11.48)$$

$\lg 9.94=0.9974$

$\lg 3.89=0.5899$ $\lg 11.48=1.0599$;

$-\lg 25.31=\bar{2}.5967$ $-\lg 11.48=-1.0599=\bar{2}.9401$

$-\lg 11.48=\bar{2}.9401$

$$\lg\tan\frac{C}{2}=\frac{1}{2}\times\bar{1}.1241$$

$$\frac{\angle C}{2}=20°03';\angle C=40°06'$$

验算:$\angle A+\angle B+\angle C=45°42'+94°12'+40°06'=180°$.

验算的结果告诉我们,所求三内角的和虽然是基于近似计算,但有时也能恰好等于 180°.

4) 面积可由海伦公式求出

$$S=\sqrt{p(p-a)(p-b)(p-c)}$$

$$\lg S=\frac{1}{2}[\lg p+\lg(p-a)+\lg(p-b)+\lg(p-c)]$$

求出各对数之值进行计算,得

$$\lg S=2.0252;S=106(\text{面积单位})$$

§ 115　第四种情形. 已知二边及其一边之对角($a,b,\angle A$).

解　由比例式$\frac{\sin B}{\sin A}=\frac{b}{a}$可得$\sin B=\frac{b\sin A}{a}$,由此可求出$\angle B$. 因之

$$\angle C=180°-(\angle A+\angle B);c=\frac{a\sin C}{\sin A};S=\frac{ab}{2}\cdot\sin C$$

应该注意求$\angle B$(由$\sin B$)时的计算. 因为斜三角形中的各角可以为锐角或钝角,故$\angle B$的数值可在$0°$与$180°$之间,而在这个范围里同一个正弦的数值是和两个角相对应;一个是由表中查得的锐角,另一个是与此锐角互补的钝角. 因此就发生了这样的疑问,对于所求的三角形是两个角都适合呢?还是只有一角适合呢?这个问题我们可用比较已知边的方法来解决,因为,在三角形里钝角只能对大边.

由上所述,在解问题的时候,首先由比较已知边的大小进行讨论将是有益的(设a与b不等:当$a=b$时$\angle B=\angle A$).

讨论　Ⅰ. $a>b$的情形. 这时,已知$\angle A$对已知二边中的大边,可以为锐角也可以为钝角.

在等式$\sin B=\frac{b\sin A}{a}$里我们观察它的右边,若$b<a$,则更有$b\sin A<a$,因此得$\sin B<1$(或$\lg\sin B<0$),于是无论$\angle A$之值大小,问题恒有解. 而$\angle B$则仅能是锐角(不能是钝角),因为它的对边不是大边.

Ⅱ. $a<b$的情形. 这时,已知$\angle A$一定是锐角,因为它的对边是已知边中的小边.

现在我们再看等式$\sin B=\frac{b\sin A}{a}$,若$b>a$,则$b\sin A$或大于a,或等于a,或小于a,这些都决定于$\angle A$的大小,下面分别加以讨论.

1)$b\sin A>a$时,则$\sin B>1$(或$\lg\sin B>0$),问题无解.

2)$b\sin A=a$时,则$\sin B=1$(或$\lg\sin B=0$),于是$\angle B=90°$,即所求的三角形是直角三角形.

3)$b\sin A<a$时,则$\sin B<1$(或$\lg\sin B<0$),这时,与正弦$\sin B$相对应的$\angle B$的值有二——锐角值和钝角值. 在这种情形下,对于所求的三角形我们不仅要取锐角,而且也要取钝角. 因为边b大于边a,而边c不能影响角B的选择(不是边c决定$\angle B$,而是由$\angle B$决定边c). 与$\angle B$的二值相对应,$\angle C$,边c和面积S亦有二值.

根据以上的讨论可得结论(关于$\lg\sin B<0$的情形)如下:

若所求的$\angle B$对已知边中的小边,则必须只取锐角,若$\angle B$对已知边中的

大边,则问题有二解.

上面讨论的结果完全与用已知元素作三角形所得的结果一致(注意 $b\sin A$ 是三角形在边 c 上的高). 图 46 对应着情形 Ⅱ 内的 3),所求的三角形是 $\triangle ACB_1$ 及 $\triangle ACB_2$,而 $\angle AB_1C+\angle AB_2C=180^\circ$. 其余的各种情形可让读者自己去作.

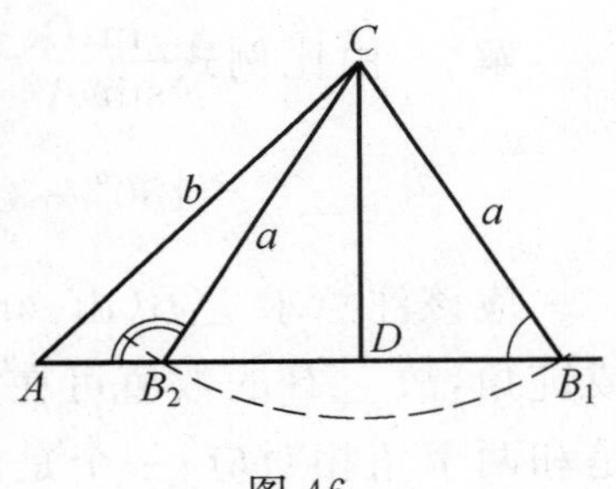

图 46

数值的例题. Ⅰ. 已知:$a=700$;$b=650$;$\angle A=40^\circ25'$.

1) 计算角 B

$$\sin B=\frac{b\cdot\sin A}{a};\sin B=\frac{650\cdot\sin 40^\circ25'}{700}$$

$$\lg\sin B=\lg 650+\lg\sin 40^\circ25'-\lg 700$$

$$\lg 650=2.8129 \qquad \lg 700=2.8451$$

$$\lg\sin 40^\circ25'=\overline{1}.8118 \qquad -\lg 700=\overline{3}.1549$$

$$-\lg 700=\overline{3}.1549$$

$$\lg\sin B=\overline{1}.7796$$

$$\angle B=37^\circ$$

2) 计算 $\angle C$

$$\angle C=180^\circ-(40^\circ25'+37^\circ)=102^\circ35'$$

3) 计算边 c

$$\frac{a}{\sin A}=\frac{c}{\sin C};c=\frac{a\cdot\sin C}{\sin A};c=\frac{700\cdot\sin 102^\circ35'}{\sin 40^\circ25'}$$

$$\lg c=\lg 700+\lg\sin 102^\circ35'-\lg\sin 40^\circ25';$$

$$\lg 700=2.8451 \qquad \sin 102^\circ35'=\sin 77^\circ25'$$

$$\lg\sin 102^\circ35'=\overline{1}.9894 \qquad \lg\sin 77^\circ25'=\overline{1}.9894$$

$$-\lg\sin 40^\circ25'=0.1882 \qquad \lg\sin 40^\circ25'=\overline{1}.8118$$

$$\lg c=3.0227 \qquad -\lg\sin 40^\circ25'=0.1882$$

$$c=1054$$

Ⅱ. 已知:$a=4$;$b=7$;$\angle A=30^\circ$.

1) 计算 $\angle B$

$$\sin B=\frac{b\cdot\sin A}{a};\sin B=\frac{7\cdot\sin 30^\circ}{4}$$

$$\lg\sin B=\lg 7+\lg\sin 30^\circ-\lg 4$$

$$\lg 7=0.845\ 1\quad \lg 4=0.602\ 1$$

$$\lg\sin 30^\circ=\bar{1}.699\ 0\quad -\lg 4=-0.602\ 1=\bar{1}.397\ 9$$

$$-\lg 4=\bar{1}.397\ 9$$

$$\lg\sin B=\bar{1}.942\ 0$$

$$\angle B_1=61^\circ03';\angle B_2=118^\circ57'$$

2）$\angle C$ 也有两个值

$$\angle C_1=180^\circ-\angle A-\angle B_1;\angle C_2=180^\circ-\angle A-\angle B_2$$

$$\angle C_1=180^\circ-30^\circ-61^\circ03'=88^\circ57'$$

$$\angle C_2=180^\circ-30^\circ-118^\circ57'=31^\circ03'$$

3）同样边 c 也有两个值

$$c_1=7.999;c_2=4.126$$

用五位对数表解斜三角形

§116　第一种情形. 已知一边及二角(a,$\angle B$,$\angle C$).

数值的例题. $a=253$;$\angle B=38^\circ50'48''$;$\angle C=112^\circ34'$.

1）求 $\angle A$.

$$\angle B=38^\circ50'48''$$
$$\angle C=112^\circ34'$$
$$\angle B+\angle C=151^\circ24'48''$$
$$\angle A=28^\circ35'12''$$

2）求 b.

$$\lg a=2.403\ 12$$
$$-\lg\sin A=9.679\ 87-10$$
$$\lg 2R=2.723\ 25$$
$$+\lg\sin B=9.797\ 43-10$$
$$\lg b=2.520\ 68$$
$$b=331.65$$

3）求 c.

$$\lg 2R=2.723\ 25$$
$$+\lg\sin C=9.965\ 41-10$$
$$\lg c=2.688\ 66$$
$$c=488.27$$

4）求 S.

$$S=0.5\cdot bc\sin A$$
$$\lg 0.5=9.698\ 97-10$$
$$\lg b=2.520\ 68$$
$$\lg c=2.688\ 66$$
$$+\lg\sin A=9.679\ 87-10$$
$$\lg S=4.588\ 18$$

$S=38\ 742$(面积单位)

验算

$$\left[a=(c+b)\frac{\sin\dfrac{A}{2}}{\cos\dfrac{C-B}{2}}\right]$$

$$\begin{array}{r}c=488.27\\ b=331.65\\ \hline c+b=819.92\\ \angle C=112^\circ 34'\\ \angle B=38^\circ 50'48''\\ \hline \angle C-\angle B=73^\circ 43'12''\\ \dfrac{\angle C-\angle B}{2}=36^\circ 51'36''\\ \dfrac{\angle A}{2}=14^\circ 17'36''\end{array}$$

$$\begin{array}{r}\lg(c+b)=2.913\,77\\ +\lg\sin\dfrac{A}{2}=9.392\,50-10\\ \hline 2.306\,27\\ -\lg\cos\dfrac{C-B}{2}=9.903\,15-10\\ \hline \lg a=2.403\,12\end{array}$$

此与 $\lg a$ 之数值相同(参看求 b 时的计算).

116a 第二种情形.已知二边及其夹角($b,c,\angle A$).

数值的例题.$b=1\,123$;$c=2\,034$;$\angle A=72^\circ 15'19''$.

1) 求 $\angle B$ 及 $\angle C$.

$$\begin{array}{r}\angle C+\angle B+\angle A=180^\circ\\ \angle A=72^\circ 15'19''\\ \hline \angle C+\angle B=107^\circ 44'41''\\ \hline \dfrac{\angle C+\angle B}{2}=53^\circ 52'21''\\ \pm\dfrac{\angle C-\angle B}{2}=21^\circ 34'13''\\ \hline \angle C=75^\circ 26'34''\\ \angle B=32^\circ 18'08''\end{array}$$

2) 求 a.

$$\begin{array}{r}\lg b=3.050\,38\\ +\lg\sin A=9.978\,83-10\\ \hline 3.029\,21\\ -\lg\sin B=9.727\,86-10\\ \hline \lg a=3.301\,35\\ a=2\,001.5\end{array}$$

$$\tan\frac{C-B}{2}=\frac{c-b}{c+b}\cdot\tan\frac{C+B}{2}$$

$$\begin{array}{ll}c=2\,034 & c-b=911\\ b=1\,123 & c+b=3\,157\end{array}$$

$$\begin{array}{r}\lg(c-b)=2.959\,52\\ -\lg(c+b)=3.499\,27\\ \hline 9.460\,25-10\\ +\lg\tan\dfrac{C+B}{2}=0.136\,71\\ \hline \lg\tan\dfrac{C-B}{2}=9.596\,96-10\end{array}$$

3) 求 S.

$$S=(b\cdot\sin A)\cdot\frac{c}{2}$$

$$\begin{array}{r}\lg(b\cdot\sin A)=3.029\,21^{①}\\ +\lg\dfrac{c}{2}=3.007\,32\\ \hline \lg S=6.036\,53\\ S=1\,087\,750(\text{面积单位})\end{array}$$

① 参看求 a 时的计算.

§116b　第三种情形.已知三边(a,b,c).

数值的例题.$a=215$;$b=500$;$c=427$.

$$\begin{aligned} a&=215\\ b&=500\\ c&=427\\ \hline 2p&=1\ 142\\ p&=571\\ p-a&=356\\ p-b&=71\\ p-c&=144 \end{aligned}$$

求 $\lg k$

$$\begin{aligned} \lg(p-a)&=2.551\ 45\\ \lg(p-b)&=1.851\ 26\\ +\lg(p-c)&=2.158\ 36\\ \hline &6.56107\\ -\lg p&=2.756\ 64\\ \hline &3.804\ 43\\ \lg k&=1.902\ 22 \end{aligned}$$

求 $\angle A$

$$\begin{aligned} \lg k&=1.902\ 22\\ -\lg(p-a)&=2.551\ 45\\ \hline \lg\tan\frac{A}{2}&=9.350\ 77-10\\ \frac{\angle A}{2}&=12°38'26''\\ \angle A&=25°16'52'' \end{aligned}$$

求 $\angle B$

$$\begin{aligned} \lg k&=1.902\ 22\\ -\lg(p-b)&=1.851\ 26\\ \hline \lg\tan\frac{B}{2}&=0.050\ 96\\ \frac{\angle B}{2}&=48°21'14''\\ \angle B&=96°42'28'' \end{aligned}$$

求 $\angle C$

$$\begin{aligned} \lg k&=1.902\ 22\\ -\lg(p-c)&=2.158\ 36\\ \hline \lg\tan\frac{C}{2}&=9.743\ 86-10\\ \frac{\angle C}{2}&=29°22'\\ \angle C&=58°44' \end{aligned}$$

求 S

$$S=pr=pk$$

$$\lg S=\lg p+\lg k=4.658\ 86$$

$$S=45\ 589(\text{面积单位})$$

验算

$$\begin{array}{r} \angle A = 25^\circ 16' 52'' \\ \angle B = 96^\circ 42' 28'' \\ + \angle C = 58^\circ 44'' \\ \hline 180^\circ 4'' \end{array}$$

所多出的 4″ 是来自计算中的近似性.

第十一章　关于地面上的测量

§117　引言　在绘制地面测量图时，或在另外的一些情形里，需要求出地面上某些线和角的数值. 作为基础的线和角的数值用特殊的仪器直接测出，其余的用计算的方法求出；而后者需要用三角学.

§118　线的量法　地面上的直线是以两个显著的物体作为其端点，两物体间的距离，就是直线的长. 如果所量的直线相当长时，就要按照它的方向插立一排标杆[①]，顺次量出各相邻标杆间的距离，再求出直线的长度.

最常用的直接量地面上直线长度的工具是测链和卷尺.

现在使用的测链，长 20 公尺[②]，是由等长的硬链条(或钢条)100 节，用小链环连接而成.

现在使用的卷尺是由很薄的钢带制成的，长 10－15 公尺，有的达 20 公尺，每隔$\frac{1}{10}$公尺有一标记. 故用卷尺量直线时可量至公尺的$\frac{1}{10}$.

§119　测角的器械　用以测出角的度数的器械叫作量角器.

量角器中有的只能测水平面上的角，也有的不但能测水平面上的角，还能测铅直面上的角(倾斜面上的角一般用计算的方法求出).

在测角的器械中，最常用的是罗盘和经纬仪.

§120　罗盘(图 47)　是由分度圈 C、视读仪 A 及两组测望标(a,b)与(a_1,b_1)所组成.

分度圈是一个带有刻度的圈.

视读仪是一个尺，能够围绕自己中心沿分度圈转动；当欲测某角时，先把它指向该角一边上的物体.

为了调节视读仪使其指向一定的方向必需用测望标；这是固定在视读仪两端的两个直立的薄板. 在每一个板上都穿有两个直竖的长孔 —— 窄孔和宽孔，并使一板上的窄孔恰与另一板上的宽孔相对；在宽孔的中央则竖置一黑色的发

① 标杆 —— 带标志的长杆.

② 编校注：公尺：建国初期用的长度度量单位，1 公尺 ＝ 1 米.

丝.当把视读仪指向某一物体时,应把它放在这样的位置;使我们通过窄孔所能看到的该物体,恰为对面板上宽孔中央的发丝所遮蔽.

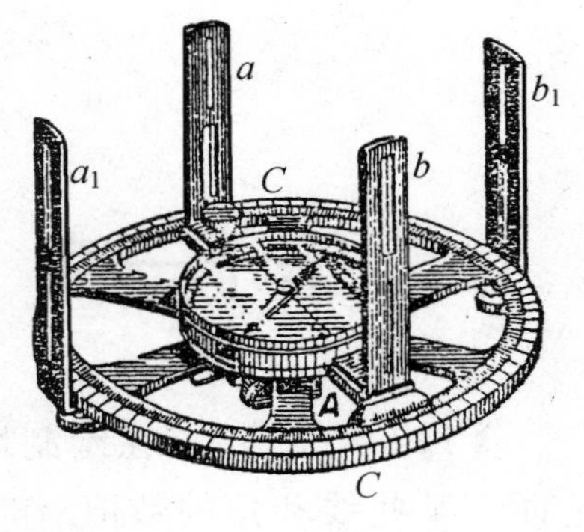

图 47

在罗盘上有两组测望标:固定在分度圈上的一组叫作固定测望标,装设在视读仪两端上的一组叫作游动测望标.

为了定出直线的方向,在罗盘上装设磁针.

罗盘装设在能够分开的三脚架上,在三脚架与罗盘之间,有一个能使分度圈的平面随意倾斜的装置.这种装置中最简单的是球状活动枢纽;这是一个连接于分度圈轴的下端的特种的球窝状的铗,夹抱一球体.由于这种装置,不仅分度圈可绕自己的轴转动,轴也可以改变自己的方向.

为了把测量器放置于水平面上要用水准仪,而在铅直面内用悬锤.

§121 为了量出水平角,首先将分度圈调整水平,并把一个带尖的锤击于分度圈的圆心使其对准所测角的角顶;然后在已有的水平位置上旋转分度圈,直到通过固定测望标能看到所测角一边上的物体时为止;然后不改变分度圈的位置,将流动测望标按着角的另一边的方向放好;这时,就可以由分度圈上的刻度读出两测望标间的夹角,亦即所测角的度数.

§122 为了量出直线AB和水平面间的角(直线AB的倾角),将分度圈放置于含直线AB之铅直面内,且使其圆心在铅直面上;然后旋转分度圈,使其与$90°-270°$的刻度相对的直径停止于铅直位置;这时,固定测望标上鬃丝的平面成水平;然后不变更分度圈的位置,将游动测望标依AB的方向放好,读出两测望标间的弧,此即直线AB倾角的度数.

现代的量角器械是经纬仪(图 48).

它的主要部分是带有准确刻度的水平和直立的两个分度圈和一个望远镜.

§123 三角法的应用 在这里我们研究的仅仅是最简单的应用三角的算题:1) 求出不能直接测得的二点间的距离;2) 求高,3) 做三角测量.这些工作的进行,必须限定在水平的地面上,最低限度也必须能够引出几条水平的直线.为了解决上面那样的问题,首先要量出一些线和角的值.在地面上直接测量直线长度的困难有两种:1) 测量过程中的困难;2) 若所取的线不直或不在水平的位置则必须做各种矫正的测量和计算.角的测量比较容易也比较正确.因此,尽可能用角的测量来代替线的测量;线的长度要用计算的方法求出.大部分的测量只需测出一条直线:此直线叫作基线.

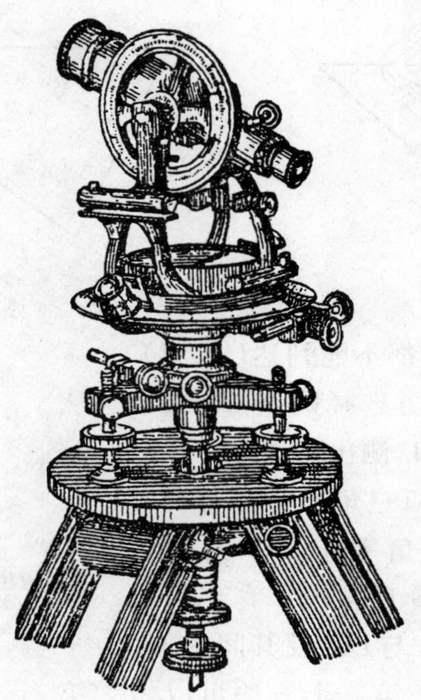

图 48

§124　求出不能直接测得的二点间的距离　这里可能有三种情形：1）两点都能到达；2）仅有一点可以到达；3）两点都不能到达.

研究一下每种情形.

设 A 及 B 为欲测其间距离的两点.

第一种情形. A 和 B 两点都能到达（图 49，即观测者能走到点 A 也能走到点 B）.

解　(1) 若由 A 及 B 中之一点不能看见另一点时，则需选择能同时看到二点的另外一点 C，然后量 $\angle ACB$ 与直线 CA 及 CB；按这些已知数可以求出 AB 的距离（因为，在 $\triangle ABC$ 里已知其二边及一角）.

(2) 若由 A 及 B 中的一点能看见另一点时，则量直线 AC 与 $\angle A$ 及 $\angle C$；由这些已知数就可以算出 AB（因为，在 $\triangle ABC$ 里已知其二角及一边）.

第二种情形. 点 A 可以到达，但点 B 不能到达（也就是观测者能走到点 A，但不能走到点 B. 在观测者与点 B 中间存在着某种障碍物）.

解　取能看见点 A 及 B 的点 C（图 50），量 $\angle A$ 及 $\angle C$ 与基线 AC，则不难求出直线 AB，因在 $\triangle ABC$ 内已知两角及一边.

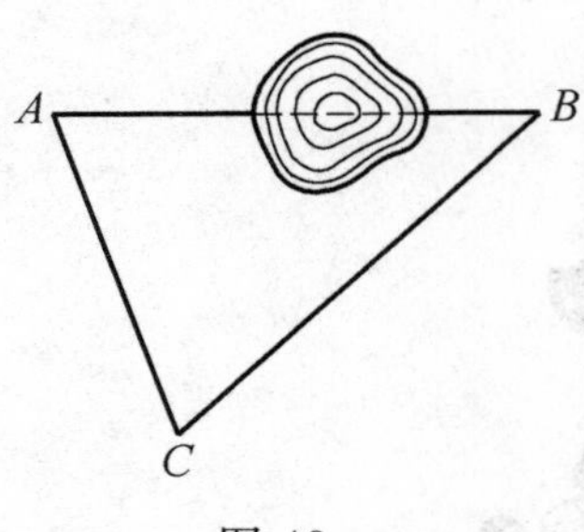

图 49

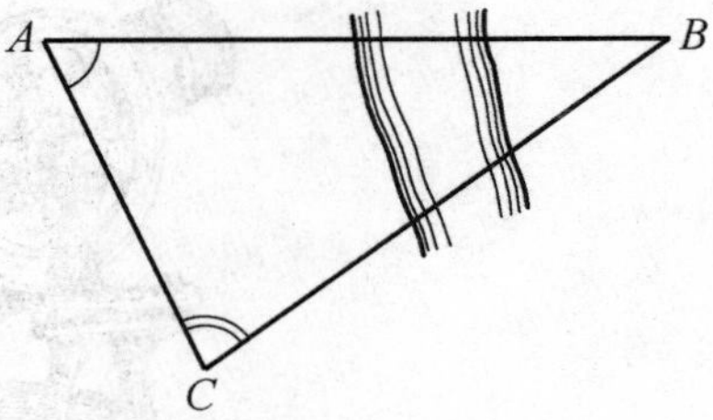

图 50

第三种情形. A 和 B 都不能到达(图 51).

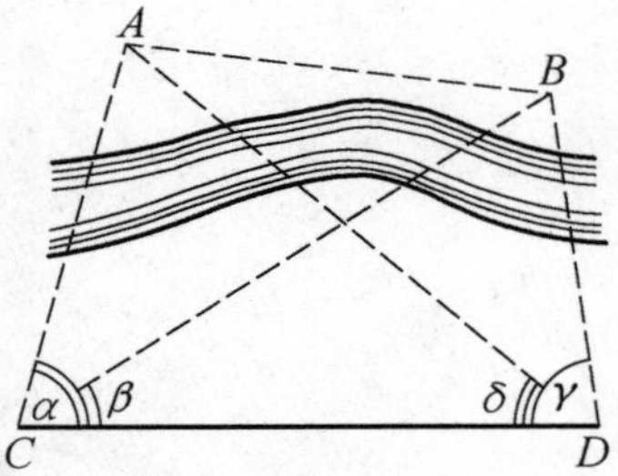

图 51

解 在能到达的地方选择两点 C 及 D,且从此两点都能看见点 A 及 B,测出基线 CD 与角 α,β,γ 及 δ. 从含直线 CD 的两三角形可以算出 CA 和 CB,而这两直线间的夹角等于 $\alpha-\beta$. 由此,从 $\triangle ACB$ 中可以计算出 AB 的值.

同样也可以算出 DA 与 DB 及其间的夹角 $\gamma-\delta$,并由 $\triangle ADB$ 求出 AB. 第二个方法可以做为第一个方法的验算;在这种较复杂的计算里,验算是很重要的.

§125 求高 研究一下这种问题的主要情形.

第一种情形. 能到达欲测物体的基底. 例如求高 AB(图 52),但点 B 是可以达到的.

解 由点 B 在地面上引某一水平直线 BC,并量出它的长为 a.

在点 C 放一带有直立分度圈的罗盘,使分度圈的中心 D 在点 C 的上方;量出直线 DA 的倾角(§122),设该角为 α.

最后测出铅直距离 DC,设测得 $DC=b$.

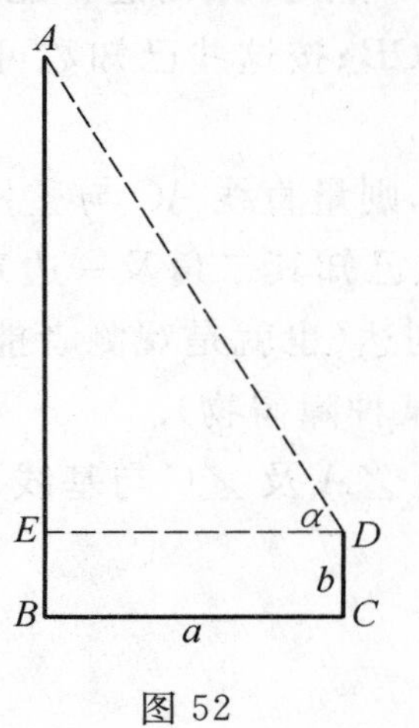

图 52

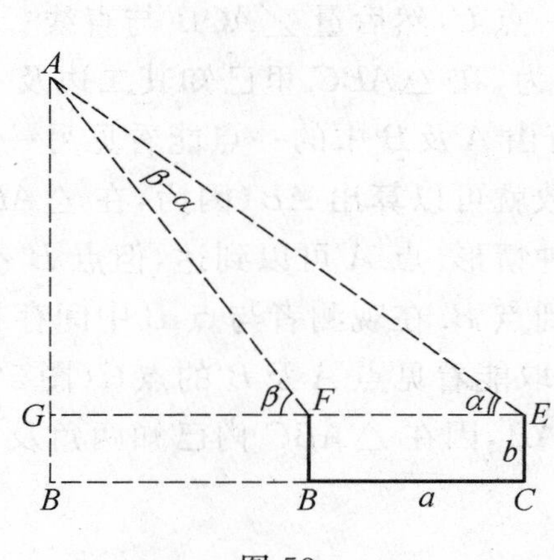

图 53

已知 a，α 及 b 的值可以计算出高

$$AB = AE + EB = a\tan\alpha + b$$

第二种情形. 不能达到欲测物体的基底，如图 53 的情形高是 AB，但不能到达点 B(设周围的地面都是水平).

解　在地面上选择适当远的一点 C，在点 C 上放一罗盘，使它的分度圈直立，测出直线 EA 的倾角(E 是分度圈的圆心)，然后不变分度圈的位置，用固定测望标按分度圈平面的方向在地面上定一直线 CD，则 CD 与 AB 在同一平面内. 测出此直线的长(当做基线). 最后把罗盘移置于点 D，使它的高和在点 C 上时相同，再量出直线 FA 的倾角(F 是分度圈的中心).

做完以上的测量后不难算出 AB；设已测得 $CD = a$，$FD = EC = b$，$\angle AEG = \alpha$ 及 $\angle AFG = \beta$，则

$$AB = AG + BG = AF \cdot \sin\beta + b$$

由 $\triangle AFE$ 可以求出

$$AF = \frac{a \cdot \sin\alpha}{\sin(\beta - \alpha)}$$

因此
$$AB = \frac{a \cdot \sin\alpha \cdot \sin\beta}{\sin(\beta - \alpha)} + b$$

§126　三角测量　欲测绘地面上某一区域的图形，应首先选择若干个分布在全区域内的便于测量的基点(例如图 54 中的点 A，B，C…). 想象各基点间用直线联结构成一三角网. 尽可能精确地测出网内诸三角形中所有的各角及任意一边(如 AC)，则网内其他的直线可顺次用解三角形的方法求出：先由含有基线的三角形开始计算，其次转向相邻的三角形，然后再转向新的相邻三角形，等等(同一直线可用两种不同的方法求出，由此可验算其正确与否)

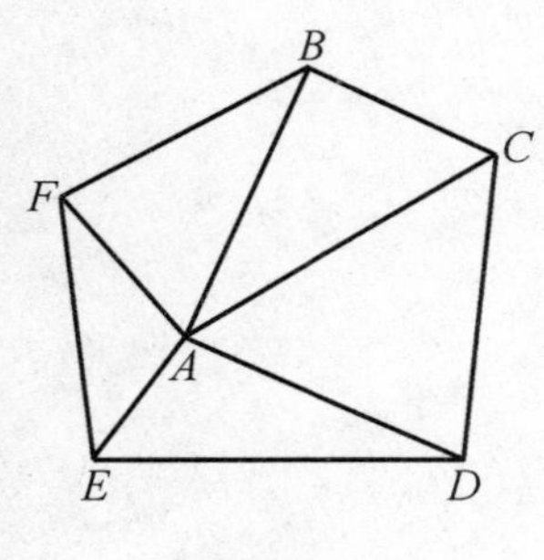

图 54

三角测量中每一主要的直线，又可作为新的由较小的三角形所组成的三角测量的基线. 用这样的方法，所测区域中任意一点的位置都可在图上绘出，故能绘出全区域的图形.

第四编

习　　题

第一章 三角学

§1 角与弧的量法

角与弧的一般概念

1. 一时钟走了四小时,问时针,分针各转若干度?

2. 一机器轮 2 秒钟旋转 6 周,问 1 秒钟及 10 秒钟该轮旋转若干度?

3. 一齿轮有齿 72 个,如果该齿轮旋转 1,30,144,300 齿时,每个齿各转若干度?

4. 试画出:$+45°,-30°,+225°,-135°,-90°,+450°,-810°,+2\,070°$ 的动径,又在以上各角中,那些角的动径相重?

5. 将下列各弧之和用度数表示之

$$\overset{\frown}{ABCAB}+\overset{\frown}{BAC}+\overset{\frown}{CDA}\text{(图 1)}$$

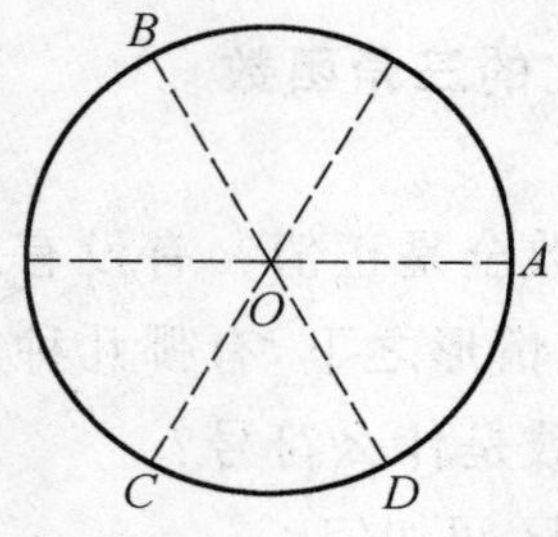

图 1

6. 设动径为 1) OB;2) OD(图 1),试写出角的一般形式,并求出各角的值.

弧度法

7. 1) 圆的半径为 5 cm,试求 $18°$ 的弧长.

2) 设圆的半径为 R,试求 a° 的弧长.

8. 1) 下列各弧用弧度法,以 π 表示之:a)30°,b)45°,c)60°,d)135°,e)15°,f)$22^\circ30'$,g)36°,h)75°,i)108°,k)150°,l)$157^\circ30'$,m)162°.

2) 用弧度表示下列各值:a)51°,b)27°,c)$76^\circ30'$,d)$12^\circ30'$,e)$28^\circ42'$,f)$73^\circ21'$,g)117°,h)$216^\circ13'$($\pi \approx 3.14159$).

3) 以弧度表示正三角形、正方形、正五角形、正六角形及正 n 角形的内角.

9. 1) 试将 1.5,2,0.75,$\frac{\pi}{6}$,$\frac{2}{3}\pi$,$1\frac{1}{2}\pi$,$\frac{\pi}{8}$,$\frac{3}{4}\pi$ 及 $1\frac{1}{5}\pi$ 弧度的角,用度和分表示之($\pi = 3.141\ 59$).

2) 试将下列以弧度表示之角用度表示之(利用三角函数表):0.698 1,1.309 0,0.235 6,1.007 1,3.804 8,0.48,1.3,0.8.

角速度

10. 设飞轮之半径为 1.2 米,每分钟旋转 300 次:

1) 试求飞轮每秒之角速度 ω(角速度以弧度 / 秒表示之);

2) 试求距轮心 20 cm 之点的速度;

3) 试求轮周上一点的速度;

4) 试证距轮心为 γ 之点的速度为 $\gamma\omega$.

11. 一轴的角速度为 21 弧度 / 秒,试求一分钟旋转的次数.

§2 随角的变化而变化的三角函数

1. 在哪一象限内三角函数全是正值?有没有三角函数全是负值的象限?

2. 三角形的内角,在什么情形之下,有哪几种三角函数是负值?

3. 三角形内角的半角函数是什么符号?

4. $1 + \sin x$ 的和变化之区间如何?

5. 在下列等式中,哪个能够成立?

1) $\sin\alpha = \dfrac{\sqrt{ab}}{\frac{1}{2}(a+b)}$;2) $\cos\beta = a + \dfrac{1}{a}$,3) $\sec\alpha = \dfrac{m^2 - n^2}{m^2 + n^2}$.

6. $\dfrac{\cos\alpha}{\sec\alpha}$ 能不能得负值?

化简 7－13 各题：

7. $a \cdot \sin 0^\circ + b \cdot \cos 90^\circ + c \cdot \tan 180^\circ$.

8. $a \cdot \tan 0^\circ + b \cdot \cot 90^\circ + c \cdot \sec 0^\circ$.

9. $a \cdot \cos 0^\circ + b \cdot \cos 180^\circ + c \cdot \cos 360^\circ$.

10. $a^2 \cdot \sin \frac{\pi}{2} + 2ab \cdot \sec \pi - b^2 \cdot \sin \frac{3}{2}\pi$.

11. $a^2 \cdot \csc 90^\circ - 2ab \cdot \sin 180^\circ + b^2 \cdot \csc 270^\circ$.

12. $a^2 \cdot \sin 2\pi + 2ab \cdot \cos \frac{3}{2}\pi + b^2 \cdot \tan 2\pi$.

13. $a^3 \cdot \cot 270^\circ + b^3 \cdot \tan 90^\circ$.

14. 试在半径为5 cm的圆内，作出下列各角：30°，120°，225°，－30°，－120°，－560°，并作出这些角的四条函数线（使其误差小于1 mm），再求下列各函数的值（误差小于 0.1）：1)tan 30°；2)cos 120°，3)sin 225°，4)cos(－30°)，5)tan(－120°)，6)cot(－560°).

15. 指出下列各函数差的符号：

1)sin 20° － sin 21°；　　2)cos 20° － cos 21°；

3)tan 20° － tan 21°；　　4)cot 20° － cot 21°；

5)cos 20° － cos 120°；　　6)sin 120° － sin 240°；

7)tan 120° － tan 40°；　　8)cot 30° － cot 130°.

16. 求下列每组函数中，哪一个函数值大？

1)sin 20° 与 cos 20°；　　2)sin 50° 与 cos 50°；

3)tan 40° 与 cot 40°；　　4)tan 50° 与 cot 50°.

角的作图及求法

17. 试作正弦为：1)0.6；2) $-\frac{1}{2}$ 之角，并求其值（使误差小于 1°）.

18. 试作余弦为：1) $\frac{2}{3}$；2)－0.4 之角.

19. 试作正切为：1)＋1.5；2)－1 之角.

20. 试作余切为：1)－2；2)＋1 之角.

21. 由下列各角 x 的一般形式，写出小于 360°(2π) 的正值：

1) $x = 15^\circ + 120^\circ \cdot n$；　　2) $x = -60^\circ + 360^\circ \cdot n$；

3) $x = -10^\circ + 60^\circ \cdot n$；　　4) $x = \pm 120^\circ + 720^\circ \cdot n$；

5) $x=\pm\frac{\pi}{6}+\pi\cdot n$;　　6) $x=-\frac{\pi}{4}\pm\frac{\pi}{3}+2\pi\cdot n$;

7) $x=(-1)^n\cdot 45^\circ+180^\circ\cdot n$;　　8) $x=(-1)^n\cdot\frac{\pi}{3}\pm\pi\cdot n$.

22. 试写出下列各函数式的一般形式,并用作图及测量的方法求角(误差小于1°):

1) $\tan x=2.6$;2) $\tan x=-0.8$;3) $\cos x=0.9$;

4) $\cos x=-\frac{2}{3}$;5) $\sin x=0.25$;6) $\sin x=-\frac{5}{7}$.

试求23-31各方程式中的三角函数值并作角:

23. $\sin^2 x-3=2\sin x$.

24. $\cos^2 x+\cos x=1$.

25. $6\sin^4 x=1-\sin^2 x$.

26. $\sin^2 x=2\sin x$.

27. $\tan^2 x=2\tan x$.

28. $\sec^2 x=2\sec x$.

29. $\cot^3 x+4\cot x=0$.

30. $\frac{2}{1+\tan x}=0$.

31. $(\cos x-2)(2\csc x+1)=0$.

反三角函数

32. 以反三角函数表示下列方程式中之 x.

1) $\tan x=m$;2) $\cos x=m$;3) $\sin x=m$.

在此三个方程式中,m 可以为何数?

33. 用反三角函数表示下列各式:

1) $\sin\frac{\pi}{6}=\frac{1}{2}$;2) $\sin(-45^\circ)=-\frac{\sqrt{2}}{2}$;3) $\cos\frac{\pi}{4}=\frac{\sqrt{2}}{2}$;4) $\cos 90^\circ=0$;

5) $\tan(-\frac{\pi}{4})=-1$;6) $\tan 0^\circ=0$;7) $\cot 30^\circ=\sqrt{3}$;8) $\cot 45^\circ=1$;

9) $\sin x=0.23$;10) $\cos x=0.576\,2$;11) $\tan x=0.468$;12) $\cot x=1.237$.

34. 试用函数表查出下列各角的度数及弧度:

1) arcsin 0.731 4;2) arccos 0.398 7;3) arctan 3.677;4) arccot 0.511 7.

35. 试求方程式中 x 的值：

1) $\arcsin x=\frac{\pi}{4}$；2) $\arccos x=\frac{\pi}{6}$；3) $\arctan x=\frac{\pi}{3}$；

4) $\arcsin\frac{x}{3}=\alpha$；5) $\arccos\frac{x}{a}=\frac{b}{c}$；6) $\arctan\frac{1}{x}=\alpha$.

36. 作出下列各角：

1) $\arcsin 0.8$；2) $\arcsin\left(-\frac{1}{3}\right)$；3) $\arccos\frac{2}{3}$；4) $\arccos(-0.75)$；5) $\arctan\frac{1}{2}$；

6) $\arctan(-1,5)$；7) $\arctan 1.2$；8) $\operatorname{arccot}(-0.6)$；9) $\operatorname{arcsec}1\frac{1}{2}$；10) $\operatorname{arccsc}(-2)$.

§3 同角三角函数间的相互关系

试用下列之已知函数表示角 α 之其余各函数：

1. $\sin\alpha$.　**2.** $\cos\alpha$.　**3.** $\tan\alpha$.　**4.** $\cot\alpha$.

试由下列之已知函数求出角 α 之其余各函数：

5. $\sin\alpha=0.8$.　**6.** $\sin\alpha=-0.3$.　**7.** $\cos\alpha=\frac{2}{3}$.　**8.** $\cos\alpha=-\frac{3}{5}$.

9. $\tan\alpha=\sqrt{5}$.　**10.** $\tan\alpha=-\frac{9}{40}$.　**11.** $\cot\alpha=\frac{8}{15}$.　**12.** $\cot\alpha=-3$.

13. $\sec\alpha=3$.　**14.** $\sec\alpha=-1\frac{9}{20}$.　**15.** $\csc\alpha=2.6$.　**16.** $\csc\alpha=-\sqrt{3}$.

设 $0<b<a$，试由下列之角 α 的已知函数求其他各函数(17－19)：

17. $\sin\alpha=\frac{a-b}{a+b}$.

18. $\cos\alpha=\frac{\sqrt{a^2-b^2}}{a}$.

19. $\tan\alpha=\frac{a}{b}$.

试求出角 α 的其他各函数，若：

20. α 为正锐角，且 $\tan\alpha=4\frac{19}{20}$.

21. α 为三角形的内角，且 $\cos\alpha=-0.28$.

22. α 为第三象限内的角，且 $\sin\alpha=-\frac{12}{13}$.

23. α 为第四象限内的角，且 $\cot\alpha=-1.05$.

化简 24 — 52 各题：

24. $1-\sin^2\alpha$.

25. $1-\cos^2\alpha$.

26. $\dfrac{\sin^2\alpha}{1+\cos\alpha}$.

27. $\dfrac{\cos^2\alpha}{\sin\alpha-1}$.

28. $\sin^2\alpha+\cos^2\alpha+\tan^2\alpha$.

29. $\sec^2\alpha-\tan^2\alpha-\sin^2\alpha$.

30. a) $\dfrac{\sin\alpha\cdot\sin\beta}{\cos\alpha\cdot\cos\beta}$;　b) $\dfrac{\cos\alpha\cdot\cos\beta}{\sin\alpha\cdot\sin\beta}$.

31. a) $\dfrac{1-\sin^2\alpha}{1-\cos^2\alpha}$;　b) $\dfrac{\cos^2\alpha-1}{\sin^2\alpha-1}$.

32. $\sin\alpha\cdot\cot\alpha$.

33. $\cos\alpha\cdot\tan\alpha$.

34. $\tan\alpha\cdot\csc\alpha$.

35. $\sin\alpha\cdot\sec\alpha$.

36. $\cos\alpha\cdot\csc\alpha$.

37. $\cot\alpha\cdot\sec\alpha$.

38. $\sin\alpha\div\tan\alpha$.

39. $\tan\alpha\div\cot\alpha$.

40. $1-\cos^2\alpha+\sin^2\alpha$.

41. $1-\sin^2\alpha+\cot^2\alpha\cdot\sin^2\alpha$.

42. $(1+\tan^2\alpha)\cdot\cos^2$·

43. $(\tan\alpha\cdot\cos\alpha)^2+(\cot\alpha\cdot\sin\alpha)^2$.

44. $(\tan\alpha\cdot\csc\alpha)^2-1$.

45. $\sin^2\alpha\cdot\sec^2\alpha+\sin^2\alpha+\cos^2\alpha$.

46. $\dfrac{\sin\alpha\cdot\sin\beta}{\cos\alpha\cdot\cos\beta}\cdot\tan\alpha\cdot\cot\beta+1$.

47. $\dfrac{\sin\alpha\cdot\cos\beta}{\cos\alpha\cdot\sin\beta}\cdot\cot\alpha\cdot\cot\beta+1$.

48. $\dfrac{1-\sin^2\alpha}{1-\cos^2\alpha}+\tan\alpha\cdot\cot\alpha$.

49. $\dfrac{\sin\alpha+\cos\alpha}{\sec\alpha+\csc\alpha}$.

50. $\dfrac{\tan\alpha+\tan\beta}{\cot\alpha+\cot\beta}$.

51. $(\tan\alpha+\cot\alpha)^2-(\tan\alpha-\cot\alpha)^2$.

52. $\dfrac{\cos^2\alpha-\cot^2\alpha}{\sin^2\alpha-\tan^2\alpha}$.

53. 试用 1) $\sin\alpha$ 及 2) $\cos\alpha$ 表示 $\sin^2\alpha-\cos^2\alpha$.

54. 试用 $\sin\alpha$ 及 $\cos\alpha$ 表示 $\tan\alpha+\cot\alpha$.

55. 试用 $\tan\alpha$ 表示 $\dfrac{\cot\alpha+\tan\alpha}{\cot\alpha-\tan\alpha}$.

56. 试用 $\cot\alpha$ 表示 $\dfrac{\tan\alpha}{1-\tan^2\alpha}$.

57. 1) 用 $\tan\alpha$ 及 2) 用 $\cot\alpha$ 表示 $\dfrac{\sin\alpha-\cos\alpha}{\sin\alpha+\cos\alpha}$.

58. 1) 用 $\tan\alpha$ 及 2) 用 $\cot\alpha$ 表示 $\dfrac{\sin\alpha\cdot\cos\alpha}{\cos^2\alpha-\sin^2\alpha}$.

59. 设 α 为第四象限内的角，试以 $\cot\alpha$ 表示 $\sec\alpha$.

60. 设 $\tan\alpha=\frac{5}{4}$，试求 $\frac{\sin\alpha+\cos\alpha}{\sin\alpha-\cos\alpha}$ 的值.

61. 设 $\sin\alpha+\cos\alpha=m$，试求 $\sin\alpha\cos\alpha$ 的值.

62. 设 $\tan\alpha+\cot\alpha=m$，试求 $\tan^2\alpha+\cot^2\alpha$ 及 $\tan^3\alpha+\cot^3\alpha$ 的值.

试证明下列恒等式(63－92)：

63. $\sin^4\alpha-\cos^4\alpha=\sin^2\alpha-\cos^2\alpha$.

64. $\frac{\sin\alpha}{1-\cos\alpha}=\frac{1+\cos\alpha}{\sin\alpha}$.

65. $\frac{\sec\alpha-1}{\tan\alpha}=\frac{\tan\alpha}{\sec\alpha+1}$.

66. $\sin^2\alpha-\sin^2\beta=\cos^2\beta-\cos^2\alpha$.

67. $\tan^2\alpha-\cot^2\alpha=\sec^2\alpha-\csc^2\alpha$.

68. $\frac{\tan^2\alpha-\cot^2\alpha}{\sin^2\alpha-\cos^2\alpha}=\sec^2\alpha\cdot\csc^2\alpha$.

69. $\frac{\tan\alpha+\tan\beta}{\cot\alpha+\cot\beta}=\tan\alpha\cdot\tan\beta$.

70. $\frac{\sin\alpha+\cos\alpha}{\sec\alpha+\csc\alpha}=\sin\alpha\cdot\cos\alpha$.

71. $\frac{\sin\alpha+\cot\alpha}{\tan\alpha+\csc\alpha}=\sin\alpha\cdot\cot\alpha$.

72. $\frac{\sec\alpha\cdot\cot\alpha-\csc\alpha\cdot\tan\alpha}{\cos\alpha-\sin\alpha}=\sec\alpha\cdot\csc\alpha$.

73. $\frac{\sin\alpha+\cos\alpha}{\sin\alpha-\cos\alpha}=\frac{\sec\alpha+\csc\alpha}{\sec\alpha-\csc\alpha}$.

74. $\frac{1+\sin\alpha}{1+\cos\alpha}\cdot\frac{1+\sec\alpha}{1+\csc\alpha}=\tan\alpha$.

75. $\frac{1-\sin\alpha}{1-\cos\alpha}\cdot\frac{1+\csc\alpha}{1+\sec\alpha}=\cot^3\alpha$.

76. $\frac{\tan\alpha}{1-\tan^2\alpha}\cdot\frac{\cot^2\alpha-1}{\cot\alpha}=1$.

77. $\frac{1}{1+\tan^2\alpha}+\frac{1}{1+\cot^2\alpha}=1$.

78. $\frac{\sin^2\alpha}{\sec^2\alpha-1}+\frac{\cos^2\alpha}{\csc^2\alpha-1}=1$.

79. $\csc\alpha-\sin\alpha=\cos\alpha\cdot\cot\alpha$.

80. $\tan\alpha+\cot\alpha=\sec\alpha\cdot\csc\alpha$.

81. $\sec^2\alpha+\csc^2\alpha=\sec^2\alpha\cdot\csc^2\alpha$.

82. $\sec^2\alpha(\csc^2\alpha-1)=\csc^2\alpha$.

83. $1+\sin\alpha+\cos\alpha+\tan\alpha=(1+\cos\alpha)(1+\tan\alpha)$.

84. $(\sin\alpha-\csc\alpha)(\cos\alpha-\sec\alpha)=\sin\alpha\cdot\cos\alpha$.

85. $(\sin\alpha+\tan\alpha)(\cos\alpha+\cot\alpha)=(1+\sin\alpha)(1+\cos\alpha)$.

86. $\sin\alpha(1+\tan\alpha)+\cos\alpha(1+\cot\alpha)=\sec\alpha+\csc\alpha$.

87. $\sin^3\alpha(1+\cot\alpha)+\cos^3\alpha(1+\tan\alpha)=\sin\alpha+\cos\alpha$.

88. $\tan^3\alpha\csc^2\alpha-\csc\alpha\sec\alpha+\cot^3\alpha\sec^2\alpha=\tan^3\alpha+\cot^3\alpha$.

89. $\sec^2\alpha+\csc^2\alpha=(\tan\alpha+\cot\alpha)^2$.

90. $\left(\dfrac{\sin\alpha+\tan\alpha}{\csc\alpha+\cot\alpha}\right)^2=\dfrac{\sin^2\alpha+\tan^2\alpha}{\csc^2\alpha+\cot^2\alpha}$.

91. $\tan^2\alpha-\sin^2\alpha=\tan^2\alpha\cdot\sin^2\alpha$.

92. $\left(\sqrt{\dfrac{1+\sin\alpha}{1-\sin\alpha}}-\sqrt{\dfrac{1-\sin\alpha}{1+\sin\alpha}}\right)^2=4\tan^2\alpha$.

解下列各方程式(93－113),并按方程式中函数的值,用量角器作其对应角(误差小于1°),然后将角用一般形式表示之:

93. $\sin^2x=1+\cos^2x$.

94. $\sin x\cdot\tan x=\dfrac{3}{2}$.

95. $\sin x=\cot x$.

96. $\cos x-1+2\sin x\cdot\tan x=0$.

97. $\sin^2x+\cos x=0$.

98. $\sec x=\tan^2x$.

99. $2\cos^2x=3\sin x+2$.

100. $\tan x-\cot x=\dfrac{3}{2}$.

101. $\cos x=2\tan x$.

102. $\csc x-\sin x=\dfrac{1}{2}\cot x$.

103. $2\tan x=-3\csc x$.

104. $2\sec x=\csc x$.

105. $2\cos^2x+4\sin^2x=3$.

106. $2(\cos^2x-\sin^2x)=1$.

107. $\sin^4 x-\cos^4 x=0.5$.

108. $1+\sin x\cos x-\sin x-\cos x=0$.

解下列正弦及余弦的齐次方程式；或化为正弦及余弦的齐次式解之：

109. $\sin x=\cos x$.

110. $\sin x-\sqrt{3}\cos x=0$.

111. $3\sin^2 x=\cos^2 x$.

112. $\sin^2 x+2\sin x\cos x=3\cos^2 x$.

113. $1-3\cos^2 x=2\sin x\cos x$.

§4　余角及补角的函数

1. 将下列各函数化为小于 $45°$ 之角的函数：

1) $\sin 73°$；　　2) $\cos 80°40'$；

3) $\tan 69°25'40''$；　　4) $\cot 59°59'$.

2. 化下列各函数为与原函数同名的锐角函数：

1) $\sin 112°20'$；　　2) $\cos 99°25'35''$；

3) $\tan 108°48'36''$；　　4) $\cot 140°40'$.

3. 化下列各函数为小于 $45°$ 之角的函数：

1) $\sin 121°40'$；　　2) $\sin 163°35'$；

3) $\cos 158°17'$；　　4) $\cos 98°21'$；

5) $\tan 160°27'32''$；　　6) $\tan 106°32'$；

7) $\cot 120°28'40''$；　　8) $\cot 140°42'$.

化简下列诸式：

4. $\dfrac{\tan(180°-\alpha)}{\cot(90°-\alpha)}$.

5. $\dfrac{\cos^2(90°-\alpha)-1}{\cos(180°-\alpha)}$.

6. $\sin(\pi-\alpha)\cot(\pi-\alpha)$.

7. $\dfrac{\tan(\pi-\alpha)}{\cos(\frac{\pi}{2}-\alpha)}$.

8. $\sin(90°-\alpha)+\sin(90°+\alpha)+2\cos(180°-\alpha)$.

9. $\cos(90°-\alpha)+\cos(90°+\alpha)$.

10. $\tan 43°\cdot\tan 45°\cdot\tan 47°$.

11. $\cos(180°-\alpha)\cdot\sin(90°+\alpha)\cdot\tan(180°-\alpha)\cdot\cot(90°+\alpha)$.

12. $\tan(\frac{\pi}{2}+\alpha)\cdot\cot(\pi-\alpha)+\cot(\pi-\alpha)\cdot\tan(\frac{\pi}{2}-\alpha)$.

13. $\dfrac{2\cos(\frac{\pi}{2}-\alpha)\sin(\frac{\pi}{2}+\alpha)\tan(\pi-\alpha)}{\cot(\frac{\pi}{2}+\alpha)\sin(\pi-\alpha)}$.

14. $\dfrac{\tan(180°-\alpha)\cos(180°-\alpha)\tan(90°-\alpha)}{\sin(90°+\alpha)\cot(90°+\alpha)\tan(90°+\alpha)}$.

15. 试证：$\sin(45°+\alpha)=\cos(45°-\alpha)$，$\cos(45°+\alpha)=\sin(45°-\alpha)$，以及其他.

§5　三角函数真数表的应用

试由三角函数真数表中查出以下各函数的值：

1. 1) $\sin 45°$　2) $\sin 73°$；　3) $\sin 38°30'$；
4) $\sin 69°24'$；　5) $\sin 11°50'$；　6) $\sin 87°10'$.

2. 1) $\tan 20°$；　2) $\tan 85°$；　3) $\tan 72°30'$；
4) $\tan 17°42'$；　5) $\tan 53°13'$；　6) $\tan 20°48'$；
7) $\tan 83°7'$；　8) $\tan 85°28'$；　9) $\tan 88°30'$.

3. 1) $\cos 65°$；　2) $\cos 73°$；　3) $\cos 38°30'$；
4) $\cos 20°24'$；　5) $\cos 61°10'$；　6) $\cos 78°46'$；
7) $\cos 2°52'$；　8) $\cos 1°20'$.

4. 1) $\cot 20°$；　2) $\cot 37°30'$；　3) $\cot 71°24'$；
4) $\cot 69°13'$；　5) $\cot 19°37'$；　6) $\cot 88°15'$；
7) $\cot 5°$；　8) $\cot 2°27'$.

试求下列各函数中所含的锐角：

5. 1) $\sin\alpha=0.342\ 0$；　2) $\sin\beta=0.594\ 8$；
3) $\sin\gamma=0.842$；　4) $\sin x=0.929\ 3$；
5) $\sin y=1.002\ 4$；　6) $\sin z=0.393\ 2$.

6. 1) $\tan\alpha=0.445\ 2$；　2) $\tan\beta=11.43$；
3) $\tan\gamma=2.675$；　4) $\tan x=0.545\ 2$；
5) $\tan y=5.558$；　6) $\tan z=0.5$；

7) $\tan u=0.42$;　　8) $\tan v=12.9$;

9) $\tan w=6.63$.

7. 1) $\cos\alpha=0.891$;　　2) $\cos\beta=0.910$;

3) $\cos\gamma=0.636\,1$;　　4) $\cos x=1.000\,8$;

5) $\cos y=0.818\,9$;　　6) $\cos z=0.448\,5$.

8. 1) $\cot\alpha=2.747$;　　2) $\cot\beta=0.414\,2$;

3) $\cot\gamma=1.768$;　　4) $\cot x=1.494\,8$;

5) $\cot y=0.694\,6$;　　6) $\cot z=1.694\,6$;

7) $\cot u=7.115$;　　8) $\cot v=10.23$;

9) $\cot w=20$.

由三角函数真数表求下列各钝角函数的值：

9. $\sin 105°$, $\sin 172°8'$, $\sin 140°15'$, $\sin 115°22'$.

10. $\cos 118°$, $\cos 156°30'$, $\cos 98°42'$, $\cos 169°17'$.

11. $\tan 121°$, $\tan 160°24'$, $\tan 101°41'$, $\tan 147°39'$.

12. $\cot 175°$, $\cot 124°30'$, $\cot 171°13'$, $\cot 111°11'$.

§6　直角三角形解法

规定：在直角三角形 ABC 中，$\angle A=\alpha$，$\angle B=\beta$，$\angle C=90°$，直角边 $BC=a$，直角边 $AC=b$，斜边 $AB=c$.

1. 在直角三角形 ABC 中，1) 若 $a=48$ cm，$c=50$ cm，试求 $\sin\alpha$ 及 $\tan\alpha$ 的值；2) 若 $a=15$ m，$b=20$ m，试求 $\tan\alpha$ 及 $\cos\alpha$；3) 若 $b=8.4$ cm 及 $c=8.5$ cm，试求 $\tan\beta$ 及 $\cos\beta$.

2. 已知直角三角形 ABC 的二边 $a=7\dfrac{1}{5}$cm，$c=17$ cm，求角 β 之所有函数.

3. 在直角三角形 ABC 中，1) 已知斜边 $c=30.6$ cm，$\sin\alpha=\dfrac{2}{3}$，求 a；2) 已知 $a=51$ cm，$\sin\alpha=0.75$，求斜边 c.

4. 在直角三角形 ABC 内，若已知：1) $b=14$ m，$\tan\alpha=0.72$；2) $b=20.4$ dm，$\tan\alpha=1.5$；求直角边 a.

5. 一飞艇为探照灯光所射，若已知灯光与地面所成的倾角为 $47°$，探照灯与飞艇的距离为 3.5 km，试求：1) 飞艇与地面的垂直距离；2) 飞艇与探照灯的水平距离（得数求至小数点后两位）.

6. 由海拔 150 m 之山岩上的炮台,观测海中某军舰之俯角为 $\alpha=9°$(图 2),试求炮台与军舰的水平距离.

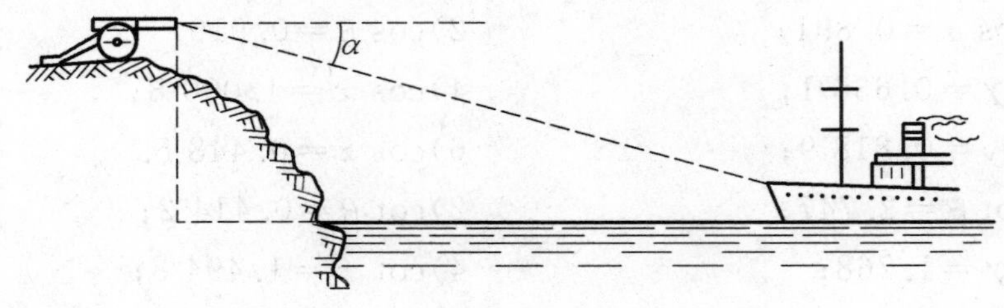

图 2

7. 一炮垒高出海面 330 m,在距此炮垒 1 500 m 的海面上发现一潜水艇的潜望镜,欲使炮口对准该潜水艇,问炮口需回转多少角度?

8. 一飞机在小房上空 1 700 m 处飞行,此时在地面上的一高射炮,对它的仰角恰为 25°(图 3),试求炮与小房间的距离.

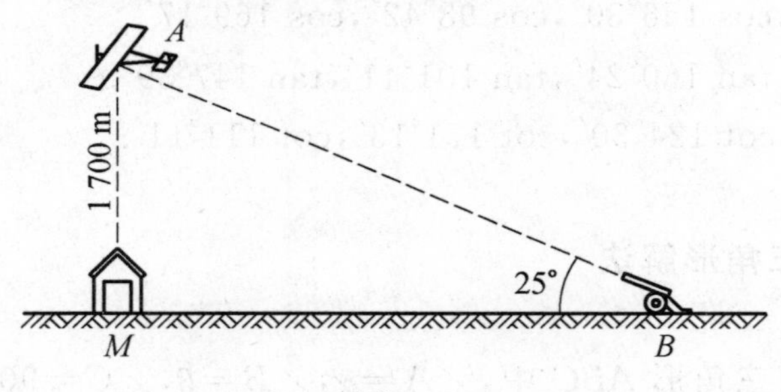

图 3

9. 在河的一岸,取一长为 a m 的基线 AB,由点 A 向基线的垂直方向可以看到对岸的小树 C;若由点 B 看此树时,所成视角为 β;若 $a=42$ m,$\beta=25°28'$,求河宽.

10. 由距塔底中心为 a m 的一点望塔尖,其仰角为 α;试求塔高($a=86.6$,$\alpha=22°17'$).

11. 在河岸上,由高出水面 12 m 的窗口望其两岸,俯角各为:$\alpha_1=17°$,$\alpha_2=45°$;若此二角皆位于垂直河身的平面内,试求河宽.

12. 某盘山铁道,每行 30 m 升高 1 m;试求此山的坡度.

13. 某人登一山冈,行 1 050 m,升高 90 m,求该山的平均坡度.

14. 铺平长 728 m 的街道时,其最低处需垫起 37.4 m,试求此街道的坡度及水平射影长.

15. 在一小山上立一长 a m 的标杆,在山底水平面上一点仰视该杆的上端,其仰角为 α,其距离为 b m;求出高($a=2$,$b=14$,$\alpha=63°18'$).

16. 植树时，欲使两树间的水平距离为 a m（图 4），问在斜度为 α 的斜坡上，两树间的距离应为若干？

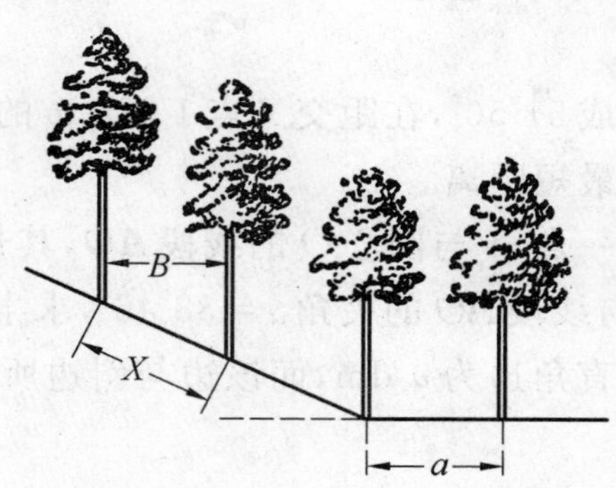

图 4

17. 在直线 MN 上取一点 A，由点 A 引一与 MN 成角 α，其长为 a m 的线段 AB，试求 AB 在 MN 上的射影（x）. 又当角 α 由 $90°$ 变到 $0°$ 及由 $0°$ 变到 $90°$ 时，其射影的变化如何？

18. 一高 30 m 的建筑物，影长 45 m；试求太阳的高度.

19. 正午时，太阳高度为 $28°$，工厂烟囱的影长为 76 m，求烟囱的高.

20. 1）当人影为身长的一半时；2）影为身长的 2 倍时；3）影为身长的 $2\frac{1}{2}$ 倍时，问太阳高度各如何？

21. 一直立标杆之影长较杆长短 $\frac{1}{n}$（以杆长为 1），问太阳高度如何？（$n=10.5$）

22. 一榴弹炮 H 向距其 2 500 m 之目标 T 射击，今奉令需将火力转向距 T 1 500 m 的点 S，若 ST 垂直于 HT，问此炮需旋转若干度？

23. 二点同时由直角顶沿两边作等速运动，第一点每秒钟移动 a m，第二点每秒钟移动 b m，求移动后两点间的连线与第一点所在边的夹角 φ.

24. 屋内石阶（图 5）每层共有阶梯 15 个，每个阶梯的宽 $b=27$ cm，高 $a=18$ cm，试求此石阶的倾度？

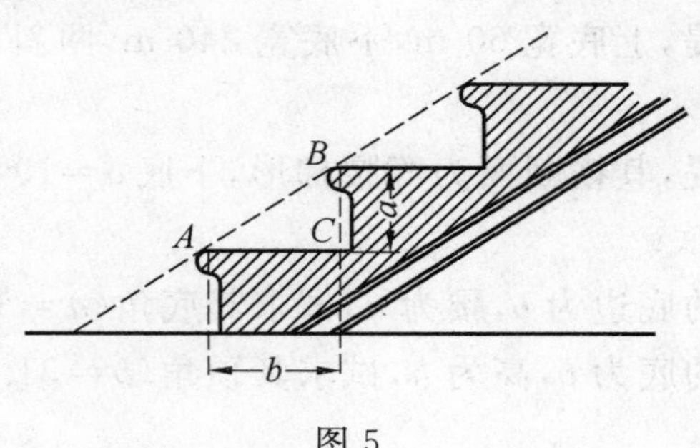

图 5

25. 屋内楼梯,每个阶梯之宽为 25 cm,其倾度为 40°,问每个阶梯之高若干?

26. 二直街道相交成 $51^\circ 50'$,在距交叉点 1 625 m 的一街道上取一点与他道以小径相通,求小径的最短距离.

27. 联结已知圆外一点 A 与圆心 O 的线段 AO,其长 $c=2.53$ m,由点 A 引圆的切线 AC,该切线与线段 AO 的夹角 $\alpha=38^\circ 46'$,求半径(r)与切线(x)之长.

28. 直角三角形一直角边为 a dm,而该边与斜边所夹之锐角为 β,试求此三角形外接圆的半径.

应用直角三角形之解法求解的问题

29. 如图 6 所示的圆锥部分之母线的斜度为 12%(即每升高 100 mm,横断面的半径即增加 12 mm),试求斜度 α 及直径 D($h=105$ mm,$d=80$ mm).

30. 在图 6 上的圆锥台内,已知 d 及 D,圆锥母线的斜度为 $1:n$,试求两底间的距离 h 及倾斜角 α($n=20$).

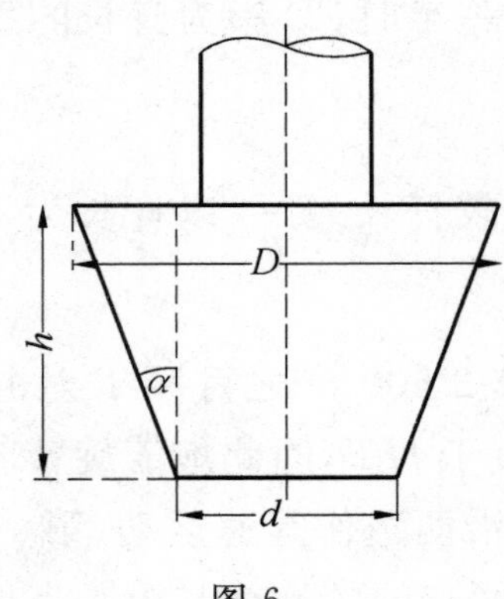

图 6

31. 一铁路的路堤高 120 m,下底宽 360 m,上底宽 60 m,试求其斜面之倾角.

32. 一铁路的路堤,上底宽 60 m,下底宽 240 m,两斜面与地面成 35° 角,试求此路堤的高.

33. 一铁路的路堤,其横断面为等腰梯形,下底 $a=10$ m,高 $h=3$ m,底角为 39°,试求此梯形的上底.

34. 等腰三角形的底边为 b,腰为 a,试求其底角($a=17.53$,$b=28.13$).

35. 等腰三角形的底为 b,高为 h,试求其顶角($b=31.26$,$h=20.75$).

36. 半径为 R 的弧长为 α 度，试求其所对的弦长($R=4.175$，$\alpha=37°42'$).

37. 在半径为 R 的圆内，引一长为 a 的弦，试求其所对的弧为几度几分，及这弦与圆心之距离($R=35.8$ dm，$a=28.7$ dm).

38. 圆内一弦，其长为直径的 $\frac{3}{4}$，试求其所对的弧.

39. 一弦将圆周截为 $m:n$ 两部分，圆周长为 c m，试求此弦与圆心之距离($m:n=3:7$，$c=120$).

40. 圆内的圆周角 α 立于长为 a cm 的弦上，试求圆的半径.

41. 有二互相垂直的力 $P=4.372$ kg，$Q=5.645$ kg，求合力与 P 所成的角及合力的大小.

42. 等腰三角形的底边为 b dm，底角为 α，试求此三角形的周长.

43. 等腰三角形的底为 b dm，一腰上的高为 h dm，试求三角形的底角 α.

44. 求图 7 的凹口中，斜线与其底所成之角 α.

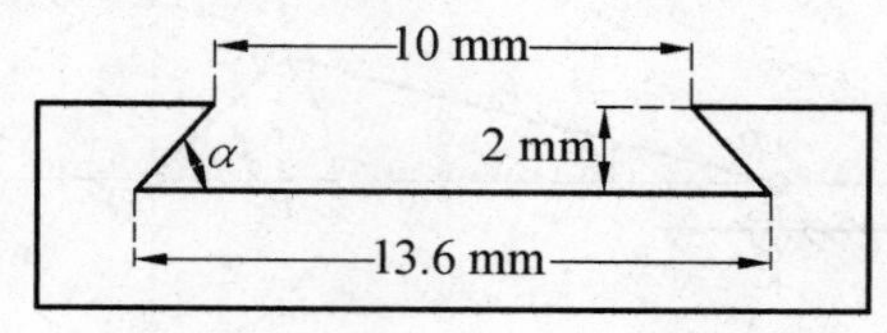

图 7

45. 求图 8 所示之角 α.

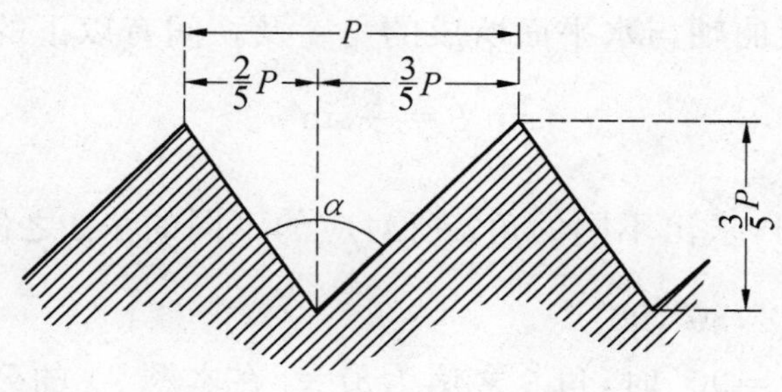

图 8

46. 三点 A,B,C 间的距离为：$AB=0.85$ dm，$AC=1.20$ dm，$BC=1.20$ dm，且点 B 位于点 A 的正北，试求由点 A 至点 C 的方向.

47. 标杆的二臂之长各为 5 dm 及 15 dm，若在铅直面内将其旋转 1)40°，2)60°，3)90° 时，问每端各升降若干 dm?

48. 若一海船依右表航行时(参照罗盘方位[①]表),试求此船由出发点向东及向北所行的距离.

方向	航行距离 /km
北东 23°	10
北东 37°	13
北东 82°	15

49. 矩形之边长为 a 及 b,试求对角线与二边的夹角($a=75.2$ dm,$b=63.6$ dm).

50. 矩形之边长为 a 及 b,试求两对角线所成之角($a=13.5$ dm,$b=7.4$ dm).

51. 顺次联结边长为 a 及 b 之矩形各边的中点,成一四边形,试求此四边形之各边与原矩形各边之夹角($a=23.76$,$b=58.28$).

52. 菱形之对角线为 d_1 及 d_2($d_1=28$,$d_2=49$),试求其各角.

53. 1) AP(图 9)为发动机的连杆,OA 为其曲轴,若 $OA=r=0.4$ m,$\angle\alpha=30°$,求 OB 与 AB 之长;若已知连杆之长 $l=2$ m 时,试计算 $\angle APB$ 及连杆 AP 在 OP 上的射影 PB 的长.

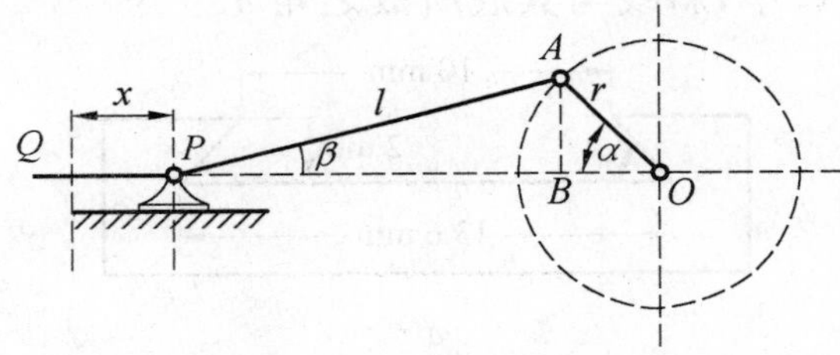

图 9

2) 试证连杆及曲轴与水平面所成的角 α 及 β 间有以下的关系,即

$$\sin\beta=\frac{r}{l}\sin\alpha$$

3) 当 $\frac{r}{l}=\frac{1}{5}$ 时,求出不同的角 α 所对应的不同的角 β 之值($\alpha=0°,10°,20°,30°,40°,50°,60°,70°,80°,90°$).

4) 为什么当 $\alpha=90°$ 时,角 β 之值为最大[在本题 2) 的公式中]?

5) 连杆与曲轴成直角时,角 β 之值如何?

6) 若 $\alpha=0$ 时,P 的位置为 Q,若 P 端移动距离 $PQ=x$,试证 $x=r(1-\cos\alpha)+l(1-\cos\beta)$. 若 $r=300$ mm,$l=1\,500$ mm,角 α 的值如 3),试求 x 的长.

① 地理子午线与已知方向间之夹角叫作方位. 方位可由已知方向向北或向南从 0° 计算至 90°,能指明已知方向所在之象限:北东,南东,南西,北西.

54. 一圆的半径为 r cm，由距圆心 a cm 的一点向圆引二切线，试求此二切线间的夹角($a=8.32, r=3.35$).

55. 二圆的圆心距为 d cm(图 10)，其半径各为 R 及 r cm，试求其内公切线及外公切线与圆的连心线所成的角 α 及 β($R=3.065, r=1.057, d=6.245$).

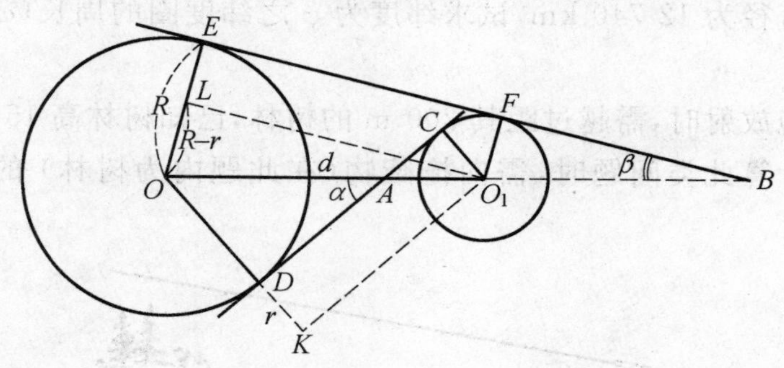

图 10

56. 一圆的半径为 5 dm，由圆周上一点 A 引长为 7 dm 及 8 dm 的两弦，依二弦所在位置的两种情形：1) 当弦在半径 AO 的两侧时；2) 当弦在半径的同侧时，求此二弦间的夹角.

57. 等腰三角形之高为 h dm，一腰上的高为 h_1 dm，试求此三角形的底角($h=2.5, h_1=3$).

58. 等腰三角形的一腰为 a cm，顶角为 β，试求内切圆的半径(r) 及外接圆的半径(R).

59. 直角三角形之一直角边为 b m，由直角顶引向斜边的高为 h m，试求锐角 α，他一直角边 a 及斜边 c.

60. 试求图 11 中两母线间的夹角.

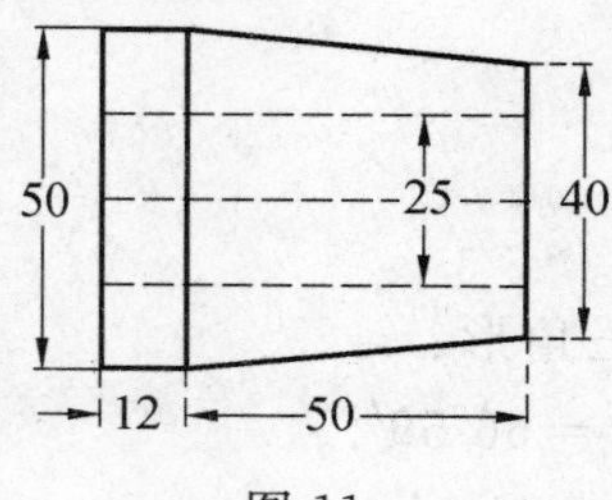

图 11

61. 试按下表求平截圆锥体上在同一平面内的两母线间的夹角(至误差小于 1°).

大圆直径 mm	50	75	75	75	100	100
小圆直径 mm	25	25	50	50	25	25
圆锥高 mm	50	75	75	25	40	25

62. 地球直径为 12 740 km,试求纬度为 φ 之纬度圈的周长($\varphi=57°5'$,$\pi=3.14$).

63. 一山炮放射时,需越过距其 200 m 的树林,已知树林高 15 m,求炮的仰角 α(图 12).计算此类问题时,需向掩蔽物(在此题内为树林)的高加距离的 0.01.

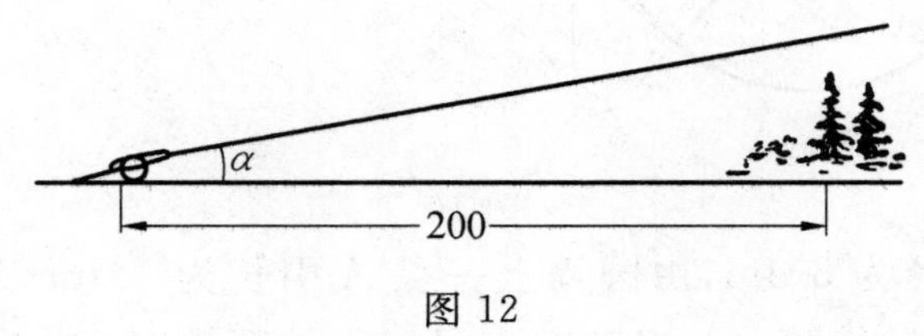

图 12

64. 设某炮欲射击高出地面 65 m,且在比例尺 $\frac{1}{10\ 000}$ 的地图上距此炮 31.5 cm 的目标,求炮之仰角.

65. 在一平面镜之同侧,有相隔 15 cm 之两点 A 及 B,其与平面镜之距离各为:$a=5$ cm 及 $b=7$ cm,今欲使由点 A 射出之光线经平面镜反射后通过点 B,求此光线之投射角.

§7　斜三角形解法

正弦定理

1. 已知下列各值,试解三角形:

1)$a=109$,$\beta=33°24'$,$\gamma=66°59'$.

2)$c=16$,$\alpha=143°8'$,$\beta=22°37'$.

2. 试求工厂 A 与河对岸火车站 B 的距离,已知 $AC=100$ m,$\angle BAC=74°$,$\angle BCA=44°$(图 13).

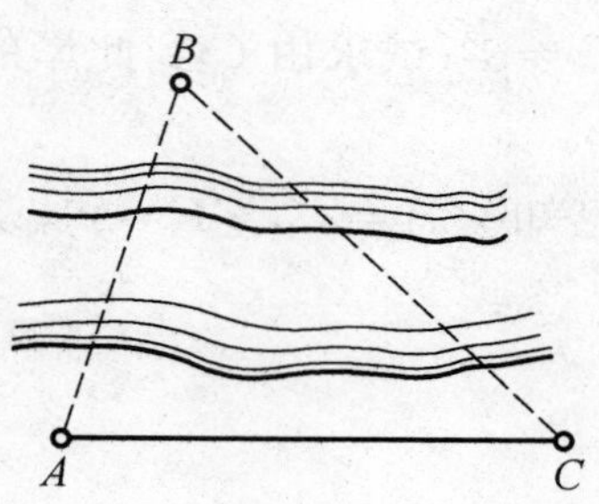

图 13

3. 欲测不能达到其底部的工厂之烟囱，若已测量指向烟囱底部之基线 $AC=11$ m(图 14)，且 $\angle BAD=49°$，$\angle BCD=35°$，及量角器之高 $AM=1.37$ m，问烟囱的高度如何？

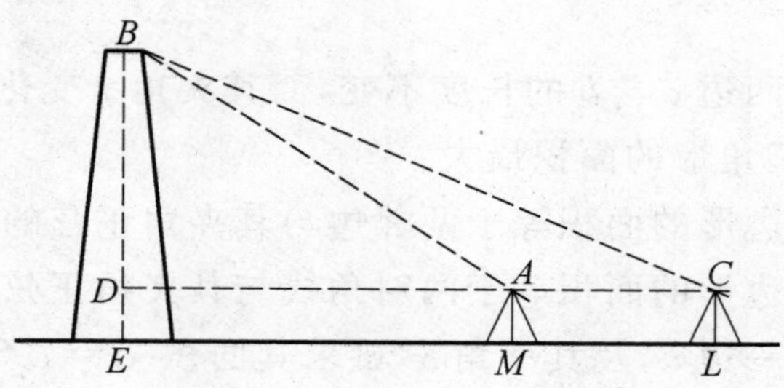

图 14

4. 为了测量铅直物体 AB 的高，由底端引一基线 AC 与地面成 $\alpha°$ 角，由点 C 仰望点 B，其仰角为 β，$AC=b$ m，求此物体的高(图 15).

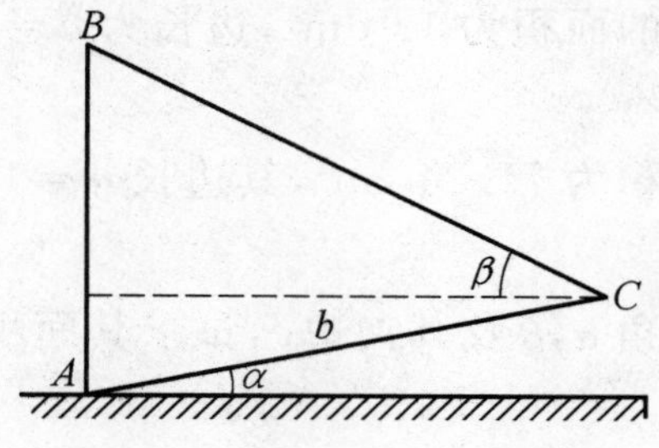

图 15

5. 在与地面成角 β 的山坡上耸立一树，当太阳高度为 $\alpha°$ 时，树在坡上的影长为 l m，求树高.

6. 平行四边形的一对角线长为 d，且此对角线将平行四边形的二对角分为 $\alpha°$ 及 $\beta°$，求此平行四边形的各边.

7. 已知三角形的二角 $\beta°$ 与 $\gamma°$，及其夹边 a，试求三角形各内角的平分线 l_a，l_b 及 l_c.

8. 为了求出河宽，沿河岸取一长 c m 的基线 AB，然后在对岸确定一个目标

C 测得 $\angle CAB=\alpha^\circ$,$\angle ABC=\beta^\circ$;试求由 C 到此岸的河宽($c=400$,$\alpha=45^\circ$,$\beta=30^\circ$).

9. 在三角形 ABC 内,已知 $\angle A=\alpha^\circ$,$\angle C=\gamma^\circ$,及其高 $AD=h_a$ m,试求每边的长.

三角形面积

10. 已测得三角形 ABC 二边之长 a 与 b 及其夹角 γ,试求此三角形的面积($a=125$ m,$b=160$ m,$\gamma=52^\circ$).

11. 已知等腰三角形一腰之长 $b=10$ m,顶角 $\alpha=75^\circ20'$,求此三角形的面积.

12. 设三角形的两边 a 与 b 的长度不变,而其夹角 γ 变化于 0° 与 180° 之间,问角 γ 为多少度时三角形的面积最大?

13. 求证平行四边形的面积等于两邻边与其夹角正弦的乘积.

14. 求证所有四边形的面积等于两对角线与其夹角正弦之积的一半.

15. 已知菱形的一边 a,及其一角 α,试求其面积($a=7.5$ cm,$\alpha=22^\circ10'$).

16. 已知矩形的一对角线长为 d,对角线间的夹角为 φ,求矩形的面积 Q. 又若 φ 由 0° 变化到 180° 时,求 Q 的最大值.

17. 已知梯形的底为 a 及 b,一腰为 c,且与下底的夹角为 α,求梯形的面积.

18. 已知平行四边形的面积为 12 dm^2,边长为 $a=3.7$ dm ,$b=4.2$ dm,试求各角的大小.

19. 已知三角形的面积为 71.24 cm^2,其边长 $a=15$ cm,$b=13$ cm,求此两边的夹角.

20. 已知三角形的两角 α,β 及其夹边 c,试求其面积($\alpha=65^\circ30'$,$\beta=84^\circ30'$,$c=20$ m).

21. 一林区二边界的交角为 $\angle BAC=\alpha$,以一斜交于 AC 的直线 DE,将此林区割去一块,其面积为 $DAE=Q$,且 DE 与 AC 的夹角为 γ,试求 AE 与 AD 之长.

22. 在三角形 ABC 内,已知一角 $C=\gamma$,及过 A,B 的高 h_a 及 h_b,试求其面积.

23. 已知三角形的二角 α,β 及一高 h_b,试求其面积.

余弦定理

24. 在三角形 ABC 中,已知 $b=7$,$c=10$,$\alpha=56^\circ29'$,求 a.

25. 由下列已知条件，解三角形：

1)$a=10, b=15, \gamma=123°17'$；

2)$a=0.2, c=0.6, \beta=23°28'$；

3)$c=40, a=100, \gamma=16°28'$.

26. 欲测不能直接测得之两地 AB 间的距离(图 16)，还能看到 A, B 两地之一地 C，并测得距离 $BC=a, AC=b$ 及角 $ACB=\gamma$，试求 A, B 间的距离($a=100$ m, $b=80$ m, $\gamma=48°57'$).

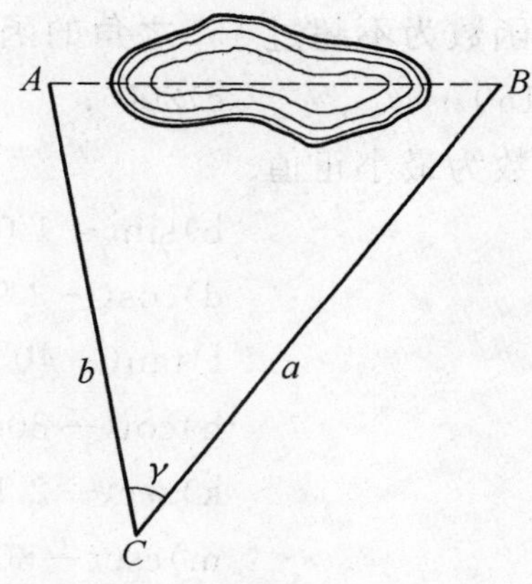

图 16

27. 在三角形中，已知 $a=3, b=4, c=6$，求角 γ.

28. 在平行四边形中，已知两边为 4 m 与 5 m，及其夹角为 52°，求二对角线.

29. 已知作用于一点的二力为 $P=100$ kg, $Q=200$ kg 及其夹角 $\alpha=50°$，试求合力 R 的值，及与 P, Q 二力所成的角.

30. 已知不过 A, B 两地的基线 $CD=a$ m(图 17)，及 $\angle ACD=\gamma, \angle BCD=\alpha, \angle ADC=\beta, \angle BDC=\delta$，求 AB($a=2\,000, \alpha=52°40', \beta=42°1', \gamma=86°40', \delta=81°15'$).

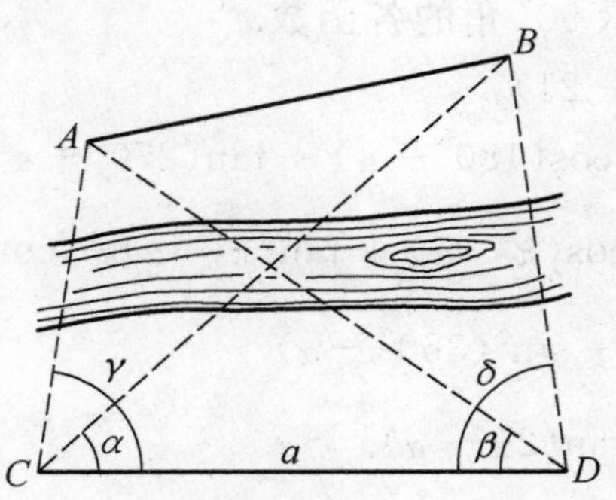

图 17

§8　诱导公式

1. 化下列各角之正弦、余弦、正切及余切为锐角的函数.

a)$162°30'$；　b)$230°$；　c)$335°$.

2. 化下列各角之正弦、余弦、正切及余切为锐角的余函数.

a)$25°30'20''$；　b)$130°$；　c)$250°$；　d)$340°$.

3. 化下列各角之三角函数为不超过 $45°$ 之角的函数.

a)$75°$；　b)$150°$；　c)$200°$；　d)$315°$.

化下列各函数中的变数为最小正值.

4. a)$\sin 2\,000°$；　b)$\sin(-1\,000°)$；

c)$\cos 1\,500°$；　d)$\cos(-2\,900°)$.

5. e)$\tan 600°$；　f)$\tan(-40°)$；

g)$\cot 1\,305°$；　h)$\cot(-300°)$.

6. i)$\sec 1\,900°$；　k)$\sec(-2\,150°)$；

l)$\csc 500°$；　m)$\csc(-80°)$.

7. a)$\sin(-7.3\pi)$；　b)$\cos \frac{34}{9}\pi$；

c)$\tan(-\frac{79}{11}\pi)$；　d)$\csc(-0.6\pi)$.

试求下列各函数的值：

8. a)$\sin(-1\,350°)$；　b)$\cos 720°$；

c)$\tan 900°$；　d)$\cot(-450°)$.

9. a)$\sin \frac{19}{6}\pi$；b)$\cos \frac{11}{2}\pi$；c)$\tan \frac{16}{3}\pi$；d)$\sec 9\pi$.

10. 用补角函数表示 $50°$ 角的各函数.

化简以下各式(11－21)：

11. $\sin(90°+\alpha)+\cos(180°-\alpha)+\tan(270°+\alpha)+\cot(360°-\alpha)$.

12. $\sin(\frac{\pi}{2}-\alpha)-\cos(\pi-\alpha)+\tan(\pi-\alpha)-\cot(\frac{3\pi}{2}+\alpha)$.

13. $\sin^2(270°-\alpha)+\sin^2(360°-\alpha)$.

14. $\tan(\frac{3\pi}{2}-\alpha)\cdot\tan(2\pi-\alpha)$.

15. $a^2+b^2+2ab\cdot\cos(180°-\alpha)$.

16. $\dfrac{\sin(-\alpha)\cdot\tan(-\alpha)}{\cos(-\alpha)\cdot\cot(-\alpha)}$.

17. $\dfrac{\csc(-\alpha)\cdot\csc(90^\circ+\alpha)}{\sec(-\alpha)\cdot\sec(180^\circ+\alpha)}$.

18. $\dfrac{\sin(\pi+\alpha)\cdot\sec(\frac{3\pi}{2}+\alpha)}{\tan(\pi-\alpha)\cdot\sec(2\pi-\alpha)}$.

19. $\sin 160^\circ\cdot\cos 110^\circ+\sin 250^\circ\cdot\cos 340^\circ+\tan 110^\circ\cdot\tan 340^\circ$.

20. $\dfrac{\sin(90^\circ-\alpha)\cdot\tan 132^\circ\cdot\csc 222^\circ\cdot\sin 90^\circ}{\cos(180^\circ+\alpha)\cdot\sec 312^\circ\cdot\cot 48^\circ\cdot\cos 180^\circ}$.

21. $\dfrac{\tan(270^\circ-\alpha)\cdot\sin 130^\circ\cdot\csc 220^\circ\cdot\sin 270^\circ}{\cot(180^\circ-\alpha)\cdot\cos 50^\circ\cdot\sec 320^\circ\cdot\cos 360^\circ}$.

22. 求以下各角的三角函数.

a)$\alpha-90^\circ$；b)$\alpha-180^\circ$；c)$\alpha-270^\circ$；d)$\alpha-360^\circ$.

23. 由以下方程式求 $\cos x$

$$3\sin^2(360^\circ-x)-7\sin(x-90^\circ)+3=0$$

24. 若 $\sin(x-\frac{\pi}{2})+\sin\frac{\pi}{2}=\sin(x+\frac{\pi}{2})$，求 $\sin x$.

25. 由下列方程式求 $\tan x$ 的值

$$\sin(2\pi-x)\cos(\pi-x)+\sin^2(\frac{3\pi}{2}-x)-\sin^2(2\pi-x)=0$$

解以下各方程式(26－30)：

26. $\sin^2(270^\circ-x)+2\cos(360^\circ-x)=3$.

27. $\sin(x-90^\circ)=-\sin(x-180^\circ)$.

28. $\cos(\pi+x)=-\cos(\frac{\pi}{2}-x)$.

29. $\tan(x+\pi)=\tan(\frac{\pi}{2}-x)$.

30. $\sin(x+90^\circ)=-\cot(360^\circ-x)$.

§9　加法定理

角的和与差的正弦及余弦

1. 若 $\sin\alpha=0.625$，$\sin\beta=0.8$，试求 $\cos(\alpha+\beta)-\cos(\alpha-\beta)$.

2. 化简以下各式：

a) $\sin(\alpha+60°)+\sin(\alpha-60°)$；b) $\cos(30°+\alpha)-\cos(30°-\alpha)$.

3. 若 $\cos\alpha=0.6$，$0<\alpha<90°$，求 $\sin(\alpha+30°)$ 的值.

4. 若 $\sin\alpha=\sqrt{0.2}$，$0<\alpha<90°$，求 $\cos(60°+\alpha)$ 的值.

5. 若 $\cos\alpha=0.5$，$\sin\beta=-0.4$，$270°<\alpha<360°$，$180°<\beta<270°$，求 $\sin(\alpha-\beta)$ 与 $\cos(\alpha+\beta)$ 的值.

6. 若 $\sin\alpha=\frac{2}{3}$，$\cos\beta=-\frac{3}{4}$，且 α 为第二象限内的角，β 为第三象限内的角，求 $\sin(\alpha+\beta)$ 及 $\cos(\alpha-\beta)$ 的值.

7. 若 $\sin\alpha=0.6$，$\sin\beta=0.8$，求 $\sin(\alpha+\beta)$ 的值.

8. 设 α 与 β 为正锐角，且 $\cos\alpha=\frac{1}{7}$，$\cos(\alpha+\beta)=-\frac{11}{14}$，求 $\cos\beta$.

9. a) 若以 $45°+30°$ 代 $75°$ 时，求 $\sin 75°$ 和 $\cos 75°$ 的值；b) 若以 $45°-30°$ 代 $15°$ 时，求 $\sin 15°$ 和 $\cos 15°$ 的值.

10. 若 a) $\alpha=0°,90°,180°,270°,360°$；b) $\beta=90°,180°,270°,360°$ 及 c) $\alpha=\beta$ 时，导出 $\sin(\alpha\pm\beta)$ 及 $\cos(\alpha\pm\beta)$ 的公式.

11. 若 α 及 β 为正角，并且 $\alpha+\beta<90°$，则 $\sin(\alpha+\beta)<\sin\alpha+\sin\beta$，试用 a) 图形，b) 公式，证明此不等式.

12. 试将以下二式用 a) $\tan\alpha$ 及 $\tan\beta$，b) $\cot\alpha$ 及 $\cot\beta$ 表示之

$$\frac{\sin(\alpha-\beta)}{\sin(\alpha+\beta)},\frac{\cos(\alpha+\beta)}{\cos(\alpha-\beta)}$$

13. 展开 $\sin(\alpha+\beta+\gamma)$ 及 $\cos(\alpha+\beta+\gamma)$.

14. 设 $\sin\alpha=\frac{3}{5}$，$\sin\beta=\frac{12}{13}$，$\sin\gamma=\frac{7}{25}$，且 α,β 与 γ 均为锐角，求 $\sin(\alpha+\beta+\gamma)$ 及 $\cos(\alpha+\beta+\gamma)$ 的值.

角的和与差的正切

15. 展开 $\tan(45°\pm\alpha)$，并化简之.

16. 求 $\tan 105°[=\tan(60°+45°)]$ 的值.

17. 若 $\tan\alpha=3$，求 $\tan(45°-\alpha)$ 的值.

18. 若 $\tan\alpha=\frac{1}{3}$，$\tan\beta=-2$，求 $\tan(\alpha+\beta)$ 及 $\cot(\alpha-\beta)$.

19. 试用 $\cot\alpha$ 及 $\cot\beta$ 表示 $\tan(\alpha\pm\beta)$.

20. 用 a) $\cot\alpha$ 与 $\cot\beta$, b) $\tan\alpha$ 与 $\tan\beta$ 表示 $\cot(\alpha\pm\beta)$.

21. 展开 $\tan(\alpha+\beta+\gamma)$.

化简以下各式(22－26)：

22. $\dfrac{\sin(\alpha-\beta)+2\cos\alpha\sin\beta}{2\cos\alpha\cos\beta-\cos(\alpha-\beta)}$.

23. $\dfrac{\cos\alpha\cos\beta-\cos(\alpha+\beta)}{\cos(\alpha-\beta)-\sin\alpha\sin\beta}$.

24. $\dfrac{\sin(\alpha+\beta)+\sin(\alpha-\beta)}{\sin(\alpha+\beta)-\sin(\alpha-\beta)}$.

25. $\dfrac{\cos(\alpha+\beta)+\cos(\alpha-\beta)}{\cos(\alpha-\beta)-\cos(\alpha+\beta)}$.

26. $\dfrac{\sin(45^\circ+\alpha)-\cos(45^\circ+\alpha)}{\sin(45^\circ+\alpha)+\cos(45^\circ+\alpha)}$.

试证以下恒等式(27－37)：

27. $\sin(\alpha+\beta)\sin(\alpha-\beta)=\sin^2\alpha-\sin^2\beta$.

28. $\cos(\alpha+\beta)\cos(\alpha-\beta)=\cos^2\alpha-\sin^2\beta$.

29. $\sin(\alpha+\beta)\cos(\alpha-\beta)=\sin\alpha\cdot\cos\alpha+\sin\beta\cdot\cos\beta$.

30. $(\sin\alpha+\cos\alpha)(\sin\beta-\cos\beta)=\sin(\beta-\alpha)-\cos(\beta+\alpha)$.

31. $\cos(\alpha+\beta)\sin\beta-\cos(\alpha+\gamma)\sin\gamma=\sin(\alpha+\beta)\cos\beta-\sin(\alpha+\gamma)\cos\gamma$.

32. a) $\dfrac{\tan\alpha+\tan\beta}{\tan\alpha-\tan\beta}=\dfrac{\sin(\alpha+\beta)}{\sin(\alpha-\beta)}$; b) $\dfrac{1+\tan\alpha\tan\beta}{1-\tan\alpha\tan\beta}=\dfrac{\cos(\alpha-\beta)}{\cos(\alpha+\beta)}$.

33. $\cot\alpha-\cot 2\alpha=\csc 2\alpha$.

34. $\sin\alpha-\cos\alpha\cdot\tan\dfrac{\alpha}{2}=\tan\dfrac{\alpha}{2}$.

35. $\tan(\alpha+\beta)-\tan\alpha-\tan\beta=\tan(\alpha+\beta)\tan\alpha\tan\beta$.

36. $\cos\alpha+\cos(120^\circ-\alpha)+\cos(120^\circ+\alpha)=0$.

37. $\dfrac{1}{2}(\cos\alpha+\sqrt{3}\sin\alpha)=\cos(60^\circ-\alpha)$.

38. 若 $\tan\alpha=\dfrac{1}{2}$, $\tan\beta=\dfrac{1}{3}$，并且 α 与 β 为锐角时，求证 $\alpha+\beta=45^\circ$.

39. 若 α, β 与 γ 为锐角，且其正切依次为 $\dfrac{1}{2}$, $\dfrac{1}{5}$, $\dfrac{1}{8}$，求证 $\alpha+\beta+\gamma=45^\circ$.

40. 设 $\cot\alpha=\dfrac{3}{4}$, $\cot\beta=\dfrac{1}{7}$，且 α 与 β 为锐角，求证 $\alpha+\beta=135^\circ$.

解以下方程式(41－54)：

41. $\sin(x+30°)+\cos(x-30°)=0$.

42. $\cos(\alpha+x)\cdot\cos(\alpha-x)+0.75=\cos^2\alpha$.

43. $\cos(\alpha-\beta)\cdot\sin(\gamma-x)=\cos(\alpha+\beta)\cdot\sin(\gamma+x)$.

44. $\tan(x+45°)+\tan(x-45°)=2\cot x$.

45. $\sin(x+\alpha)+\sin(x-\alpha)=\cos\alpha$.

46. $\sin(\alpha-x):\cos(\alpha+x)=a:b$.

47. $\tan(x+\alpha)\cdot\tan(x-\alpha)=m$.

48. $\sin 2x\cdot\cos x=\cos 2x\cdot\sin x$.

49. $\sin x\cdot\sin 2x=\cos x\cdot\cos 2x$.

50. $\cos 2x\cdot\cos 3x=\cos 5x$.

51. $\sin(\alpha+x)-\cos x\cdot\sin\alpha=\cos\alpha$.

52. $2\sin x=\sin(45°-x)$.

53. $\sin(45°-x)=\dfrac{1}{2}\cos(45°+x)$.

54. $\sin(\dfrac{\pi}{6}+x)+\sin(\dfrac{\pi}{6}-x)=\dfrac{1}{2}$.

§10　倍角与半角的函数

倍角

1. a) 若 $\sin\alpha=0.8$,求 $\sin 2\alpha$ 与 $\cos 2\alpha$ 的值.

b) 若 $\tan\alpha=-3$,求 $\tan 2\alpha$ 的值.

2. 已知等腰三角形底角的正弦等于$\dfrac{5}{13}$,求顶角的正弦及余弦.

3. 若 $0°<\alpha<45°$ 时,求证 $\sin 2\alpha<2\sin\alpha$,a) 用图形,b) 用 $\sin 2\alpha$ 的公式.

4. 设 $\sin\alpha=0.8$,且 $90°<\alpha<180°$. 求 $\sin 2\alpha$ 与 $\cos 2\alpha$ 的值.

5. 设 $\cos\alpha=\sqrt{\dfrac{1}{3}}$,且 $270°<\alpha<360°$,求 $\sin 2\alpha$ 与 $\cos 2\alpha$ 的值.

6. 设 $\tan\alpha=3$,求 $\tan 2\alpha$.

7. a) 用 $\sin\alpha$,b) 用 $\cos\alpha$ 表示 $\sin 2\alpha$ 与 $\cos 2\alpha$.

8. a) 用 $\cot\alpha$,b) 用 $\tan\alpha$ 表示 $\cot 2\alpha$.

9. 用 $\sec\alpha$ 表示 $\sec 2\alpha$.

10. a) 用 $\sin\frac{\alpha}{2}$ 与 $\cos\frac{\alpha}{2}$ 表示 $\sin\alpha$ 与 $\cos\alpha$；b) 用 $\tan\frac{\alpha}{2}$ 表示 $\tan\alpha$.

11. 用 $\tan\frac{\alpha}{2}$ 表示 $\sin\alpha$ 及 $\cos\alpha$.

12. 用 $\tan\frac{\alpha}{2}$ 的有理式表示角 α 所有的三角函数.

13. 设 $\tan\frac{\alpha}{2}=\frac{2}{3}$，求 $\sin\alpha$，$\cos\alpha$，$\tan\alpha$ 的值.

14. 设 $\cot\alpha=\sqrt{2}+1$，求 $\sin 2\alpha$，$\cos 2\alpha$，$\tan 2\alpha$ 的值.

15. 用 $\sin\alpha$，$\cos\alpha$ 及 $\tan\alpha$ 表示相对应的 $\sin 3\alpha$，$\cos 3\alpha$ 与 $\tan 3\alpha$.

16. 用 $\sin\alpha$ 与 $\cos\alpha$ 表示 $\sin 4\alpha$ 与 $\cos 4\alpha$.

半角

17. 若 $180^\circ<\alpha<270^\circ$，并且 $\sin\alpha=-0.6$，求 $\sin\frac{\alpha}{2}$，$\cos\frac{\alpha}{2}$ 及 $\tan\frac{\alpha}{2}$ 的值.

18. 使 $15^\circ=\frac{30^\circ}{2}$，求 15° 角的正弦，余弦，正切及余切（所得结果与 §9 中习题 9 比较之）.

19. 求 $22^\circ30'\left(=\frac{45^\circ}{2}\right)$ 的正弦，余弦，正切与余切的值.

20. 已知等腰三角形顶角的余弦等于 $\frac{7}{25}$，求底角的正弦与余弦.

21. 若 $450^\circ<\alpha<540^\circ$，且 $\sin\alpha=\frac{336}{625}$，求 $\sin\frac{\alpha}{4}$.

22. 若 $0^\circ<\frac{\alpha}{4}<90^\circ$，且 $\cos\alpha=\frac{3}{5}$，求 $\cot\frac{\alpha}{4}$.

23. 若 $\cos\alpha=\frac{40}{41}$，$\cos\beta=\frac{60}{61}$，且 α 与 β 均为正锐角，求证 $\sin^2\frac{\alpha-\beta}{2}=\frac{1}{41.61}$.

24. 试证 $\tan 7^\circ30'=\sqrt{6}-\sqrt{3}+\sqrt{2}-2$.

25. 用 $\sin\alpha$ 表示 $\sin\frac{\alpha}{2}$ 与 $\cos\frac{\alpha}{2}$.

26. 用 $\tan\alpha$ 与 $\cot\alpha$ 表示相对应的 $\tan\frac{\alpha}{2}$ 与 $\cot\frac{\alpha}{2}$.

27. 若 $180^\circ<\alpha<270^\circ$,且 $\tan\alpha=\frac{4}{3}$,求 $\tan\frac{\alpha}{2}$.

求证以下恒等式(28－49):

28. a) $2\sin(90^\circ-\alpha)\cdot\sin\alpha=\sin 2\alpha$;b) $\sin^4\alpha-\cos^4\alpha=-\cos 2\alpha$.

29. a) $(\sin\alpha+\cos\alpha)^2=1+\sin 2\alpha$;b) $(\sin\frac{\alpha}{2}-\cos\frac{\alpha}{2})^2=1-\sin\alpha$.

30. a) $\frac{2\tan\alpha}{1+\tan^2\alpha}=\sin 2\alpha$;b) $=\frac{1-\tan^2\alpha}{1+\tan^2\alpha}=\cos 2\alpha$.

31. $\cos^2(\alpha+\beta)+\cos^2(\alpha-\beta)-\cos 2\alpha\cdot\cos 2\beta=1$.

32. $\frac{\cos\alpha}{\sec\frac{\alpha}{2}+\csc\frac{\alpha}{2}}=\frac{1}{2}(\cos\frac{\alpha}{2}-\sin\frac{\alpha}{2})\sin\alpha$.

33. $\frac{\cos\alpha}{\tan\frac{\alpha}{2}-\cot\frac{\alpha}{2}}=-\frac{1}{2}\sin\alpha$.

34. a) $\cot\alpha+\tan\alpha=2\csc 2\alpha$;b) $\cot\alpha-\tan\alpha=2\cot 2\alpha$.

35. a) $\sin 2\alpha-\tan\alpha=\cos 2\alpha\cdot\tan\alpha$;b) $\sin 2\alpha-\cot\alpha=-\cos 2\alpha\cdot\cot\alpha$.

36. $\frac{1}{1-\tan\alpha}-\frac{1}{1+\tan\alpha}=\tan 2\alpha$.

37. $\tan(\alpha+45^\circ)+\tan(\alpha-45^\circ)=2\tan 2\alpha$.

38. $2\sin(45^\circ+\alpha)\cdot\sin(45^\circ-\alpha)=\cos 2\alpha$.

39. $\frac{1-\tan^2(45^\circ-\alpha)}{1+\tan^2(45^\circ-\alpha)}=\sin 2\alpha$.

40. $\sin 3\alpha\cdot\csc\alpha-\cos 3\alpha\cdot\sec\alpha=2$.

41. $4\sin\alpha\cdot\sin(60^\circ-\alpha)\cdot\sin(60^\circ+\alpha)=\sin 3\alpha$.

42. $4\cos\alpha\cdot\cos(60^\circ-\alpha)\cdot\cos(60^\circ+\alpha)=\cos 3\alpha$.

43. $\tan\alpha\cdot\tan(60^\circ-\alpha)\cdot\tan(60^\circ+\alpha)=\tan 3\alpha$.

44. $\frac{\sin 3\alpha+\sin^3\alpha}{\cos 3\alpha-\cos^3\alpha}=-\cot\alpha$.

45. $\frac{\tan^2\alpha-\tan^2 60^\circ}{\tan^2\alpha-\cot^2 60^\circ}=\tan 3\alpha\cdot 3\cot\alpha$.

46. a) $1+\cos\alpha=2\cos^2\frac{\alpha}{2}$;b) $1+\sin\alpha=2\cos^2(45^\circ-\frac{\alpha}{2})$.

47. a) $1-\cos\alpha=2\sin^2\frac{\alpha}{2}$;b) $1-\sin\alpha=2\sin^2(45^\circ-\frac{\alpha}{2})$.

48. $\frac{2\sin\alpha-\sin 2\alpha}{2\sin\alpha+\sin 2\alpha}=\tan^2\frac{\alpha}{2}$.

49. $\dfrac{1+\sin 2\alpha}{\cos 2\alpha}=\tan(45^\circ+\alpha)$.

50. 若 $\tan\alpha=\dfrac{1}{7}$，$\tan\beta=\dfrac{1}{3}$，且 α 与 β 为锐角，求证 $\alpha+2\beta=45^\circ$.

51. 若 $\tan\alpha=\dfrac{1}{7}$，$\tan\beta=\dfrac{1}{3}$，求证 $\cos 2\alpha=\sin 4\beta$.

解以下方程(52－74)：

52. $\sin x\cdot\cos x=0.25$.

53. $\sin^2 x-\cos^2 x=0.5$.

54. $1=\tan^2 x+2\tan x$.

55. $\sin 2x=\sin x$.

56. $a\cdot\sin x=b\cdot\cos\dfrac{x}{2}$.

57. $1+\sin^2 2x=4\sin^2 x$.

58. $\cos 2x=\cos x$.

59. $\cos 2x=2\sin^2 x$.

60. $\tan 2x=\tan x$.

61. $\tan 2x=3\tan x$.

62. $a(1+\cos x)=b\cdot\cos\dfrac{x}{2}$.

63. $1-\cos x=\sin\dfrac{x}{2}$.

64. $a(1+\cos x)=b\cdot\sin x$.

65. $1-\cos x=\sin x$.

66. $1+\sec x=m\cdot\tan^2\dfrac{x}{2}$.

67. $1+\sec x=\cot^2\dfrac{x}{2}$.

68. $\sin 3x=2\sin x$.

69. $\cos 3x=4\cos^2 x$.

70. $\sin x\cdot\sin 3x=\dfrac{1}{2}$.

71. $\cos^3 x\cdot\sin 3x+\sin^3 x\cdot\cos 3x=\dfrac{3}{4}$.

在方程 72－74 中，可应用习题 §11 中的公式代换 $\sin x$ 与 $\cos x$，然后求解：

72. $\sin x+\cos x=1\frac{1}{4}$.

73. $4\sin x+3\cos x=2$.

74. $\sqrt{3}\sin x+\cos x=\sqrt{3}$.

§11 化三角函数的代数和为乘积的形式·辅助角

将下列各式先化为适于用对数求解的形式再求其结果：

1. a) $\sin 75^\circ+\sin 15^\circ$; b) $\sin 78^\circ-\sin 42^\circ$;

c) $\cos 152^\circ+\cos 28^\circ$; d) $\cos 48^\circ-\cos 12^\circ$.

2. a) $\sin 5^\circ+\sin 20^\circ$; b) $\sin 3^\circ-\sin 5^\circ$;

c) $\cos 3^\circ 15'+\cos 17^\circ$; d) $\cos 5^\circ-\cos 25^\circ$.

3. a) $\sin(30^\circ+\alpha)+\sin(30^\circ-\alpha)$; b) $\cos\frac{\alpha+\beta}{2}+\cos\frac{\alpha-\beta}{2}$.

4. a) $\frac{\sin 25^\circ+\sin 15^\circ}{\sin 25^\circ-\sin 15^\circ}$; b) $\frac{\cos\alpha+\cos\beta}{\cos\alpha-\cos\beta}$.

5. a) $\sin 20^\circ+\cos 40^\circ$; b) $\cos 20^\circ-\sin 20^\circ$; c) $\sin\alpha-\cos\beta$.

6. a) $\sin\alpha+\cos\alpha$; b) $\sin\alpha-\cos\alpha$.

7. a) $\tan\alpha\pm\tan\beta$; b) $\cot\alpha\pm\cot\beta$; c) $\tan\alpha+\cot\beta$; d) $\cot\alpha\pm\tan\beta$.

8. a) $\tan\alpha+\cot\alpha$; b) $\tan\alpha-\cot\alpha$.

9. a) $\sin^2\alpha-\sin^2\beta$; b) $\cos^2\alpha-\cos^2\beta$.

10. a) $\tan^2\alpha-\tan^2\beta$; b) $\cot^2\alpha-\cot^2\beta$; c) $\tan^2\alpha-\cot^2\beta$; d) $\tan^2\alpha-\cot^2\alpha$.

11. a) $\sin\alpha-1$; b) $1-2\sin^2\alpha$; c) $1-2\cos^2\alpha$.

12. $\sin\alpha+\tan\alpha$.

13. $\tan\alpha-\sec\alpha$.

14. $\csc\alpha-\cot\alpha$.

15. a) $1\pm\tan\alpha$; b) $1\pm\cot\alpha$.

16. $1\pm\tan\alpha\cdot\cot\beta$.

17. a) $\sqrt{1+\cos\alpha}+\sqrt{1-\cos\alpha}$; b) $\sqrt{1+\cos\alpha}-\sqrt{1-\cos\alpha}$①.

---

① $0<\alpha<90^\circ$.

18. $\sqrt{\tan\alpha+\sin\alpha}+\sqrt{\tan\alpha-\sin\alpha}$[①].

19. a) $\sin\alpha\cdot\cos\alpha+\sin\beta\cdot\cos\beta$; b) $\sin\alpha\cdot\cos\alpha-\sin\beta\cdot\cos\beta$.

20. a) $1+\sin\alpha+\cos\alpha$; b) $1-\sin\alpha-\cos\alpha$.

21. $1-2\cos\alpha+\cos 2\alpha$.

22. a) $1+\tan\alpha+\sec\alpha$; b) $\sec\alpha+\tan\alpha-1$.

23. a) $1+\sin\alpha+\cos\alpha+\tan\alpha$; b) $1+\sin\alpha-\cos\alpha-\tan\alpha$.

24. a) $\tan\alpha+\cot\alpha+\sec\alpha+\csc\alpha$; b) $\tan\alpha-\cot\alpha-\sec\alpha+\csc\alpha$.

25. a) $\sin\alpha+\sin\beta+\sin(\alpha+\beta)$; b) $\sin\alpha-\sin\beta+\sin(\alpha+\beta)$.

26. $\sin\alpha+\sin 2\alpha+\sin 3\alpha$.

证明以下各恒等式(27－38)：

27. $\dfrac{\sin\alpha+\sin\beta}{\cos\alpha-\cos\beta}=\cot\dfrac{\beta-\alpha}{2}$.

28. $\dfrac{\cot\alpha-\tan\beta}{\cot\alpha+\cot\beta}=\cot(\alpha+\beta)\cdot\tan\beta$.

29. a) $\dfrac{\sin\alpha+\sin\beta}{\sin(\alpha+\beta)}=\dfrac{\cos^{\frac{1}{2}}(\alpha-\beta)}{\cos^{\frac{1}{2}}(\alpha+\beta)}$; b) $\dfrac{\sin\alpha-\sin\beta}{\sin(\alpha+\beta)}=\dfrac{\sin^{\frac{1}{2}}(\alpha-\beta)}{\sin^{\frac{1}{2}}(\alpha+\beta)}$. 145

30. $\dfrac{\cos\alpha+\sin\alpha}{\cos\alpha-\sin\alpha}=\tan(45^\circ+\alpha)$.

31. $\dfrac{\sec\alpha+\tan\alpha}{\sec\alpha-\tan\alpha}=\tan^2\left(45^\circ+\dfrac{\alpha}{2}\right)$.

32. a) $\dfrac{\tan 2\alpha\cdot\tan\alpha}{\tan 2\alpha-\tan\alpha}=\sin 2\alpha$; b) $\dfrac{1}{1+\tan\alpha\cdot\tan 2\alpha}=\cos 2\alpha$.

33. $\sqrt{1+\sin\alpha}-\sqrt{1-\sin\alpha}=2\sin\dfrac{\alpha}{2}$[①].

34. $\dfrac{\sin 2\alpha}{1+\cos 2\alpha}\cdot\dfrac{\cos\alpha}{1+\cos\alpha}=\tan\dfrac{\alpha}{2}$.

35. a) $(\sin\alpha+\sin\beta)^2+(\cos\alpha+\cos\beta)^2=4\cos^2\dfrac{\alpha-\beta}{2}$;

b) $(\sin\alpha-\sin\beta)^2+(\cos\alpha-\cos\beta)^2=4\sin^2\dfrac{\alpha-\beta}{2}$.

36. a) $1-\tan^2\alpha\cdot\tan^2\beta=\dfrac{\cos(\alpha+\beta)\cdot\cos(\alpha-\beta)}{\cos\alpha\cdot\cos^2\beta}$;

① $0<\alpha<90^\circ$.

b) $1-\cot^2\alpha\cdot\cot^2\beta=-\dfrac{\cos(\alpha+\beta)\cdot\cos(\alpha-\beta)}{\sin^2\alpha\cdot\sin^2\beta}$.

37. $\dfrac{\sin\alpha+\sin 3\alpha+\sin 5\alpha}{\cos\alpha+\cos 3\alpha+\cos 5\alpha}=\tan 3\alpha$.

38. $\tan 3\alpha-\tan 2\alpha-\tan\alpha=\tan 3\alpha\cdot\tan 2\alpha\cdot\tan\alpha$.

试证:若 $\alpha+\beta+\gamma=180°$(如三角形之内角),则成立 39－49 各题中之关系(答案中有解法指示):

39. a) $\sin\alpha+\sin\beta+\sin\gamma=4\cos\dfrac{\alpha}{2}\cdot\cos\dfrac{\beta}{2}\cdot\cos\dfrac{\gamma}{2}$;

b) $\sin\alpha+\sin\beta-\sin\gamma=4\sin\dfrac{\alpha}{2}\cdot\sin\dfrac{\beta}{2}\cdot\cos\dfrac{\gamma}{2}$.

40. a) $\cos\alpha+\cos\beta+\cos\gamma=1+4\sin\dfrac{\alpha}{2}\cdot\sin\dfrac{\beta}{2}\cdot\sin\dfrac{\gamma}{2}$;

b) $\cos\alpha+\cos\beta-\cos\gamma=-1+4\cos\dfrac{\alpha}{2}\cdot\cos\dfrac{\beta}{2}\cdot\sin\dfrac{\gamma}{2}$.

41. $\tan\alpha+\tan\beta+\tan\gamma=\tan\alpha\cdot\tan\beta\cdot\tan\gamma$.

42. $\cot\alpha+\cot\beta+\cot\gamma=\cot\alpha\cdot\cot\beta\cdot\cot\gamma+\csc\alpha\cdot\csc\beta\cdot\csc\gamma$.

43. $\cot\dfrac{\alpha}{2}+\cot\dfrac{\beta}{2}+\cot\dfrac{\gamma}{2}=\cot\dfrac{\alpha}{2}\cdot\cot\dfrac{\beta}{2}\cdot\cot\dfrac{\gamma}{2}$.

44. $\tan\dfrac{\alpha}{2}\cdot\tan\dfrac{\beta}{2}+\tan\dfrac{\alpha}{2}\cdot\tan\dfrac{\gamma}{2}+\tan\dfrac{\beta}{2}\cdot\tan\dfrac{\gamma}{2}=1$.

45. $\cot\alpha\cdot\cot\beta+\cot\alpha\cdot\cot\gamma+\cot\beta\cdot\cot\gamma=1$.

46. $\sin^2\alpha+\sin^2\beta+\sin^2\gamma=2+2\cos\alpha\cdot\cos\beta\cdot\cos\gamma$.

47. $\cos^2\alpha+\cos^2\beta+\cos^2\gamma=1-2\cos\alpha\cdot\cos\beta\cdot\cos\gamma$.

48. $\sin 2\alpha+\sin 2\beta+\sin 2\gamma=4\sin\alpha\cdot\sin\beta\cdot\sin\gamma$.

49. $\cos 2\alpha+\cos 2\beta+\cos 2\gamma=-1-4\cos\alpha\cdot\cos\beta\cdot\cos\gamma$.

利用辅助角化 50－59 各式为乘积的形式:

50. $1+2\sin\alpha$.

51. $1-2\cos\alpha$.

52. $\sqrt{3}-2\sin\alpha$.

53a) $\sqrt{2}+2\cos\alpha$; b) $\sqrt{2}\cdot\sin\alpha-1$.

54. $3-4\sin^2\alpha$.

55. $3-4\cos^2\alpha$.

56. $1-3\tan^2\alpha$.

57. $3-\cot^2\alpha$.

58. $1+\cos\alpha+\cos 2\alpha$.

59. a) $\sin\alpha+\sin 2\alpha+\sin 3\alpha$; b) $\cos\alpha-\cos 2\alpha+\cos 3\alpha$.

60. 利用辅助角变换以下各式：

1) $\sqrt{a^2+b^2}$; 2) $\dfrac{p}{2}+\sqrt{\dfrac{p^2}{4}-q}$, $p>2\sqrt{q}>0$.

61. 设 $a>b>0$，利用辅助角变换以下各式：

1) $\dfrac{a+b}{a-b}$; 2) $\sqrt{a+b}+\sqrt{a-b}$; 3) $\sqrt{\dfrac{a+b}{a-b}}+\sqrt{\dfrac{a-b}{a+b}}$.

62. 利用辅助角化简：$x=\sqrt{a^2+b^2-2ab\cdot\cos\gamma}$.

将下列方程式(63－75)中的和或差化为积的形式，然后求解：

63. $\sin 3x+\sin x=0$.

64. $\cos 4x+\cos x=0$.

65. $\sin 5x=\sin x$.

66. $\cos 2x=\cos x$.

67. $\cos 3x=\sin x$.

68. $\sin x+\cos x=1$.

69. $\cos x-\sin x=1:\sqrt{2}$.

70. $\tan x+\cot x=2(1+\sqrt{5})$.

71. $\tan x-\cot x=2(1-\sqrt{2})$.

72. $\cot 2x-\cot 4x=2$.

73. $\tan x+\tan 3x=\sec x\cdot\sec 3x$.

74. $\cos x+\cos 3x=\cos 2x$.

75. $\sin 3x=\sin 2x-\sin x$.

§12　利用对数表解三角算式及求角

此节及以后的§13与§14的答案，系按四位对数表求出的. 解题时亦可利用五位对数表. 但必须注意，即所得结果的最后一位，可能和答案相差1－2单位.

依表求下列各值：

1. a) $\lg\sin 21°37'$; b) $\lg\sin 63°42'$; c) $\lg\sin 21°11'$;

d)lg sin 47°12′;e)lg sin 53°;f)lg sin 1°23′18″.

2. a)lg cos 32°8′;b)lg cos 50°22′;c)lg cos 44°53′;

d)lg cos 62°47′;e)lg cos 30°48′;f)lg cos 89°36′20″.

3. a)lg tan 27°41′;b)lg tan 16°7′;c)lg tan 70°42′53″;

d)lg tan 14°15″;e)lg tan 52′12″;f)lg tan 89°10′16″.

4. a)lg cot 80°53″;b)lg cot 20°26′48″;c)lg cot 77°21′;

d)lg cot 45°30″;e)lg cot 87°59′34″;f)lg cot 15′40″.

依下列各值求锐角:

5. lg sin x =a)$\overline{1}$.400 1;b)1.863 4;c)$\overline{1}$.674 7;

d)$\overline{1}$.934 1;e)1.871 1;f)$\overline{3}$.866 2.

6. lg cos x =a)$\overline{1}$.861 5;b)$\overline{2}$.930 1;c)$\overline{1}$.949 7;

d)$\overline{1}$.849 3;e)$\overline{1}$.808 0;f)$\overline{2}$.058 4.

7. lg tan x =a)$\overline{2}$.786 5;b)0.006 6;c)$\overline{1}$.460 8;

d)0.077 1;e)0.000 2;f)$\overline{3}$.350 0.

8. lg cot x =a)1.036 7;b)$\overline{1}$.501 8;c)0.373 8;

d)$\overline{1}$.338 7;e)$\overline{1}$.999 9;f)$\overline{2}$.000 0.

用对数求下列各值:

9. a)sin 20°;b)cos 47°36′;c)tan 75°36′;d)cot 15′;e)sec 40°;f)csc 53°3′.

10. a)sin 230°;b)cos 740°;c)tan(−250°10′);

d)cot 1 000°15′;e)sec(−100°);f)csc 500°18′.

由下列已知函数值求锐角:

11. a)sin $x=\frac{4}{7}$;b)cos x =0.389 34;c)tan x =4;d)cot x =10;

e)sec x =1.5;f)csc x =2.650 47;g)sin $x=\frac{1}{2}$sin 20°;h)cot x =3cot 48°.

由下列之已知函数值求 0° 与 360° 之间的角:

12. sin $x=\frac{5}{11}$.

13. sin x =−0.682.

14. cos x =0.762 13.

15. cos x =−0.568 8.

16. tan $x=\frac{176}{358}$.

17. tan x =−2.48.

18. $\cot x = 5$.

19. $\cot x = -0.731$.

20. $\sec x = 15$.

21. $\sec x = -2.5$.

22. $\csc x = 10$.

23. $\csc x = -1\frac{2}{7}$.

在 24—31 各题中,求绝对值最小的 x 之值:

24. $\tan x = \tan 40° + \tan 70°$.

25. $\cot x = 1 + \sin 23°15'$.

26. $\cos x = 1 - \cot 66°12'$.

27. $\sin x = \sin 37°15' - 1$.

28. $\cos x = 1 + \tan 117°$.

29. $\tan x = \sin 44° + \cos 166°$.

30. $\cot(-x) = 1 - \cos(-20°) \cdot \sec 70°46'$.

31. $\sin(x + 180°) = \sqrt[3]{\tan 152°}$.

试求下列各式(32—34)的值:

32. $(a^2 - b^2) \cdot \dfrac{\sin(\alpha + \beta)}{\sin \alpha \cdot \cos \beta}$,设 $a = 7.3863$,$b = 5.2138$,$\alpha = 42°26'$,$\beta = 68°34'$.

33. $(a + \sin \alpha)(a + \cos \alpha)$,设 $a = 0.001$,$\alpha = 143°12'$.

34. $a^2 \cdot \sec \alpha \cdot \sqrt[4]{-\tan 2\alpha}$,设 $a = 0.0204$,$\alpha = 67°34'$.

将下列各式(35—41)先化为积的形式,然后求解:

35. $x = \pi \cdot (\sin 30°53'30'' + \sin 80°24')$.

36. $x = \dfrac{\sqrt[3]{0.0001}}{\cos 16°41' - \sin 49°10'}$.

37. $x = \left(16\dfrac{768}{815}\right)^2 \cdot (1 + \sin 11°7')$.

38. $x = \sqrt{2} \cdot (1 - \tan 61°39')$.

39. $x = \sqrt[4]{0.005} \cdot (1 + 2\sin 41°19')$.

40. $x = (2.7148)^3 \cdot \sqrt{3 - 4\cos^2 72°5'}$.

41. $x = \sqrt{a^2 \sin^2 \alpha + b^2 \cos^2 \alpha}$,设 $a = 0.0148$,$b = 0.0040$,$\alpha = 36°15'$.

直角三角形解法

42－57 各题,为直角三角形解法的基本情形.

Ⅰ.已知斜边及一锐角:

42. $c=9.35, A=65°14'$.

43. $c=627, A=23°30'$.

44. $c=0.7979, A=66°36'$.

45. $c=3.644, A=50°2'$.

Ⅱ.已知一直角边及一锐角:

46. $a=6.37, A=4°35'$.

47. $a=18.003, A=43°$.

48. $b=0.1738, A=35°55'$.

49. $b=0.2954, B=25°37'$.

Ⅲ.已知斜边及一直角边:

50. $c=65, a=16$.

51. $c=113, b=15$.

52. $c=697, a=528$.

53. $c=1710.2, b=823$.

Ⅳ.已知二直角边:

54. $a=261, b=380$.

55. $a=156, b=133$.

56. $a=0.09783, b=0.1003$.

57. $a=12.06, b=6.919$.

58－69 等腰三角形:

提要:a 与 c 为两腰,b 为底,A 与 C 为底角,B 为顶角,h 为底边上的高,h_1 为腰上的高,$2p$ 为周长,S 为面积.

用下列条件解等腰三角形:

58. $a=797.9, A=66°36'$.

59. $a=627, B=133°$.

60. $b=15.65, A=59°45'$.

61. $b=5.478, B=50°42'$.

62. $a=8.757, b=13.958$.

63. $b=925.2,h=721.4$.

64. $A=65°40',h_1=20$.

65. $b=130.7,S=1\ 955$.

66. $B=73°54',S=45.04$.

67. $2p=40.65,A=72°46'$.

68. $S=250,a:b=7:4$.

69. $S=56,a=14$.

§13　利用对数解斜三角形

提要：a,b,c 为三角形的三边 A,B,C 为各边所对的角，S 为面积，$2p$ 为周长，R 为外接圆的半径，r 为内切圆的半径，h_a，l_a 及 m_a 为 a 边上的高，角平分线及中线.

斜三角形解法的基本情形

Ⅰ.已知一边及二角：

1. $a=370,B=86°3',C=50°56'$.

2. $a=450,A=87°55',B=10°53'$.

3. $a=951,B=126°43',C=13°41'$.

4. $a=97.52,A=102°48',C=21°6'$.

5. $b=13.02,A=11°48',B=133°42'$.

6. $c=15.94,A=51°38',B=18°19'$.

Ⅱ.已知二边及其夹角：

7. $a=510,b=317,C=76°19'$.

8. $a=225,b=800,C=36°44'$.

9. $a=2.29,c=1.69,B=29°52'$.

10. $b=28,c=42,A=124°$.

11. $a=30.99,c=69.01,B=87°48'$.

12. $b=40.33,c=32.11,A=73°40'$.

Ⅲ.已知二边及其中一边的对角：

13. $a=87,b=65,A=75°45'$.

14. $a=34,b=93,A=14°15'$.

15. $a=24, b=83, A=26°45'$.

16. $b=360, c=309, C=21°14'$.

17. $a=13.9, c=8.43, A=126°43'$.

18. $a=0.437, b=1.299, B=11°3'$.

19. $a=13.81, c=8.14, C=14°36'$.

20. $b=263, c=215, B=70°15'$.

21. $a=19.06, b=28.19, A=31°17'$.

22. $a=457.1, b=169.9, B=21°49'$.

23. $a=2\ 579, c=10, A=130°22'$.

Ⅳ.已知三边:

24. $a=19, b=34, c=49$.

25. $a=89, b=321, c=395$.

26. $a=44, b=483, c=486$.

27. $a=0.099, b=0.101, c=0.158$.

28. $a=172.5, b=1\ 135, c=1\ 205$.

29. $a=421.6, b=409.8, c=335.9$.

30. $a=1.236, b=2.346, c=3.456$.

斜三角形解法的特殊情形

31. $R=7.92, A=113°17', B=48°16'$.

32. $S=501.9, A=15°28', B=45°$.

33. $h_a=5.37, B=115°10', C=5°8'$.

34. $l_a=0.758, B=98°31', C=4°25'$.

35. $a+b=m=488.8, A=70°24', B=40°16'$.

36. $a-b=n=23, A=108°, B=18°$.

37. $h_a+h_b=m=1.381, A=102°32', B=58°17'$.

38. $h_b-h_c=n=60.8, B=46°24', C=80°28'$.

39. $2p=420.7, A=24°37', B=52°31'$.

40. $r=5, A=22°37', B=39°18'$.

41. $c=1.230, a:b=3:4, B=48°$.

42. $a=63.51, b:c=9:11, A=95°30'$.

43. $c=226.8, h_c:b=63:65, B=17°4'$.

44. $a=15.98, A=46°20', b=a_c$（a_c 为 a 在 c 上的射影）.

45. $b=29, l_c=31, A=68°43'$.

46. $S=2\ 423, a=42.5, B=124°38'$.

47. $a=32, b=25, A=2B$.

48. $a+b=36.5, R=19.06, A-B=19°31'$.

49. $a+b=m=2\ 147, c=353, C=13°41'$.

50. $a-b=n=6.45, c=18.3, C=53°40'$.

51. $a+b=m=14.31, c=5.18, A=102°38'$.

52. $a-b=n=6.232, c=15.14, A=78°40'$.

53. $S=15, ab=48, \sin A=\cos B$.

54. $h_b=60, h_c=36, a:R=\cos A$.

55. $a=23, b=45, R=25.09$.

56. $a=120, b=29, h_c=23.76$.

57. $a=6, b=8, S=12$.

58. $b=98, c=76, m_c=68$.

59. $a=20, b=12, m_c=14$.

60. $h_a=8, h_b=12, h_c=18$.

61. $b=42, c=28, l_a=12.81$.

§14 三角方程式

在方程式 1－12 中，求 x：1）一般形式；2）0° 与 360°（或 0 与 2π）间的值：

1. $3\sin x=2\cos^2 x$.

2. $\sin x=\cot x$.

3. $3+2\cos x=4\sin^2 x$.

4. $\sin x=-\cos x$.

5. $\tan x=3\cot x$.

6. $\tan x=2\sin x$.

7. $\cot x=3\cos x$.

8. $\csc x=2\sin x$.

9. $\sin 3x=0.5$.

10. $\cot \dfrac{2x}{5}=1$.

11. $3\tan^2\dfrac{x}{3}=1$.

12. $2\sin\left(\dfrac{x}{6}-\dfrac{\pi}{2}\right)=1$.

13. 由下列各式,求 α 及 β 间的关系:

1) $\sin\alpha=\sin\beta$;
2) $\cos\alpha=\cos\beta$;
3) $\tan\alpha=\tan\beta$;
4) $\cot\alpha=\cot\beta$;
5) $\sin\alpha=-\sin\beta$;
6) $\cos\alpha=-\cos\beta$;
7) $\tan\alpha=-\tan\beta$;
8) $\cot\alpha=-\cot\beta$;
9) $\sin\alpha=\cos\beta$;
10) $\sin\alpha=-\cos\beta$;
11) $\tan\alpha=\cot\beta$;
12) $\tan\alpha=-\cot\beta$.

解方程式(14－73):

14. $\cot 10x=0$.

15. $(\cos x)^{\sin x}=1$.

16. $\sin^2 x-\cos^2 x=\cos x$.

17. $a(\sin x+\cos x)^2=b\sin 2x$.

18. $\tan px+\tan qx=0$.

19. $\sin 3x=-\cos x$.

20. $\sin 5x\cdot\tan 4x\cdot\cos 2x=0$.

21. $a\sin x+b\cos x=0$.

22. $\sin x+\cos x=\csc x$.

23. $5\cos 2x=4\sin x$.

24. $\cos\dfrac{x}{2}+\cos x=1$.

25. $\sin(m+x)+\sin x=\cos\dfrac{m}{2}$.

26. $\sin 3x+\sin 2x+\sin 0$.

27. $\dfrac{\tan 2x}{\tan x}+\dfrac{\tan x}{\tan 2x}=2.5$.

28. $a\cdot\sin x+b\cdot\cos x=\sqrt{a^2+b^2}$.

29. $a\cdot\sin x+b\cdot\cos x=c$.

30. $2\sin x-9\cos x=7$.

31. $\dfrac{1+\sin x}{1+\cos x}=\dfrac{1}{2}$.

32. 14.36 $\sin x + 23\cos x = 26.02$.

33. $\sqrt{3}\sin x + \cos x = \sqrt{2}$.

34. $\tan^2 x + \cot^2 x = 2$.

35. $\sec x = \sin x + \cos x$.

36. $\sin x + \cos x = \sec x + \csc x$.

37. $\dfrac{\cos x}{1 + \sin x} = 2 - \tan x$.

38. $\tan x + \cot x = \sec 80°$.

39. $\tan(\dfrac{\pi}{4} + x) = 3\tan(\dfrac{\pi}{4} - x)$.

40. $(4 - \sqrt{3})(\sec x + \csc x) = 4(\sin x \cdot \tan x + \cos x \cdot \cot x)$.

41. $\sin(x + 30°) \cdot \sin(x - 30°) = \sin 30°$.

42. $\tan x + \tan(45° + x) = 2$.

43. $\cos(a - b) \cdot \sin(c - x) = \cos(a + b) \cdot \sin(c + x)$.

44. $\tan 2x = \tan(x - 45°) \cdot \tan x \cdot \tan(x + 45°)$.

45. $\sec^2 x + 3\sec x \cdot \csc x + \csc^2 x = 4$.

46. $\tan 3x = \sin 6x$.

47. $\sqrt{2} \cdot \cos 2x = \cos x + \sin x$.

48. $4\sin^2 x + \sin^2 2x = 3$.

49. $2\sin^2 x + \sin^2 2x = 2$.

50. $\sin^2 2x - \sin^2 x = \sin^2 30°$.

51. $\cos 4x + \cos 2x + \cos x = 0$.

52. $\cos x - \cos 2x = \sin 3x$.

53. $a \cdot \sin x + b \cdot \cos x = a \cdot \sin 2x - b \cdot \cos 2x$.

54. $\sin x + \sin 2x + \sin 3x = 1 + \cos x + \cos 2x$.

55. $\cot(\pi - 3x) = \tan(x - \pi)$.

56. $\cos \dfrac{x}{2} + \cos x = 1$.

57. $\csc x = \csc \dfrac{x}{2}$.

58. $\sec^2 \dfrac{x}{2} + \csc^2 \dfrac{x}{2} = 16\cot x$.

59. $8\tan^2 \dfrac{x}{2} = 1 + \sec x$.

60. $\dfrac{1+\tan x}{1-\tan x}=1+\sin 2x$.

61. $\sin^2 x+\sin^2 2x=\sin^2 3x$.

62. $\tan x+\tan 2x+\tan 3x=0$.

63. $\cos x\cdot\cos 3x=\cos 5x\cdot\cos 7x$.

解 64－73 各方程式时,需先化简,否则即生增根.

64. $\dfrac{\cos 2x}{1+\tan x}=0$.

65. $\dfrac{\cos 2x}{1-\sin 2x}=0$.

66. $\tan x\cdot\cot 2x=0$.

67. $\sin 3x\cdot\cot x=0$.

68. $\dfrac{\sin 2x}{\sin x}=\dfrac{\cos x}{\cos 2x}$.

69. $\dfrac{1+\cos 2x}{2\cos x}=\dfrac{\sin 2x}{1-\cos 2x}$.

70. $\dfrac{1-\cos 2x}{2\sin x}=\dfrac{\sin 2x}{1+\cos 2x}$.

71. $\cot x\cdot\tan 2x-\tan x\cdot\cot 2x=2$.

72. $\sin 3x\cdot\tan 2x\cdot\sec x=0$.

73. $3\sin x=1-\sqrt{3\cos^2 x-2}$.

解下列联立方程式(74－95):

74. 设

$$\begin{cases}\sin x+\sin y=0.2\\ \cos x+\cos y=-0.2\end{cases}$$

求 $\sin x$ 与 $\sin y$.

75. 设

$$\begin{cases}\cos(x+y)=\dfrac{1}{6}(1-2\sqrt{6})\\ \cos(x-y)=\dfrac{1}{6}(1+2\sqrt{6})\end{cases}$$

求 $\cos x$ 及 $\cos y$.

76. 设

$$\begin{cases}x+y=45^\circ\\ \tan x+\tan y=10\end{cases}$$

求 $\tan x$ 及 $\tan y$.

77. 由下列各式，以 a,b 及 φ 表示 x，并消去 α 及 β

$$a=x\cdot\sin\alpha,b=x\cdot\sin\beta,\alpha+\beta=\varphi$$

78. 设 $\sin(x-y)=\cos(x+y)=\frac{1}{2}$，求 x 及 y.

由下列联立方程式(79－95)求锐角：

79. $\begin{cases}\sin x\cdot\cos y=0.36,\\ \cos x\cdot\sin y=0.14.\end{cases}$

80. $\begin{cases}\sin x\cdot\sin y=0.36,\\ \cos x\cdot\cos y=0.14.\end{cases}$

81. $\begin{cases}x+y=\alpha,\\ \sin x+\sin y=a.\end{cases}$

82. $\begin{cases}x+y=77^\circ,\\ \cos x-\cos y=0.489\,8.\end{cases}$

83. $\begin{cases}x+y=\alpha,\\ \sin x\cdot\sin y=a.\end{cases}$

84. $\begin{cases}x-y=48^\circ20',\\ \cos x\cdot\cos y=0.489\,7.\end{cases}$

85. $\begin{cases}x+y=\alpha,\\ \dfrac{\sin x}{\sin y}=\dfrac{m}{n}\cdot\end{cases}$

86. $\begin{cases}x+y=96^\circ38',\\ \dfrac{\cos x}{\cos y}=\dfrac{5}{3}.\end{cases}$

87. $\begin{cases}x+y=\alpha,\\ \tan x+\tan y=a.\end{cases}$

88. $\begin{cases}x-y=31^\circ,\\ \tan x-\tan y=0.74.\end{cases}$

89. $\begin{cases}x+y=\alpha,\\ \tan x\cdot\tan y=a.\end{cases}$

90. $\begin{cases}x-y=5^\circ,\\ \tan x\cdot\tan y=0.839\,1.\end{cases}$

91. $\begin{cases}x+y=\alpha,\\ \dfrac{\tan x}{\tan y}=\dfrac{m}{n}\end{cases}$

92. $\begin{cases}x-y=3^\circ46',\\ \dfrac{\tan x}{\tan y}=\dfrac{11}{9}.\end{cases}$

93. $\begin{cases}2^{\sin x+\cos y}=1,\\ 16^{\sin^2x+\cos^2y}=4.\end{cases}$

94. $\begin{cases}x+y+z=180^\circ\\ \tan x\cdot\tan y=2,\\ \tan x\cdot\tan z=3.\end{cases}$

95. $\begin{cases}x+y+z=180^\circ,\\ \tan x\cdot\tan y=3,\\ \tan y\cdot\tan z=14.\end{cases}$

§15　反三角函数

提示：解下列各题时，必须注意三角函数主值的区间.

求下列各式(1－16)的值:

1. 1) $\arcsin\left(-\frac{1}{2}\right)$;2) arcsec 2;3) $\arccos\left(-\frac{1}{\sqrt{2}}\right)$.

2. 1) $\sin\left(\operatorname{arccot}\frac{\sqrt{3}}{3}\right)$;2) $\cos\left(2\arcsin\frac{\sqrt{2}}{2}\right)$;3) $\tan\left(\arccos\frac{1}{2}\right)$.

3. 1) $\cot[\arctan(-1)]$;2) $\sin\left(3\arccos\frac{\sqrt{3}}{2}\right)$;3) $\cos\left[2\arcsin\left(-\frac{\sqrt{2}}{2}\right)\right]$.

4. 1) $\cos(\arccos x)$;2) $\sin\left(\arctan\frac{3}{4}\right)$;3) $\sin[\arctan(-2)]$.

5. 1) $\sin\left(\arcsin\frac{\sqrt{2}}{2}\right)$;2) $\cos\left(\arccos\frac{1}{2}\right)$;3) $\tan(\arctan\sqrt{3})$.

6. 1) $\operatorname{arccot}\left(\cot\frac{4\pi}{5}\right)$;2) $\arctan(\tan x)$;3) $\arccos\left(\sin\frac{\pi}{7}\right)$.

7. 1) $\sin(\arccos 0.8)$;2) $\cos\left(\arcsin\frac{8}{17}\right)$;3) $\tan\left(\arcsin\frac{3}{5}\right)$.

8. 1) $\sin\left(\arcsin\frac{1}{2}+\arccos\frac{1}{2}\right)$;2) $\cos\left(\arccos\frac{\sqrt{3}}{2}+\frac{1}{2}\arcsin\frac{\sqrt{3}}{2}\right)$.

9. 1) $\tan\left(\arctan 2+\arctan\frac{1}{2}\right)$;2) $\tan\left(\arctan x+\arctan\frac{1}{x}\right)$.

10. $\tan\left(\arctan\frac{2a-b}{b\sqrt{3}}+\arctan\frac{2b-a}{a\sqrt{3}}\right)$.

11. $\sin\left(\arcsin\frac{3}{5}+\arcsin\frac{8}{17}\right)$.

12. $\cos\left(\arccos\frac{9}{\sqrt{82}}+\operatorname{arccsc}\frac{\sqrt{41}}{4}\right)$.

13. $\cos\left(2\arcsin\frac{2}{7}\right)$.

14. $\sin(2\arcsin m)$.

15. $\tan\left(3\arctan\frac{1}{4}\right)$.

16. $\sin(2\arctan m)$.

证明下列各等式(17－31):

17. a) $\arcsin\frac{3}{5}=\arccos\frac{4}{5}$;b) $\arcsin\sqrt{\frac{a}{a+b}}=\arctan\sqrt{\frac{a}{b}}$.

18. $\arcsin\frac{5}{13}+\arcsin\frac{12}{13}=\frac{\pi}{2}$.

19. $\arccos\frac{1}{2}+\arccos\frac{1}{7}=\arccos\left(-\frac{11}{14}\right)$.

20. $\arcsin 0.6-\arcsin 0.8=-\arcsin 0.28$.

21. $\arctan\frac{1}{2}+\arctan\frac{1}{3}=\frac{\pi}{4}$.

22. $\operatorname{arccot}\frac{1}{7}+\operatorname{arccot}\frac{3}{4}=\frac{3\pi}{4}$.

23. $2\arccos a=\arccos(2a^2-1)$，设 $0\leqslant a\leqslant 1$.

24. $2\arcsin m=\arccos(1-2m^2)$，设 $0\leqslant m\leqslant 1$.

25. $2\arctan\frac{1}{5}+\arctan\frac{1}{4}=\arctan\frac{32}{43}$.

26. $\arccos\sqrt{\frac{2}{3}}-\arccos\frac{\sqrt{6}+1}{2\sqrt{3}}=\frac{\pi}{6}$.

27. $2\arctan\sqrt{\frac{x}{a}}=\arccos\frac{a-x}{a+x}$.

28. $\arcsin\frac{4}{5}+\arccos\frac{2}{\sqrt{5}}=\operatorname{arccot}\frac{2}{11}$.

29. $\arctan m+\arctan n=\arccos\frac{1-mn}{\sqrt{(1+m^2)(1+n^2)}}$，设 $0\leqslant m, 0\leqslant n$.

30. $\operatorname{arccot}\sqrt{3}+\operatorname{arccot}(2+\sqrt{3})=\frac{\pi}{4}$.

31. $\arcsin\frac{\sqrt{2}}{2}+\arctan\frac{\sqrt{2}}{2}=\arctan(\sqrt{2}+1)^2$.

解方程式(32－44)：

32. $\arctan(1+x)+\arctan(1-x)=\frac{\pi}{4}$.

33. $\arccos(x-1)=2\arccos x$.

34. $\arctan x=2\arctan\frac{1}{x}$.

35. $\arccos\frac{x}{2}=2\arctan(x-1)$.

36. $\arcsin 2x=3\arcsin x$.

37. $x=\arcsin(\cos x)$.

38. $2x=\operatorname{arccot}(\tan x)$.

39. $\arcsin x+\arcsin\frac{x}{2}=\frac{\pi}{4}$.

40. $\arcsin x+\arcsin x\sqrt{3}=\dfrac{\pi}{2}$.

41. $\arccos x+\arccos(1-x)=\arccos(-x)$.

42. $\arctan x+\arctan 3x=\dfrac{\pi}{2}$.

43. $\arctan\dfrac{1}{x-1}-\arctan\dfrac{1}{x+1}=\arctan a$.

44. $\arctan x+\dfrac{1}{2}\operatorname{arcsec} 5x=\dfrac{\pi}{4}$.

第二章　几何习题的三角解法

§15a　平面几何学

正多边形

1. 用圆的内接正 n 边形的边长 a，表示出它的外切正 n 边形的边长 b.

2. 试求边长为 10 cm 的正七边形之各对角线长.

3. 试求边长为 a cm 的正 n 边形的最小对角线长.

4. 假设正 n 边形的边长为 a m，试按以下两种情形求其最大对角线长：1) n 为偶数；2) n 为奇数.

直线形的面积

5. 一矩形的面积为 562 m^2，对角线间的夹角为 $75°24'$，求其各边长.

6. 半径为 r 的圆之外切菱形，锐角为 α，求其面积($r=5, \alpha=36°47'$).

7. 假设等腰三角形的面积为 Q，顶角为 β，试求其高($Q=450, \beta=73°$).

8. 假设等腰三角形的面积为 Q m^2，底为 b m，试求其顶角($Q=1\ 956, b=130.7$).

9. 假设正 n 边形的边长为 a dm，试按以下各情形求其面积：1) $n=7, a=20$；2) $n=8, a=1$；3) $n=12, a=10$.

10. 试求半径为 R 的圆之内接正 n 边形之面积：1) $n=12, R=7$；2) $n=5, R=7$.

11. 试求半径为 R 的圆之外切正 n 边形之面积.

12. 一梯形的两底为 25 cm 与 15 cm；其一腰长为 12 cm，且与大底的夹角为 $50°$，求其面积.

13. 一块五边形的土地(图 18)；测得：$OA=43$ m，$OB=36$ m，$OC=41$ m，

$OD=56\ \mathrm{m}$,$OE=34\ \mathrm{m}$,$\angle AOB=65°30'$,$\angle BOC=71°20'$,$\angle COD=80°$ 和 $\angle DOE=61°35'$,求其面积.

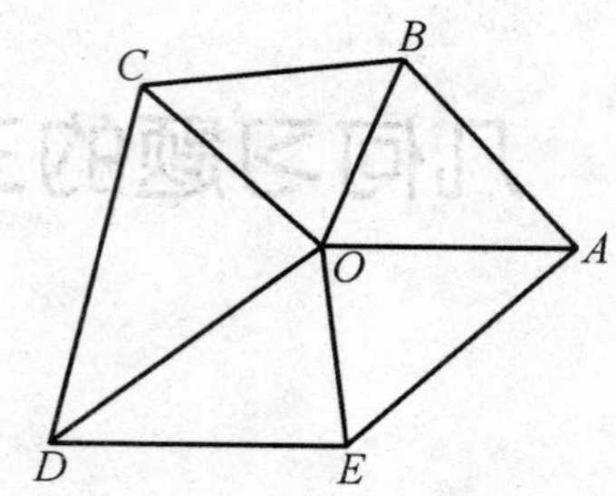

图 18

14. 假设等腰梯形的对角线长为 a,且与底的夹角为 α,试求其面积.

15. 一正六边形的边长为 84 cm,试求与其等积的正七边形之边长.

16. 试求周长相等的正九边形与正十边形之面积的比.

圆的部分面积

17. 已知半径为 8 cm 的扇形之内切圆半径为 2 cm,求此扇形的面积.

18. 圆半径为 r 的一弓形,其弧所对之圆心角为 α,试按以下各情形求其面积:1)$r=4.73$,$\alpha=46°44'$;2)$r=12$,$\alpha=29°38'$.

19. 半径为 R cm 的圆,被其长为 a cm 的一弦分为两个弓形,试求其中较小弓形的面积($a=3.5$,$R=6.2$).

20. 在半径为 R cm 的圆内,引两条平行的弦,使它们所对之弧所对之圆心角皆为 α.试求圆在二弦中间部分的面积.

杂题

21. 直径为 11 cm 的半圆周,被直径的一垂线截为 4 与 7 之比,试求直径被截得两个线段的长度.

22. 已知平行四边形的锐角为 α,对角线交点与二邻边的距离为 a 与 b,试求其各对角线长及面积.

23. 互切的三个圆,半径各为 1 m,2 m 和 3 m;试求它们所夹部分的面积.

24. 已知菱形的边为其各对角线的比例中项,试求此菱形的锐角.

§16　直线与平面

平面的垂线与斜线

1. 由点 M 向平面 P 引一垂线及一斜线，使此二线的夹角为 α，已知斜线长为 a，试求点 M 与平面 P 的距离($a=11.22$，$\alpha=72°45'$).

2. 由半径为 r 的圆之圆心，作圆所在平面的垂线，使其长为 p，联结垂线的终点与圆周上的任一点，得一线段. 试求此线段与垂线间的夹角($p=4.54$，$r=8$).

3. 一正方形的边 $AB=a=30$，过其中心 O，引其所在平面的垂线，并在此垂线上取线段 $OM=d=20$；由点 M 引 AB 的垂线 MC；试求 MC 与其在正方形所在平面上的射影 OC 间的夹角 x.

4. 试求立方体的对角线与其面的夹角.

5. 在口为正方形的地窖上，作一个带有四个柱的盖，其形如正四角锥，已知底边为 6.5 m，欲使其高为 2.5 m，求柱 SA 的长度及其与底面的夹角(图 19).

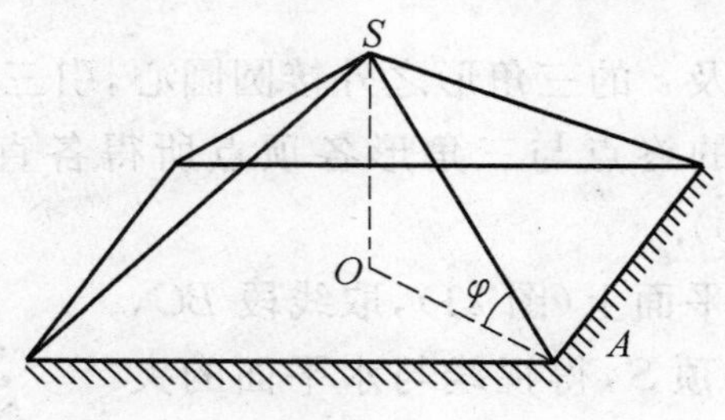

图 19

6. 已知正四角锥的高为 7 cm，底面边长为 8 cm；试求其侧棱与底面的夹角.

7. 由四根立柱所组成之覆有防水布的正四角锥形的帐篷(图 20)，高 SO 为 2.4 m，底面二邻柱间之距离 $AB=2$ m；试求斜高 SM 的长度及其与底面的夹角.

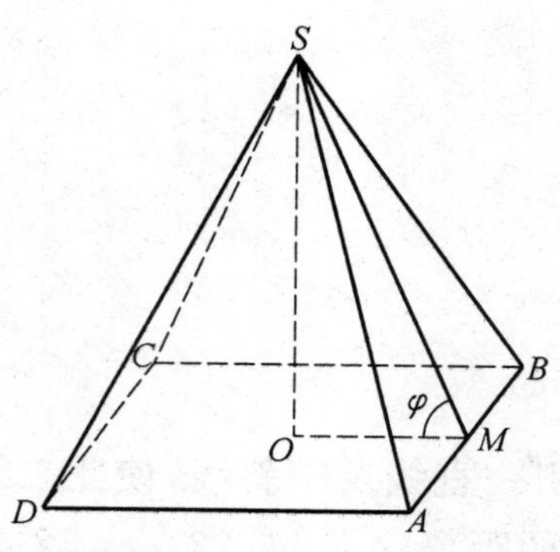

图 20

8. 正三角形 ABC 的边长为 a,由其内切圆的圆心 O 引三角形所在平面的垂线;并在此垂线上取一点 M,使线段 $MA=a$;由点 M 引线段 $MD\perp AC$,试求 MD 与三角形 ABC 所在平面的夹角 φ.

9. 已知平面与其一斜线的夹角为 α;过此夹角的顶点在已知平面上,引一直线,使其与斜线在平面上的射影之间的夹角为 β;试求斜线与所引直线的夹角($\alpha=43°53'$,$\beta=11°10'$).

10. 平面外的一直线,与平面上的一直线的交角为 α,而平面外直线在此平面上的射影与平面上直线的夹角为 β;试求平面外直线与平面的夹角($\alpha=8°26'$,$\beta=5°40'$).

11. 由边长为 a,b 及 c 的三角形之外接圆圆心,引三角形所在平面的垂线,长为 h;试求联结垂线的终点与三角形各顶点所得各直线与平面的夹角($h=60$,$a=30$,$b=5$,$c=29$).

12. 在山旁的一水平面上(图 21),取线段 BC,长为 a m;由点 C 看山顶 S,得视线与水平面的夹角为 φ;山顶 S 在水平面上的射影为点 A;联结点 A 与线段 BC 的两端,得角:$\angle ACB=\gamma$ 与 $\angle ABC=\beta$;求山高($a=400$,$\beta=40°10'$,$\gamma=60°40'$,$\varphi=50°50'$).

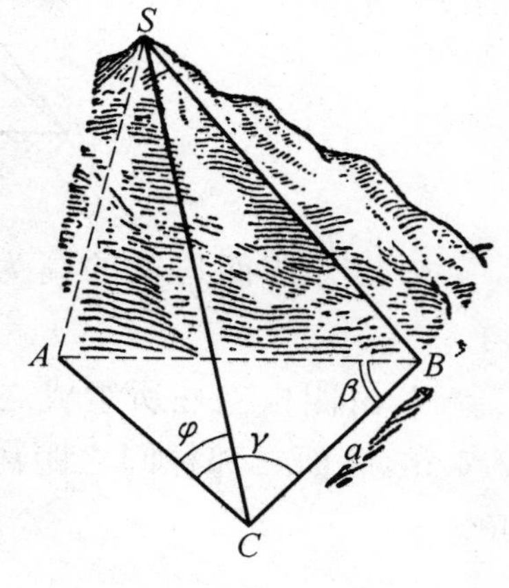

图 21

13. 一正三角锥的底面边长为 a,侧棱与底面的夹角为 α(图 22);试求过底面一边及其所对棱中点的截面之面积.

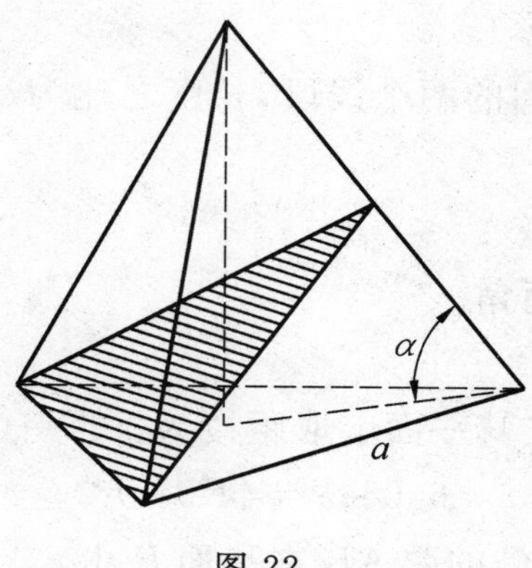

图 22

平行的直线与平面

14. 线段$AB=a=13$ cm的两端与已知平面的距离为$m=5$ cm及$n=8$ cm；求此线段与已知平面的夹角(两种情形).

15. 由已知平面上二点引其二平行斜线AM与BN，使与已知平面的夹角皆为α(图 23)；此二斜线的一垂直截线MN与已知平面的夹角为β；试求直线AB与AM的夹角φ.

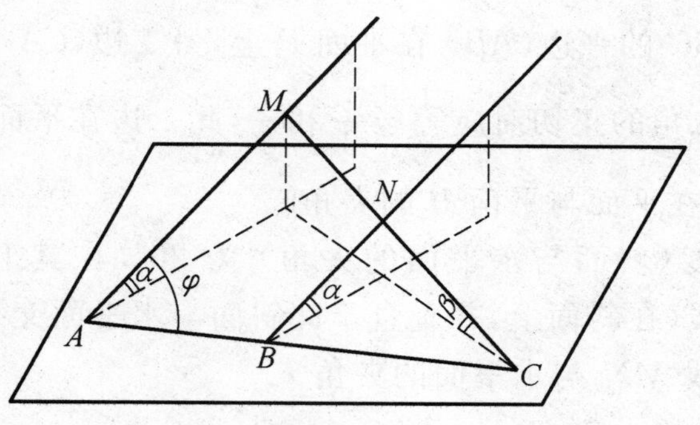

图 23

16. 由已知平面上距离为a的两点，引二平行斜线，使与平面的夹角皆为φ，此二斜线在已知平面上射影间的距离为b；试求二斜线间的距离.

17. 过平行于已知平面的线段AB之两端，向此平面引二斜线：$AC=c$和$BD=d$，斜线AC与已知平面的夹角为α；求斜线BD与已知平面的夹角($c=\sqrt{6}$；$d=3$；$\alpha=60^\circ$).

18. 由平行于一平面的线段之两端，引此线段的二垂线，使与平面的夹角为α与β($\alpha>\beta$)；已知线段长为a，二垂线与平面的两个交点间之距离为b；求线段与平面的距离(有两种情形).

19. 截于二平行平面间的两个线段,长度之比为 2∶3,与一平面夹角之比为 2∶1;求此二夹角.

§17 二面角与多面角

1. 已知二面角为 α,在其一面上取距棱为 a 的一点,由此点引该面的垂线与另一面相交;求此垂线长($a=6.06$;$\alpha=41°55'$).

2. 1) 直角三角形 ABC 的弦 AB 在平面 P 上,二直角边与平面 P 的夹角为 α 与 β(图 24);试求三角形所在平面与平面 P 的夹角 φ.

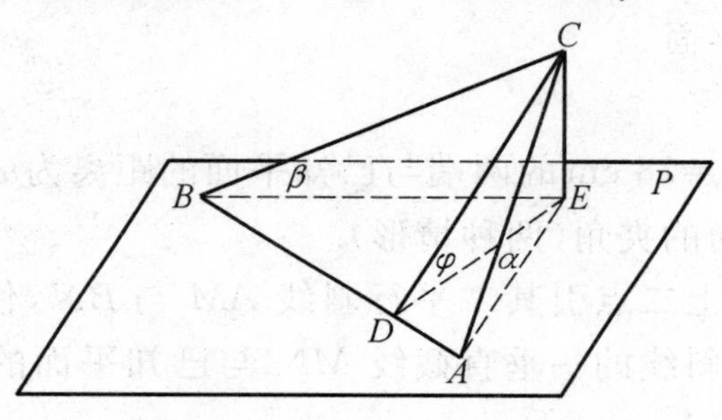

图 24

2) 三角形 ABC 的一边(AB) 在平面 P 上,另二边(CA 和 CB) 与平面 P 的夹角为 α 与 β;此二角的正切对应等于 $\frac{1}{3}$ 和 $\frac{1}{4}$,此二边在平面 P 上的射影互相垂直;试求三角形所在平面与平面 P 的夹角.

3. 屋顶的坡度(斜面与水平面的夹角) 为 20°,在其上引一直线 MN(图 25),使与最大斜线(在斜面上,并垂直于此斜面与水平面交线的直线)MK 的夹角为 25°;试求直线 MN 与水平面的夹角 x.

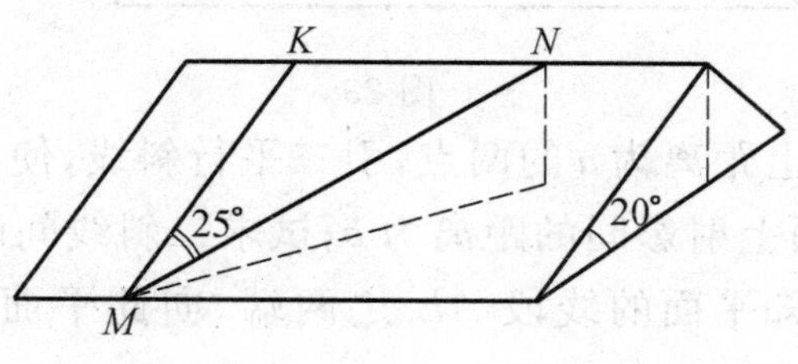

图 25

4. 在坡度为 32° 的山坡上有一条道路,与最大斜线的夹角为 45°(参考第 3 题);求此道路的斜角(与水平面的夹角).

5. 由平面 M 上的点 A,引一斜线 AD,使与平面 M 的夹角为 α(图 26);过

AD 作平面 P，使与平面 M 的夹角 $DBC=\beta$；试求平面 M 和 P 的交线与 AD 的夹角.

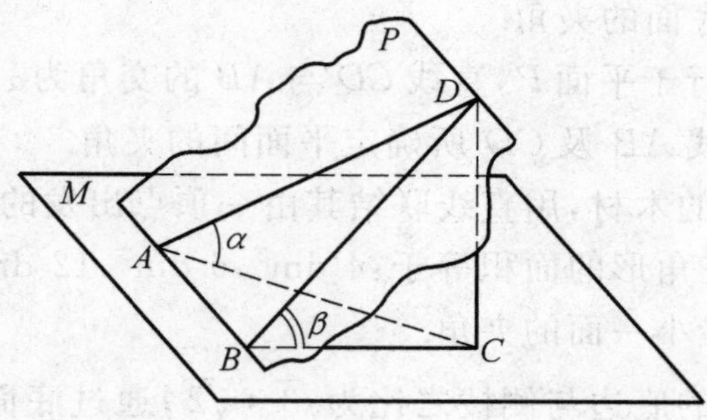

图 26

6. 已知正 n 角锥的底边等于其高的二倍；试求侧面与底面构成之二面角 φ.

7. 一水上起重机，其平底船（铁制）及四个支柱的侧面图与平面图如图 27 所示；尺寸以 m 为单位；试求：1) 前支柱 b 及后支柱 a 的长度；2) 前支柱及后支柱与船的上面所夹之角；3) 二前支柱间及二后支柱间的各夹角；4) 二前支柱所构成的面与船的上面所夹之角；二后支柱所构成的面与船的上面所夹之角.

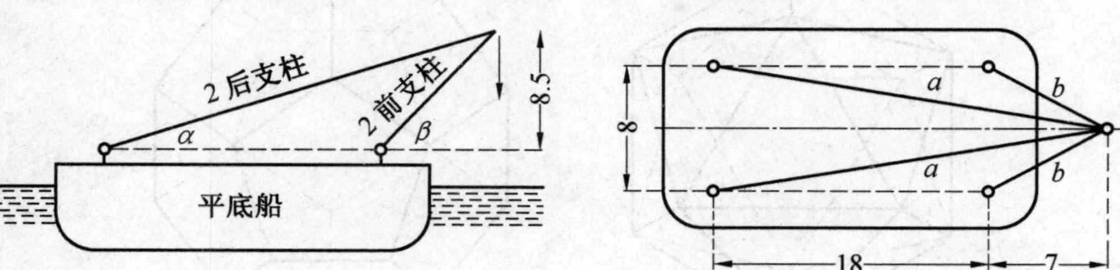

图 27

8. 一屋顶的平面图为正方形（图 28）；尺寸以 m 为单位；屋顶的高度等于其底面边长的 $\frac{1}{3}$；四个斜线的坡度皆相等；试求此屋顶的坡度.

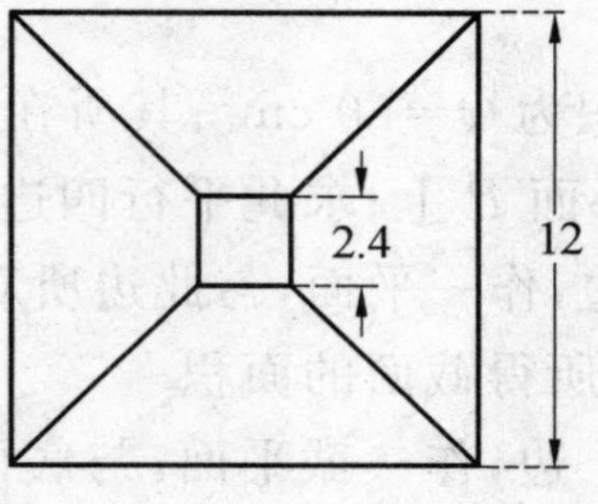

图 28

9. 一直角三角形，斜边为 a，一锐角为 α，过其斜边作一与三角形所在平面

成角 φ 的平面;试求由三角形的直角顶到所作平面的距离.

10. 一角锥的底面为正三角形;一侧面垂直于底面,另二侧面与底面的夹角皆为 α;求各侧棱与底面的夹角.

11. 直线 AB 平行于平面 P,直线 CD 与 AB 的交角为 α,与平面 P 的夹角为 φ;试求平面 P 与直线 AB 及 CD 所确定平面间的夹角.

12. 一长方体形的木材,用直线联结其由一顶点出发的三个棱的终点.如此在其各面上所得各三角形的面积等于:4 dm^2,6 dm^2,12 dm^2;试求通过所作各直线的平面与木材最小一面的夹角.

13. 一正四角锥的底边与侧棱之比为 $\sqrt{3}:\sqrt{2}$;通过底面一对角线作一平行于一侧棱的平面;试求此平面与底面的夹角.

14. 边长之比为 3∶5 的一平行四边形,其较小一边在平面 P 上;此边之对边与平面 P 的距离等于二大边之距离;求此四边形所在平面与平面 P 的夹角.

15. 求下列每个多面体中,二相邻面之夹角:

1) 正四面体;2) 正八面体;3) 正二十面体(图 29);4) 正十二面体(图 30).

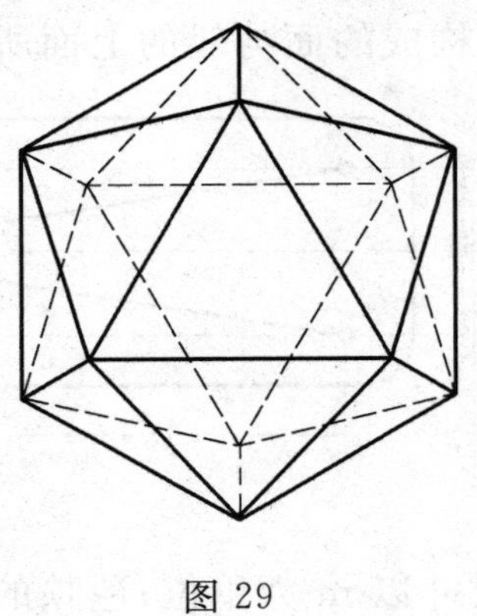

图 29

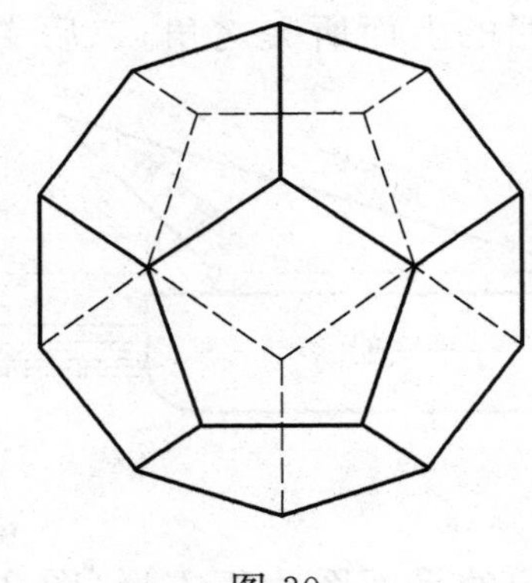

图 30

§18　图形在平面上射影的面积

1. 一平行四边形的面积为 $Q=50$ cm^2;其所在平面与射影平面 P 的夹角为 30°;平行四边形的一边在平面 P 上;求此平行四边形射影的面积.

2. 过直三角柱底面一边,作一平面,与此边所对侧棱相交,且与底面的夹角为 45°;若底面积为 Q;试求所得截面的面积.

3. 过正三角柱的底面一边,作一截平面,与底面的夹角为 α;已知底面边长为 a,求截面的面积.

4. 屋顶坡度为 32°,沿屋面方向作其下水管的截面(长方形)面积为

2 100 cm^2；求这水管直截面（正方形）的边长.

5. 同上题，但屋顶坡度为 $35°$，水管直截面尺寸为 40 cm×40 cm；求水管依屋面方向所作截面的面积.

6. 一正四角锥形的屋顶，坡度为 $32°53'$，底面积为 28 m^2；求屋顶的面积.

7. 一屋顶的侧面是四个全等的等腰梯形. 梯形的二平行边长为 10 m 和 2 m；高为 5 m；每一侧面在水平面上的射影之面积为 24 m^2. 求屋顶的侧面坡度及其高.

8. 铺有铁板的两个屋顶：一向一面倾斜，一向四面倾斜，其平面图（图 31）都是边长为 a 及 b 的矩形，并且坡度皆为 α；问哪个屋顶需要较多的油漆材料？

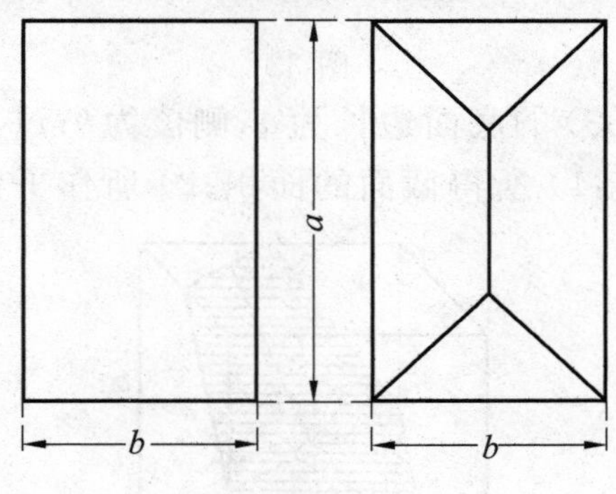

图 31

9. 当一束光线投射于平面时，其被照面积之大小及被照面之照度，与光线及平面之夹角有关，光线与被照面的夹角为 α 时，被照面的面积为 Q. 同一强度的光线，若与被照面垂直时，问被照面的面积为若干？大于 Q 还是小于 Q？照度较大还是较小？

10. 已知屋顶的坡度为 $27°30'$，面积为 120 m^2；求其下天花板的面积.

§19　平行六面体·角柱·角锥及其面积

平行六面体与角柱

1. 若长方体的一对角线与其各棱的夹角为 α，β 和 γ. 1）求证：$\cos^2\alpha+\cos^2\beta+\cos^2\gamma=1$；2）假设 $\alpha=31°10'$ 与 $\beta=69°9'$，求 γ 之值.

2. 求证：若正四角柱的一截面是锐角为 α 的菱形，则截平面必与底面一对角线平行，且与底面所在平面的夹角为 φ，而 $\cos\varphi=\tan\dfrac{\alpha}{2}$.

3. 一正四角柱(图 32)的底面边长为 a;过其底面二邻边中点作一平面,使与三侧棱相交,且与底面的夹角为 α;试求所得截面的面积.

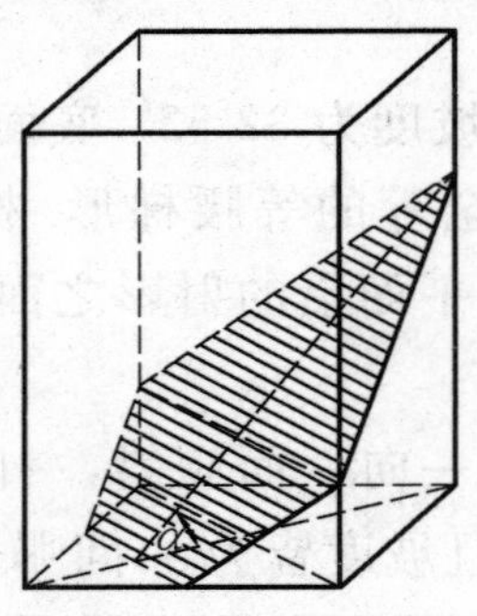

图 32

4. 一正四角柱(图 33)的底面边长为 a,侧棱为 b;过其轴的中点及底面二邻边中点,作一平面;试求:1) 所得截面的面积;2) 所作平面与底面的夹角.

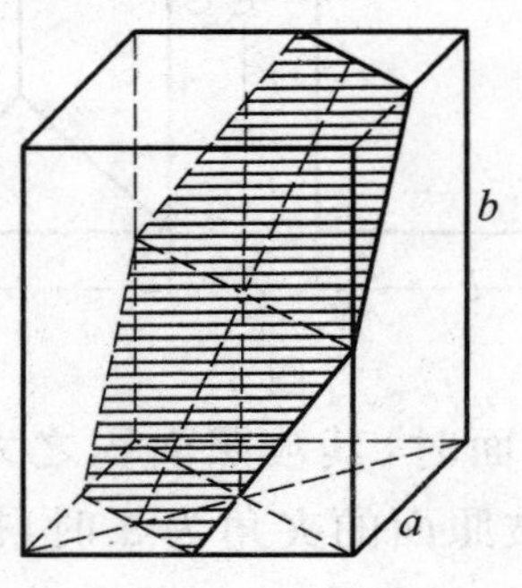

图 33

5. 一直四角柱的底面是锐角为 α 的菱形;如何截此角柱,能使所得截面为正方形,且顶点都在侧棱上?

6. 一长方体的对角线长为 d,且与底面的夹角为 β;底面的对角线与其一边的夹角为 α;试求此长方体的侧面积($\alpha = 21°35'$,$\beta = 54°24'$,$d = 17.89$ m).

7. 一直平行六面体的底面为菱形;菱形的小对角线长为 d,锐角为 α,此平行六面体的高为$\dfrac{d}{2}$;试求其全面积($d = 25.87$ m,$\alpha = 75°20'$).

8. 已知正五角柱的底面边长为 a,角柱高为$\dfrac{1}{4}d$,此处 d 是底面对角线的长度;求此角柱的全面积($a = 23.79$ m).

9. 一直角柱的底面为等腰三角形,腰长为 a,二腰夹角为 α. 在两个相等的侧面上,由上底面的一顶点,引两条对角线,夹角为 β;求此角柱的侧面积($a = 97.84$ cm,$\alpha = 63°28'$,$\beta = 39°36'$).

10. 已知三角柱的底面边长皆为 a，并且一顶点的射影在另一底面的中心；侧棱与底面的夹角为 α；求此角柱的侧面积.

角锥

11. 底面为正三角形的一角锥，其一侧面与底面垂直，而另二侧面与底面的夹角皆为 φ；试求其各侧棱与底面的夹角($\varphi=30°$).

12. 一正 n 角锥，在顶点的面角为 α；试求其底面与侧面所构成的二面角($n=4,\alpha=60°$).

13. 在底面边长为 a，侧棱与底面的夹角为 α 的正四角锥内，有一内接立方体，已知立方体的四个顶点在角锥的斜高上；求立方体的棱长.

14. 一正三角锥的底面各边，长为 a，与侧棱的夹角为 α；试求过其高及一侧棱之截面的面积.

15. 一正四角锥的斜高为 c，对角面的面积为 P；试求其侧面与底面的夹角以及底面边长($c=5,P=15$).

16. 一正四角锥的高与底面边长之比为 $m:n$，过其底面一对角线作一截面，使与对角面等积；试求截面与角锥底面的夹角($m:n=1:\sqrt{6}$).

17. 一正三角锥(图 34)的底面边长为 a，底面与侧面构成的二面角为 α；试求过其底面中心，且平行于不相交的两个棱 SA 与 BC 的截面 $DEFK$ 之面积($a=3,\alpha=70°$).

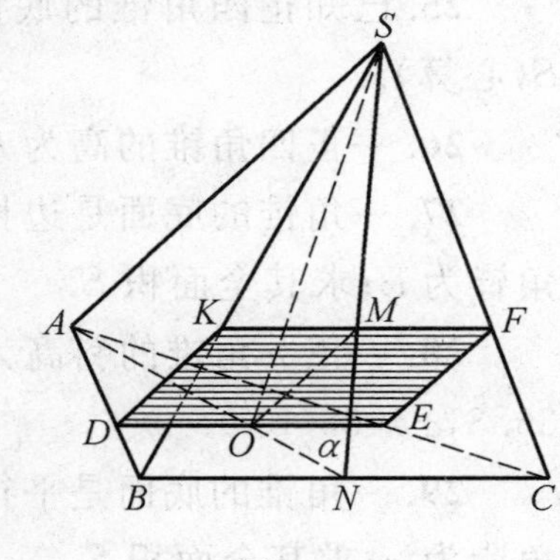

图 34

18. 一正四角锥的底面边长为 a，底面与侧面构成的二面角为 α，过其底面一边，且与底面的夹角为 β，作一截面；求此截面的面积.

利用关于射影面积的定理来求角锥的面积

19. 求证：任何一个角锥，如果它所有的侧面与底面有同一的夹角 α，则

$$侧面积=\frac{Q}{\cos\alpha}$$

$$全面积=\frac{2Q\cos^2\frac{\alpha}{2}}{\cos\alpha}$$

式中的 Q 为角锥的底面积.

20. 已知角锥的底面是直角边为 6 cm 与 8 cm 的直角三角形，所有侧面与底面的夹角皆为 60°；求其侧面积(心算).

21. 1) 已知正四角锥的底面边长为 a，底面与侧面构成的二面角为 60°；试求其侧面积(心算).

2) 已知一正三角锥及一正六角锥，底面边长皆为 a，底面与侧面构成的二面角皆为 30°；求各角锥的侧面积.

22. 已知三角锥的底面边长为 13 cm，14 cm，15 cm，底面与侧面构成的二面角皆为 60°；求其侧面积.

23. 正八角锥形的塔顶，其侧面与底面的夹角为 60°，底面边长为 1.23 m；侧面欲包以铜片，问需铜片若干 m^2？

24. 已知一正角锥的底面积为 168 cm^2，侧面积为 200 cm^2，试求其侧面与底面的夹角.

25. 已知正四角锥的底面边长为 a，侧面与底面的夹角为 α；求其侧面积 S(心算).

26. 一正四角锥的高为 h，底面与侧面构成的二面角为 α；求其全面积.

27. 一角锥的底面是边长为 a 和锐角为 α 的菱形；底面与侧面构成的二面角皆为 φ；求其全面积 S.

28. 一正 n 角锥的斜高为 k，且与底面的夹角为 α；求其全面积 S($n=12$，$k=36.3$，$\alpha=35^\circ40'$).

29. 一角锥的底面是平行边为 a 及 $b(b>a)$ 的等腰梯形，侧面与底面的夹角皆为 α；求其全面积 S.

30. 一角锥的底面是对角线长为 l 且与大底夹角为 α 的等腰梯形，侧面与底面的夹角皆为 φ；求其全面积 S.

角锥的面积

31. 已知正四角锥的底面边长为 a，在顶点的面角为 α；求其全面积.

32. 一正 n 角锥的底面边长为 a，侧棱与底面的夹角为 α；求其侧面积.

33. 已知三角锥在顶点的面角为 α，α 及 β；其中二相等面角公共边上的侧棱，长为 a，且垂直于底面；求此角锥的侧面积.

34. 一角锥的底面是边长为 a 的正方形，侧面中，有两个垂直于底面，另两个与底面的夹角皆为 α；试求其侧面积与全面积.

35. 一角锥的高为 h，底面为矩形，侧面中，有两个垂直于底面，而另两个与底面的夹角为 α 与 β；求其侧面积.

36. 一角锥的底面是边长为 a，锐角为 α 的菱形；侧面中，有两个（例如夹角为 α 的）垂直于底面，而另两个与底面的夹角皆为 φ；求其侧面积.

角锥台

37. 已知正 n 角锥台的侧棱为 c，两底边长为 a 及 $b(a>b)$；求此角锥台的高.

38. 一正四角锥台的大底边与小底边之比为 $m:n$；侧棱与大底面的夹角为 α，通过大底面的一边及与其相对的小底面一边，作一平面；试求所作平面与大底面的夹角.

39. 已知正 n 角锥台的高为 h，两底边长为 a 及 $b(a>b)$；求其全面积.

40. 已知正 n 角锥台的两底边长为 a 及 $b(a>b)$，侧棱与底面的夹角为 α；求其全面积.

41. 已知正 n 角锥台的两底面积之比为 m^2，斜高为 k，斜高与高的夹角为 α；求其侧面积.

42. 一正四角锥台的高为 h，侧棱与大底面的夹角为 α，其对角线与大底面的夹角为 β；求其侧面积（$h=25$，$\alpha=50°15'$，$\beta=35°$）.

§20　圆柱·圆锥·圆锥台及其面积

圆柱

1. 设由等边圆柱（底面直径和柱面母线相等的圆柱）上底圆周上一点 A 和柱轴所定的平面为 P，交柱面于 AC，由下底圆周上一点 B 和柱轴所定的平面为 Q，交柱面于 BD，已知 P，Q 间的夹角为 $30°$，求直线 AB，BD 间的夹角 φ.

2. 已知等边圆柱的底面半径为 R，其上底圆周一点与下底圆周一点的连线与底面的夹角为 α；试求此连线与圆柱轴间的最短距离.

3. 在底面半径为 R 的圆柱之侧面上，作一切线，使与底面的夹角为 α，若下底圆心与切点的距离为 d，试求下底圆心与切线的距离.

4. 一正三角锥的侧棱长为 b，且与底面的夹角为 α；在此角锥内，有一内切等边圆柱，其一底面在角锥底面上；试求圆柱高(图 35).

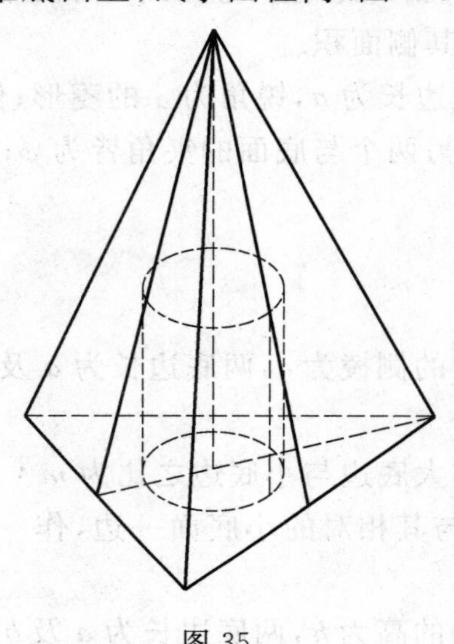

图 35

圆锥

5. 一圆锥的底面半径为 R，母线与底面的夹角为 α；过其顶点，且使与其高的夹角为 φ，作一平面；试求所得截面的面积.

6. 夹于二平行平面间的一圆锥：其底面在一平行平面上，而顶点在另一平行平面上；圆锥母线与轴的夹角为 α. 过圆锥轴的中点作一直线，使与轴的夹角为 β；并与圆锥侧面交于两点，此直线在平行平面间所夹线段长为 a；试求夹于圆锥内的线段长.

7. 一圆锥的母线长为 l，且与底面的夹角为 α；试求其内接立方体的棱长.

8. 一圆锥的底面半径为 R，母线与底面的夹角为 α，内接于此圆锥的一直三角柱的棱皆相等，且其一底面在圆锥底面上；试求角柱的棱长.

圆锥的面积

9. 已知圆锥的母线长为 a；且与底面的夹角为 α；试求其全面积.

10. 一圆锥的侧面积等于其底面积的三倍；求其母线与底面的夹角.

11. 已知圆锥的轴截面面积等于其全面积的四分之一，求其母线与底面的夹角.

12. 已知圆锥的母线与其底面的夹角为α；轴截面的面积为Q；求其全面积.

13. 通过圆锥侧面上夹角为φ的二母线，作一平面，使其与底面的夹角为α，已知所得截面的面积为S；求圆锥高($\varphi=52°16'$，$\alpha=33°10'$，$S=617.5\ \text{cm}^2$).

14. 一圆锥的底面半径为r，母线与底面的夹角为α，求其侧面积以及过其顶点且与高的夹角为δ的截面的面积($r=2.3\ \text{m}$，$\alpha=42°27'$，$\delta=36°21'$).

15. 一土堤的形状如图 36 所示，已知：$\frac{h}{b}=\frac{1}{n}=0.05$，$\frac{h}{r}=\frac{1}{m}=\frac{2}{3}$，$h=4\ \text{m}$，试求：1) b；2) r；3) $\alpha=\angle BAO$；4) $\varphi=\angle BCO$；5) γ；6) 设计图的面积；7) 土堤的面积.

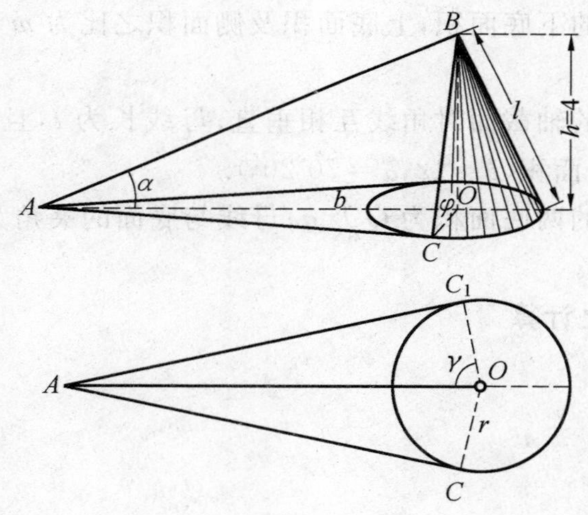

图 36

16. 一圆锥的侧面积为S，母线长为a；试求其轴截面的顶角($S=81.312\ \text{m}^2$；$a=10\ \text{m}$).

17. 一圆锥的高为H，母线与底面的夹角为α，其全面积被垂直于其高的一截平面二等分；试求：1) 截平面与圆锥顶点的距离；2) 侧面被截得两部分面积之比($\alpha=60°$).

18. 已知圆锥的轴截面顶角为α；试求其侧面展开图的圆心角，例如：1) 等边圆锥；2) $\alpha=70°24'$.

圆锥台

19. 已知圆锥台的母线与其半径为R的一底面之夹角为α；另一底面半径

为 r,试求其侧面积.

20. 一圆锥台的高为其两底半径的比例中项,而两底半径之和为 m,母线与底面的夹角为 α;求其侧面积.

21. 通过圆锥台侧面上夹角为 β 的两个母线,作一平面,与两底面相截,各得一弦,长为 m 与 $n(m>n)$,而各弦所对之弧所对的圆心角皆为 α;试求其侧面积.

22. 一圆锥台的两底半径为 R 与 r,作一截平面,使与底面的夹角为 β,此平面与两底圆周相截,得二弧,所对圆心角皆为 δ;试求截面的面积.

23. 一圆锥台的高为 h;母线与下底面的夹角为 α,并与过其上端之轴截面的对角线互相垂直,求其侧面积.

24. 一圆锥台的下底面积,上底面积及侧面积之比为 $m:n:p$. 试求其母线与下底面的夹角.

25. 一圆锥台的轴截面对角线互相垂直;母线长为 l,且与下底面的夹角为 α;求其侧面积及全面积($l=12$;$\alpha=70°20'$).

26. 一圆锥台的两底面积为 Q 及 q;母线与底面的夹角为 α,求其侧面积 S.

§21 体积之计算

平行六面体

1. 一长方体的对角线长为 l,且与底面的夹角为 φ;底面对角线间的锐角为 β;求其体积.

2. 一长方体的底面对角线长为 $d=7.5$ dm,其间一夹角为 $\alpha=35°27'$;过底面大边的对角面,与底面的夹角为 $\beta=57°33'$;试求其体积.

3. 一直平行六面体底面的锐角为 α,边长为 a 及 b;平行六面体的小对角线等于其底面的大对角线;试求其体积.

4. 一直平行六面体(图 37)的底面是对角线 $AC=d$,边 $CB=\frac{1}{4}AC$ 和 $\angle ABC=\alpha$ 的平行四边形,平行六面体的对角线 FC 与底面的夹角为 φ;求此平行六面体的体积以及其两底面对角线 AC 与 EH 之夹角($d=14.28$ dm,$\alpha=106°6'$,$\varphi=57°47'$).

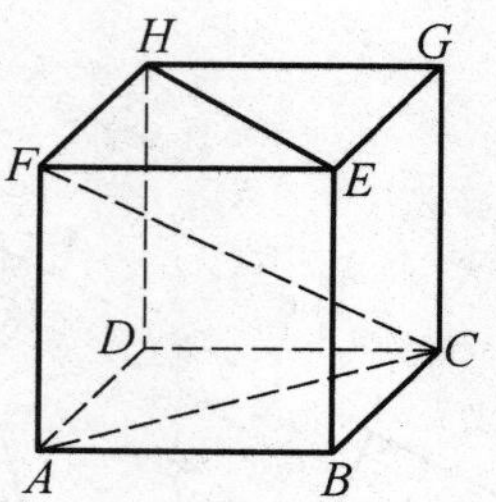

图 37

5. 在一平行六面体中，交于一公共顶点的三个棱长为 a，b 及 c；棱 a 与 b 互相垂直，而棱 c 与该二棱的夹角皆为 α；求此平行六面体的体积，以及棱 c 与平行六面体矩形面的夹角（$\alpha=120°$）.

角柱

6. 一正四角柱的对角线与侧面的夹角为 α，底面边长为 a；试求其体积.

7. 一正四角柱的底面边长为 $a=6.4$ cm；若过其下底面一对角线及上底面一顶点作一平面，则与角柱两个相邻侧面的交线之夹角为 $\alpha=58°48'$；试求其体积.

8. 一正三角柱的底面边长为 a，由其上底二顶点向各所对的下底二边中点连线，所得二直线的夹角为 α；求此角柱的体积.

9. 铁道路基横断面的尺寸（以 m 为单位）如图 38 所示. 角 α 的值可由 $\tan\alpha=\dfrac{2}{3}$ 确定. 问长 1 m 的路基有多少 m^3 的土？

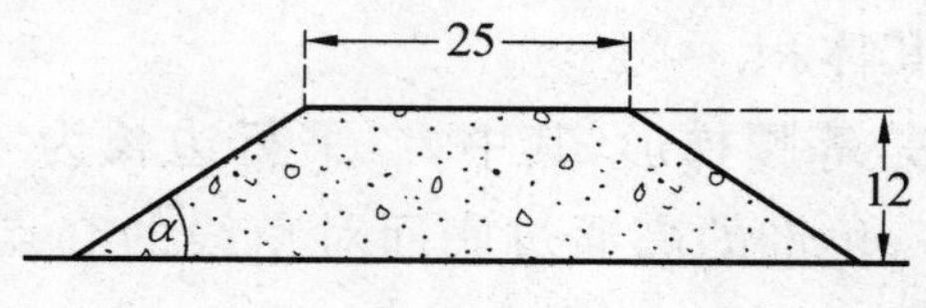

图 38

10. 一直角柱的底面是 $\triangle ABC$，边 $AC=b=38.03$ dm，边 $BC=a=34.84$ dm，$\angle ACB=\gamma=58°22'$，角柱的侧棱长等于 $\triangle ABC$ 中 AB 边上的高 h；求角柱的体积.

11. 一直角柱的高 h 等于 20 dm；底面是外切于半径为 $r=6.15$ dm 之圆的直角梯形，锐角为 $\alpha=45°42'$；求其体积.

12. 在坡度为 $\varphi=18°30'$ 的斜坡上挖一沟，其断面如图 39 所示，侧面的斜角 $\alpha=68°10'$，底宽 $b=14.2$ m，过沟底中间的高 $h=9.2$ m，问沟长 1 m，容积为若

干 m^3?

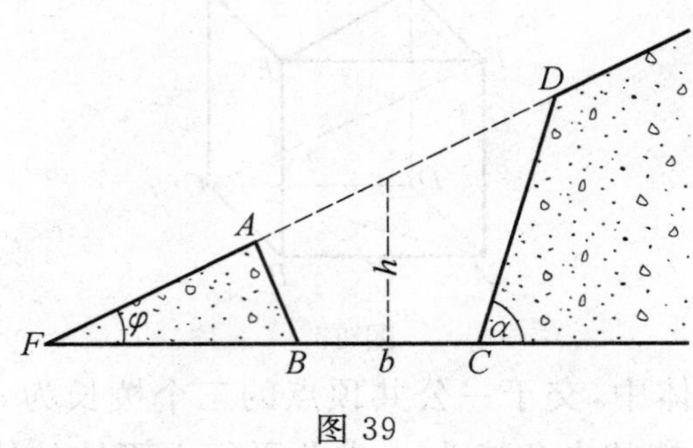

图 39

13. 一角柱的底面是$\triangle ABC$,边$BC=a$,$AB=AC$,棱AA_1等于b,且垂直于BC;以AA_1为棱的二面角等于α;试求其体积.

角锥

14. 一正n角锥的侧棱长为b,且与底面的夹角为β,求其体积($n=8$,$b=3.5$ m,$\beta=78°39'$).

15. 一正四角锥的侧棱长为b,在顶点的面角为α;求其体积.

16. 一角锥的高为h,侧棱与底面的夹角为φ,底面三角形的两个角为α与β;求其体积.

17. 已知三角锥的两个侧面皆为等腰直角三角形,且弦长皆为b,二弦的夹角为α;求其体积.

18. 一角锥的底面是二腰及上底长皆为a的,并且锐角为α的梯形,侧棱与底面的夹角都为φ;求其体积.

19. 一角锥的底面是等腰梯形,其中,二平行边长为a与$b(a>b)$,对角线间与腰相对的夹角为α;角锥的高通过底面对角线的交点;在底面上,以二平行边为棱的两个二面角的比为$1:2$;求其体积.

20. 角锥$SABCD$的底面是锐角为α,面积为P的平行四边形$ABCD$,棱SB与SD各垂直于底边BC与AD,且与底面的夹角皆为φ;求其体积.

21. 在角锥$SABC$的底面ABC上之角A等于$\alpha=72°36'$,角B等于$\beta=47°23'$,角锥的体积$V=317\ \text{cm}^3$,过棱SC及三角形ABC角C的平分线,作一平面;问此平面将角锥体积分成如何的部分?

22. 过正四面体的一个棱作一平面,使分其体积之比为$3:5$;问此平面将其中的二面角分成如何的部分?

角锥台

23. 一水池，形如正四角锥台，两底边长为 $a=14\ \mathrm{m}$ 与 $b=10\ \mathrm{m}$，侧面与底面的夹角为 $\alpha=38°$；问此水池能容水若干？

24. 一正四角锥台的大小底面边长为 a 及 b，侧面上的锐角为 α；求其体积 $(a=28.7, b=15.2, \alpha=65°12')$.

25. 一正 n 角锥台的两底边长为 a 及 b，侧棱与底面的夹角为 α；求其体积.

圆柱

26. 一圆柱的侧面展开图为一矩形，其对角线长为 d，且与底的夹角为 α；求此圆柱的体积.

27. 在高为 h 一圆柱的底面上，作一弦，其长为 a，对应的圆心角为 α，试求此圆柱的体积 $(a=4.8\ \mathrm{dm}, \alpha=26°32', h=23\ \mathrm{dm})$.

28. 已知等边圆柱底面圆的内接正 n 边形之边长为 a，求其体积.

29. 放置在水平面上的一圆柱形水筒，内盛液体(图 40). 弧 AB 所对圆心角为 $\alpha=135°$；内直径为 $D=1.7\ \mathrm{m}$；内长为 $l=3.5\ \mathrm{m}$；试求液体的体积.

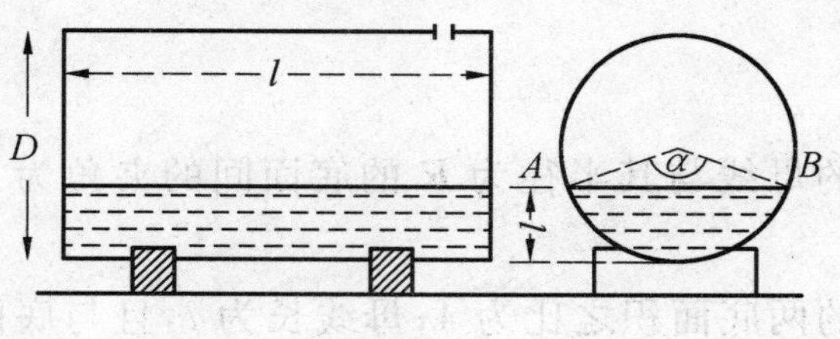

图 40

30. 一圆柱形的管子，高为 H；已知，若过其外侧面一母线，作两个平面，使与内侧面相切，则所作二平面的夹角为 α；而联结其底面内圆上的二切点，则得弦长为 b；求此管的容积.

31. 在一圆柱的一底面上作一弦，使其长度等于此底面内接正 n 边形的边长. 若联结此弦的两端与另一底面的圆心，则所得三角形的面积为 Q，顶角为 α；求此圆柱的体积 V.

圆锥

32. 一圆锥形的砂堆,母线的斜角为 $\varphi=31°$,底面圆周长为 $c=11$ m,砂子的比重为 $d=1.6$;求此砂堆的重量.

33. 一圆锥的母线长为 $l=36.17$ dm,且与轴的夹角为 $\alpha=18°46'$;求其体积.

34. 一圆锥的高为 h,母线与底面的夹角为 α,求其体积.

35. 一圆锥的底面半径为 R,母线与底面的夹角为 α,求其全面积 S 与 V.

36. 一圆锥的轴截面是顶角为 α 的三角形,此三角形的外接圆半径为 R,求其体积.

37. 一圆锥的高与母线的夹角为 β,在其底面上长为 a 的一弦所对的圆心角为 α. 求其体积.

38. 一圆锥的母线与其高之差为 $d=2.5$ m,夹角为 $\alpha=42°38'$. 求其体积.

39. 以半径为 $R=5.38$ dm 的圆,作公共底面,在其一侧,作二圆锥. 其中一圆锥的母线与公共底面的夹角为 $\alpha=74°28'$,而另一圆锥的母线与公共底面的夹角为 $\beta=60°12'$. 求此二圆锥侧面间所夹部分的体积.

圆锥台

40. 一圆锥台的母线与其半径为 R 的底面间的夹角为 α;另一底面的半径为 r. 求其体积.

41. 一圆锥台的两底面积之比为 4;母线长为 l,且与底面的夹角为 φ. 求其体积.

42. 一熔矿炉的纵断面图如图 41 所示,其内部如同有公共底面的两个圆锥台,上下口的半径为 r_1 及 r_2. 母线与公共底面的夹角为 α 及 β. 全容积为 V. 求其公共底面的半径 r,以及高 h 与 h_1($2r_1=4.2$ m,$2r_2=4.9$ m,$\alpha=86°$,$\beta=76°$,$V=572.6\ \mathrm{m}^3$).

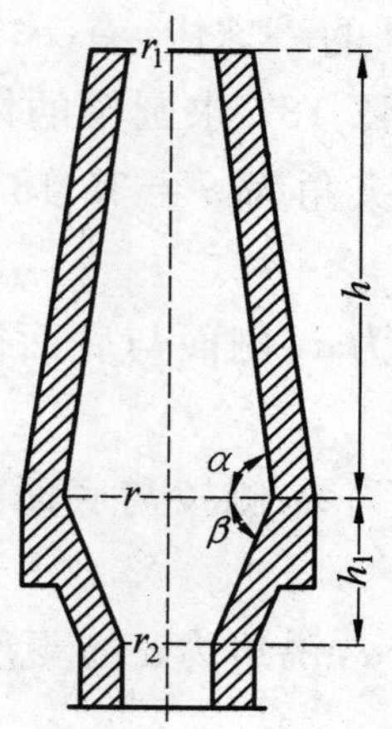

图 41

43. 以一圆锥台的小底面为公共底面，高为公共高，在其内部作一圆锥，并使它们的母线对应平行. 已知所作圆锥的母线长为 $a=24.9$ dm，母线间最大夹角为 $\alpha=65°49'$. 求圆锥台的体积.

44. 一圆锥台的母线长为 l，且与大底面的夹角为 α；轴截面上的对角线互相垂直. 求其体积（$l=12$，$\alpha=70°20'$）.

§22　球及其部分

球

1. 地球之半径（大约）为 6 370 km. 北京位于北纬 40°. 求此纬度圈的半径.

2. 地球之半径为 6 370 km. 试求回归线（纬度 23°27′）与极圈（纬度 66°33′）的长度.

3. 观测者由山顶点 A（图 42），测得角 $DAC=\alpha$，AC 是沿着水平面的视线，AD 是垂直线. 已知地球半径为 r. 求山高 $=AD=x$.

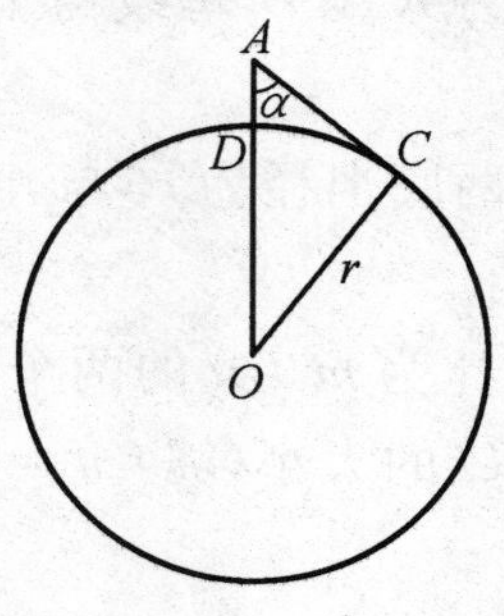

图 42

4. 在体积为 $V=53.37\ \mathrm{dm}^3$ 的一球内，有一内接圆锥，与其底面一直径两端相联结的二母线间夹角为 $\alpha=42°18'$. 求圆锥的体积.

5. 一圆锥的母线与其轴的夹角为 $\alpha=35°18'$. 试求此圆锥体积与其外接球体积的比.

6. 一正 n 角锥的底面边长为 a，侧面与底面构成的二面角为 φ. 求此角锥的内切球半径.

7. 一正 n 角锥的底面边长为 a，侧棱与底面的夹角为 α. 求角锥的外接球半径($n=8$，$a=3.5\ \mathrm{m}$，$\alpha=58°37'$).

8. 一角锥的底面是边长为 a，锐角为 α 的菱形；侧面与底面构成的二面角为 φ. 求此角锥的内切球半径.

9. 一圆锥的底面周长为 c，母线与底面的夹角为 α. 求此圆锥的内切球切于圆锥侧面的切线长.

10. 在半径为 R 的球内，由球面上一点作三个等弦，使它们彼此间的夹角皆为 α. 求所作弦长.

11. 一圆锥的底面积，内切球面积及侧面积三者构成等差级数. 求此圆锥的母线与其底面的夹角.

12. 一圆锥的体积等于其内切球体积的 m 倍. 求此圆锥的母线与其底面的夹角，及 m 的最小值. 设 $m=2\dfrac{1}{4}$，试计算角的度数.

13. 分圆锥体积为相等两部分的横截面(平行于底面的截面)，过其外接球心. 求此圆锥母线与底面的夹角.

14. 四个相等的球，其中每一个都与另三个相切. 求此四个球的外切圆锥轴截面之顶角.

15. 外切于球的圆锥台，其侧面积与球面积之比为 $m:n$. 求此圆锥台的母线与大底面的夹角($m:n=2:1$).

16. 一圆锥台的两底半径为 R 与 r，母线与下底面的夹角为 α. 求其外接球半径.

17. 已知球的外切圆锥台两底半径为 r_1 与 $r_2(r_1>r_2)$. 试求：1) 球面积；2) 圆锥台的母线与其底面的夹角.

18. 在半径 EM 与 ON 之比为 $m:n$ 的两个互切的球外，有一外切圆锥(图43). 试求圆锥轴截面顶角 ABC 的大小($m:n=3:1$).

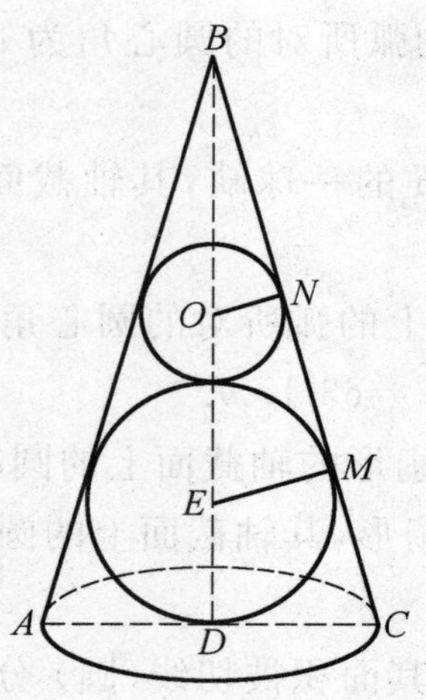

图 43

19. 一圆锥的底面半径为 R，母线与底面的夹角为 α. 其中有上下一列内切球，第一球切于圆锥的侧面及其底面，而其余的每个球都切于圆锥侧面及其前一球. 试求，当内切球的个数无限增多时，内切球体积之和所趋近的极限.

球的部分

20. 向球形容器内，注入比重为 d 的液体，到某高度(图 44). 弧 AB 所对圆心角为 φ°，容器的内半径为 R，求容器内液体的重量.

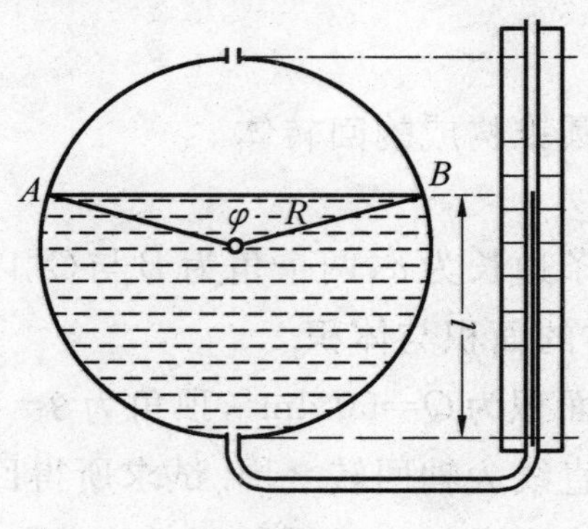

图 44

21. 一圆柱形的气体储藏器，其一端覆有球缺形的盖，圆柱的内部尺寸：直径为 24 m，高为 6 m. 覆在圆柱一端的球缺轴截面上的弧所对圆心角为 73°44′. 求此储藏器的容积.

22. 一球台的两底面积相等，侧面积等于其两底面积之和. 求其轴截面上的弧所对的圆心角.

23. 一球缺的轴截面上的弧所对的圆心角为 α,弧长为 a. 求此球缺的曲面积.

24. 球半径为 $R=24$ dm 的一球缺,其轴截面上的弧所对的圆心角为 $\alpha=65°28'$. 求此球缺的曲面积.

25. 一球扇形,其轴截面上的弧所对的圆心角为 α,联结此弧两端的弦长为 b. 求其体积($b=25.13$ dm,$\alpha=63°17'$).

26. 球体积为 V,其一球扇形的轴截面上的圆心角为 α,求此球扇形的体积.

27. 球半径为 R 的一球扇形,其轴截面上的圆心角为 α,求此球扇形的全面积.

28. 内切于圆锥的一球,其面积被切线(圆) 分成之比为 $m:n$. 求圆锥的母线与其轴的夹角($m:n=1:3$).

29. 圆心角(小于 $180°$) 为 α 的扇形,以不与其相截的一直径为轴回转一周,所得回转体的体积,与有同一半径的球体积之比为 $m:n$. 试求此直径与扇形半径之较小的夹角($\alpha=90°$,$m:n=\sqrt{3}:\sqrt{8}$).

30. 半径为 R 的球扇形,其半径间最大夹角为 α,试求其内切球的体积与面积.

§23 回转体

经回转后由圆柱及圆锥构成的回转体

1. 已知三角形的一条边长为 a,两个角为 B 与 C. 以三角形的已知边为轴回转一周,试求所得回转体的面积与体积.

2. 一等腰三角形的面积为 $Q=50$ dm^2,顶角为 $\beta=100°24'$. 此三角形以垂直于其底且过其底一端之直线为轴回转一周. 试求所得回转体的全面积.

3. 三角形 ABC,以过其顶点 A 且平行于其边 BC 的直线为轴回转一周;已知 $BC=a=23.54$ dm,边 AB 在轴上的射影长为 $b=7.33$ dm,边 AB 与轴的夹角为 $\alpha=18°36'$. 试求所得回转体的体积.

4. 正三角形的边长为 a,以不与其相截但过其一顶点且与其一边所夹之锐角为 α 的一直线为轴,回转一周. 试求所得回转体的体积.

5. 腰长为 b,顶角为 α 的等腰三角形,以其一腰为轴回转一周,试求所得回转体的体积与面积($\alpha=120°$).

6. 边长为 a,锐角为 α 的菱形,以过其一锐角顶点且垂直于此角一边的直线为轴,回转一周,试求所得回转体的面积与体积.

7. 一平面折线,是由 n 个长皆为 a 的线段连接而成的,并且每相邻两线段间的夹角皆为 α. 此折线以过其一端且平行于角 α 的平分线的直线为轴,回转一周. 试求所得回转面的面积.

8. 已知三角形的二边长为 b 及 c,且夹角为 α;此三角形以不在其所在平面上、过其 α 角的顶点且与边 b 及 c 的夹角相等的一直线为轴,回转一周. 试求所得回转体的体积.

9. 底边为 a,两底角为 α 与 $90°+\alpha$ 的三角形,以其高为轴回转一周,试求所得回转体的体积.

10. 在半径为 R 的半圆周上,由直径 AB 的一端 B,截取弧 BC,其所对圆心角为 α(小于 $90°$);在点 C 作一切线,与直径 AB 的延长线交于点 D;联结点 C 与 A. $\triangle ACD$ 以边 AD 为轴回转一周,试求所得回转体的体积.

11. 假设 $\triangle ABC$ 的角为 A,B 及 C. 试求此三角形以其边 a,b 及 c 为轴,顺次所得回转体的体积 V_a,V_b 及 V_c 之比.

12. 两个三角形:一个是顶角为 $\alpha=54°16'$ 的等腰三角形;一个是与前者在同一平面上,且有长为 $b=25.34$ cm 的公共底的正三角形. 这两个三角形以过其一公共顶点,且平行于等腰三角形之高的一直线为轴回转一周. 试求所得回转体的体积与面积.

13. 一直角三角形的面积为 S;其一锐角为 α. 在同平面内,过此锐角的顶点,且垂直于其斜边作一直线. 以此直线为轴回转该三角形,试求所得回转体的体积 V.

14. 对角线长为 d 的矩形,以过其对角线的一端,与此对角线垂直的,且与其一边的夹角为 α 的一直线为轴,回转一周,试求所得回转体的体积($d=34.06$ m;$\alpha=56°14'$).

15. 正方形 $ABCD$(图 45)的边长为 a,过其顶点 C 作一直线 Cx,与边 BC 的夹角 $BCx=60°$,与边 AB 交于点 E. 四边形 $EABC$,以直线 Cx 为轴回转一周. 试求所得回转体的体积.

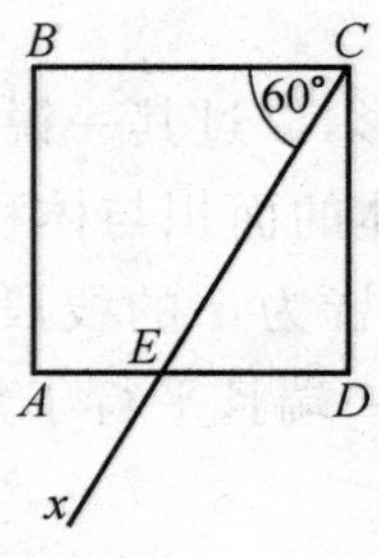

图 45

16. 周长为 $2p=27.42$ dm，一角为 $\alpha=41°16'$ 的直角三角形，以其斜边为轴回转一周. 试求所得回转体的体积.

17. 一直角梯形的内切圆半径为 r，锐角为 α. 此梯形以其上底为轴回转一周，试求由两腰所生的面积.

18. 一平行四边形，二大平行边间的距离为 h；联结两个锐角顶点的对角线与小边的夹角为 β. 以过其锐角 α 的顶点且平行于较小对角线的直线为轴，回转该平行四边形. 试求所得回转体的体积.

19. 边数(n)为偶数的一正多边形，以联结其二相对顶点的直线为轴，回转一周. 按以下各情形来求所得回转体的面积与体积：1) 内切圆半径为 r；2) 外接圆半径为 R；3) 边长为 a.

20. 边数(n)为偶数的一正多边形，以联结其二相对边中点的直线为轴，回转一周. 试按以下各情形求所得回转体的面积与体积：1) 内切圆半径为 r；2) 外接圆半径为 R；3) 边长为 a.

21. 边数(n)为奇数的一正多边形，以联结其一边的中点及与此边相对点之直线为轴，回转一周. 试按以下各情形求所得回转体的面积与体积：1) 内切圆半径为 r；2) 外接圆半径为 R；3) 边长为 a.

含有球之各部分的回转体

22. 半径为 R，弧所对圆心角为 α 的一弓形，以过其弧一端的直径为轴，回转一周. 试求所得回转体的体积 V 与全面积 S.

23. 圆心角为 α 的扇形，以与其 α 角平分线的夹角为 β 的直径 $2r$ 为轴，回转一周. 试求所得回转体的体积.

24. 圆心角为 α，面积为 Q 的扇形，以垂直于其 α 角平分线的直径为轴，回转一周. 试求所得回转体的面积($\alpha=70°36'$；$Q=211.8$).

25. 在球内，由其一直径的一端，引一弦；以该直径为轴，将所引之弦回转一周，得一曲面；已知所得曲面将球体积二等分，求该直径与所引弦的夹角 α.

26. 弦长为 a，圆心角为 α 的弓形，以平行于其弦的直径为轴，回转一周. 试求所得回转体的面积与体积.

第三章　答　案

§1

1. $-120°$, $-1\ 440°$.　　**2.** $1\ 080°$, $10\ 800°$.

3. $5°$, $150°$, $720°$, $1\ 500°$.　　**5.** $360°$.

6. 1) $120°+360°n$; 2) $-60°+360°n$ 或 $300°+360°n$.

1) $120°$, $480°$, $840°$, $\cdots$; 2) $-60°$, $300°$, $660°$, $\cdots$;

3) $300°$, $660°$, $1\ 020°$, $\cdots$.

7. 1) ≈ 1.57 cm; 2) $\frac{\pi Ra}{180}$.

8. 1) a) $\frac{\pi}{6}$; b) $\frac{\pi}{4}$; c) $\frac{\pi}{3}$; d) $\frac{3}{4}\pi$; e) $\frac{\pi}{12}$; f) $\frac{\pi}{8}$; g) $\frac{\pi}{5}$; h) $\frac{5}{12}\pi$; i) $\frac{3}{5}\pi$; k) $\frac{5}{6}\pi$; l) $\frac{7}{8}\pi$; m) 0.9π.

2) a) $\approx 0.890\ 1$; b) $\approx 0.471\ 2$; c) $\approx 1.335\ 2$; d) $\approx 0.218\ 2$; e) $\approx 0.500\ 9$; f) $\approx 1.280\ 2$; g) $\approx 2.042\ 0$; h) $\approx 3.773\ 7$.

3) $\frac{\pi}{3}$, $\frac{\pi}{2}$, $\frac{3}{5}\pi$, $\frac{2}{3}\pi$, $\frac{\pi(n-2)}{n}$.

9. 1) $\approx 85°57'$, $\approx 114°35'$, $\approx 42°58'$, $30°$, $120°$, $270°$, $22°30'$, $135°$, $216°$.

2) $40°$, $75°$, $13°30'$, $57°42'$, $218°$, $27°30'$, $74°29'$, $45°50'$.

10. 1) $10\pi \approx 31.4$; 2) ≈ 6.28 m/s; 3) ≈ 37.68 m/s.

11. ≈ 200.

§2

1. 在第一象限内;没有.　　**4.** 由 0 到 2.

5. 除第一式外都不成立.　　**6.** 不能.

7. 0.　　**8.** c.

9. $a-b+c$.　　**10.** $(a-b)^2$.

11. a^2-b^2.　　**12.** 0.

13. 没有值.

14. 1)0.6;2)-0.5;3)-0.7;4)0.9;5)1.7;6)-2.7.

15. 1、3、7 是负的,2、4、5、6、8 是正的.

16. 1)$\cos 20°$;2)$\sin 50°$;3)$\cot 40°$;4)$\tan 50°$.

21. 1)15°,135°,255°;2)300°;3)50°,110°,170°,230°,290°,350°;4)120°;

5) $\frac{\pi}{6}$,$\frac{5}{6}\pi$,$1\frac{1}{6}\pi$,$1\frac{5}{6}\pi$;6) $\frac{\pi}{12}$,$1\frac{5}{12}\pi$;7)45°,135°;8) $\frac{\pi}{8}$,$\frac{2}{3}\pi$.

22. 1)$69°+180°n$;2)$-39°+180°n$;3)$\pm 26°+360°n$;4)$\pm 132°+360°n$;

5)$15°+360°n$ 与 $165°+360°n$ 或 $(-1)^n \cdot 15°+180°n$;6)$-45°+360°n$ 与 $-135°+360°n$ 或 $(-1)^{n+1} \cdot 45°+180°n$.

23. $\sin x=-1$.　　**24.** $\cos x=\frac{1}{2}(\sqrt{5}-1)$.

25. $\sin x=\pm\frac{1}{\sqrt{3}}$.　　**26.** $\sin x=0$.

27. $\tan x=0,2$.　　**28.** $\sec x=2$.

29. $\cot x=0$.　　**30.** 没有解法.

31. 不可能.

32. 1)$\arctan m+180°n$,此处 m 可为任意数;2)$\pm\arccos m+360°n$,$-1\leqslant m\leqslant 1$;3)$(-1)^n\arcsin m+180°n$,$-1\leqslant m\leqslant 1$.

33. 1) $\frac{\pi}{6}=\arcsin\frac{1}{2}$;2)$-45°=\arcsin\left(-\frac{\sqrt{2}}{2}\right)$;3) $\frac{\pi}{4}=\arccos\frac{\sqrt{2}}{2}$;

4)$90°=\arccos 0$;5)$-\frac{\pi}{4}=\arctan(-1)$;6)$0°=\arctan 0$;7)$30°=\mathrm{arccot}\sqrt{3}$;

8)$45°=\mathrm{arccot}\, 1$;9)$x=\arcsin 0.23$;10)$x=\arccos 0.576\,2$;

11)$x=\arctan 0.468$;12)$x=\mathrm{arccot}\, 1.237$.

34. 1)47° 或 0.820 3;2)66°30′ 或 1.160 6;3)74°47′ 或 1.305 2;4)62°54′ 或 1.097 8.

35. 1) $\frac{\sqrt{2}}{2}$;2) $\frac{\sqrt{3}}{2}$;3) $\sqrt{3}$;4)$3\sin\alpha$;5)$a\cos\frac{b}{c}$;6) $\frac{1}{\tan\alpha}=\cot\alpha$.

§ 3

题号	1.	2.	3.
$\sin\alpha$	$(\sin\alpha)$	$\pm\sqrt{1-\cos^2\alpha}$	$\pm\dfrac{\tan\alpha}{\sqrt{1+\tan^2\alpha}}$
$\cos\alpha$	$\pm\sqrt{1-\sin^2\alpha}$	$(\cos\alpha)$	$\pm\dfrac{1}{\sqrt{1+\tan^2\alpha}}$
$\tan\alpha$	$\pm\dfrac{\sin\alpha}{\sqrt{1-\sin^2\alpha}}$	$\pm\dfrac{\sqrt{1-\cos^2\alpha}}{\cos\alpha}$	$(\tan\alpha)$
$\cot\alpha$	$\pm\dfrac{\sqrt{1-\sin^2\alpha}}{\sin\alpha}$	$\pm\dfrac{\cos\alpha}{\sqrt{1-\cos^2\alpha}}$	$\dfrac{1}{\tan\alpha}$
$\sec\alpha$	$\pm\dfrac{1}{\sqrt{1-\sin^2\alpha}}$	$\dfrac{1}{\cos\alpha}$	$\pm\sqrt{1+\tan^2\alpha}$
$\csc\alpha$	$\dfrac{1}{\sin\alpha}$	$\pm\dfrac{1}{\sqrt{1-\cos^2\alpha}}$	$\pm\dfrac{\sqrt{1+\tan^2\alpha}}{\tan\alpha}$

题号	4.	5.	6.	7.	8.
$\sin\alpha$	$\pm\dfrac{1}{\sqrt{1+\cot^2\alpha}}$	(0.8)	(−0.3)	$\mp\dfrac{\sqrt{5}}{3}$	$\pm\dfrac{4}{5}$
$\cos\alpha$	$\pm\dfrac{\cot\alpha}{\sqrt{1+\cot^2\alpha}}$	±0.6	$\pm\dfrac{\sqrt{91}}{10}$	$\left(\dfrac{2}{3}\right)$	$\left(-\dfrac{3}{5}\right)$
$\tan\alpha$	$\dfrac{1}{\cot\alpha}$	$\pm\dfrac{4}{3}$	$\mp\dfrac{3}{\sqrt{91}}$	$\mp\dfrac{\sqrt{5}}{2}$	$\mp\dfrac{4}{3}$
$\cot\alpha$	$(\cot\alpha)$	±0.75	$\mp\dfrac{\sqrt{91}}{3}$	$\mp\dfrac{2}{\sqrt{5}}$	$\mp\dfrac{3}{4}$
$\sec\alpha$	$\pm\dfrac{\sqrt{1+\cot^2\alpha}}{\cot\alpha}$	$\pm\dfrac{5}{3}$	$\pm\dfrac{10}{\sqrt{91}}$	$\dfrac{3}{2}$	$-\dfrac{5}{3}$
$\csc\alpha$	$\pm\sqrt{1+\cot^2\alpha}$	1.25	$-\dfrac{10}{3}$	$\pm\dfrac{3}{\sqrt{5}}$	$\pm\dfrac{5}{4}$

题号	9.	10.	11.	12.	13.
$\sin\alpha$	$\pm\sqrt{\frac{5}{6}}$	$\pm\frac{9}{41}$	$\pm\frac{15}{17}$	$\pm\sqrt{0.1}$	$\pm\frac{\sqrt{8}}{3}$
$\cos\alpha$	$\pm\frac{1}{\sqrt{6}}$	$\pm\frac{40}{41}$	$\pm\frac{8}{17}$	$\pm\sqrt{0.9}$	$\frac{1}{3}$
$\tan\alpha$	$(\sqrt{5})$	$\left(-\frac{9}{40}\right)$	$\frac{15}{8}$	$-\frac{1}{3}$	$\pm\sqrt{8}$
$\cot\alpha$	$\frac{1}{\sqrt{5}}$	$-\frac{40}{9}$	$\left(\frac{8}{15}\right)$	(-3)	$\pm\frac{1}{\sqrt{8}}$
$\sec\alpha$	$\pm\sqrt{6}$	$\pm\frac{41}{40}$	$\pm\frac{17}{8}$	$\pm\frac{\sqrt{10}}{3}$	(3)
$\csc\alpha$	$\pm\sqrt{\frac{6}{5}}$	$\pm\frac{41}{9}$	$\pm\frac{17}{15}$	$\pm\sqrt{10}$	$\pm\frac{3}{\sqrt{8}}$

题号	14.	15.	16.	17.	18.
$\sin\alpha$	$\pm\frac{21}{29}$	$\frac{5}{13}$	$-\frac{1}{\sqrt{3}}$	$\left(\frac{a-b}{a+b}\right)$	$\pm\frac{b}{a}$
$\cos\alpha$	$-\frac{20}{29}$	$\pm\frac{12}{13}$	$\pm\sqrt{\frac{2}{3}}$	$\pm\frac{2\sqrt{ab}}{a+b}$	$\left(\frac{\sqrt{a^2-b^2}}{a}\right)$
$\tan\alpha$	$\mp\frac{21}{20}$	$\pm\frac{5}{12}$	$\mp\sqrt{\frac{1}{2}}$	$\pm\frac{a-b}{2\sqrt{ab}}$	$\pm\frac{b}{\sqrt{a^2-b^2}}$
$\cot\alpha$	$\mp\frac{20}{21}$	± 2.4	$\mp\sqrt{2}$	$\pm\frac{2\sqrt{ab}}{a-b}$	$\pm\frac{\sqrt{a^2-b^2}}{b}$
$\sec\alpha$	$\left(-1\frac{9}{20}\right)$	$\pm\frac{13}{12}$	$\pm\sqrt{\frac{3}{2}}$	$\pm\frac{a+b}{2\sqrt{ab}}$	$\frac{a}{\sqrt{a^2-b^2}}$
$\csc\alpha$	$\pm\frac{29}{21}$	(2.6)	$(-\sqrt{3})$	$\frac{a+b}{a-b}$	$\pm\frac{a}{b}$

题号	19.	20.	21.	22.	23.
$\sin\alpha$	$\pm\dfrac{a}{\sqrt{a^2+b^2}}$	$\dfrac{99}{101}$	0.96	$\left(-\dfrac{12}{13}\right)$	$-\dfrac{20}{29}$
$\cos\alpha$	$\pm\dfrac{b}{\sqrt{a^2+b^2}}$	$\dfrac{20}{101}$	(−0.28)	$-\dfrac{5}{13}$	$\dfrac{21}{29}$
$\tan\alpha$	$\left(\dfrac{a}{b}\right)$	$\left(4\dfrac{19}{20}\right)$	$-\dfrac{24}{7}$	$\dfrac{12}{5}$	$-\dfrac{20}{21}$
$\cot\alpha$	$\dfrac{b}{a}$	$\dfrac{20}{99}$	$-\dfrac{7}{24}$	$\dfrac{5}{12}$	(−1.05)
$\sec\alpha$	$\pm\dfrac{\sqrt{a^2+b^2}}{b}$	$\dfrac{101}{20}$	$-\dfrac{25}{7}$	$-\dfrac{13}{5}$	$\dfrac{29}{21}$
$\csc\alpha$	$\pm\dfrac{\sqrt{a^2+b^2}}{a}$	$\dfrac{101}{99}$	$\dfrac{25}{24}$	$-\dfrac{13}{12}$	−1.45

24. $\cos^2\alpha$.　**25.** $\sin^2\alpha$.　**26.** $1-\cos\alpha$.

27. $-(1+\sin\alpha)$.　**28.** $\sec^2\alpha$.　**29.** $\cos^2\alpha$.

30. a) $\tan\alpha\cdot\tan\beta$; b) $\cot\alpha\cdot\cot\beta$.

31. a) $\cot^2\alpha$; b) $\tan^2\alpha$.　**32.** $\cos\alpha$.

33. $\sin\alpha$.　**34.** $\sec\alpha$.　**35.** $\tan\alpha$.

36. $\cot\alpha$.　**37.** $\csc\alpha$.　**38.** $\cos\alpha$.

39. $\tan^2\alpha$.　**40.** $2\sin^2\alpha$.　**41.** $2\cos^2\alpha$.

42. 1.　**43.** 1.　**44.** $\tan^2\alpha$.

45. $\sec^2\alpha$.　**46.** $\sec^2\alpha$.　**47.** $\csc^2\beta$.

48. $\csc^2\alpha$.　**49.** $\sin\alpha\cdot\cos\alpha$.　**50.** $\tan\alpha\cdot\tan\beta$.

51. 4.　**52.** $\cot^6\alpha$.

53. a) $2\sin^2\alpha-1$; b) $1-2\cos^2\alpha$.

54. $\dfrac{1}{\sin\alpha\cos\alpha}$.　**55.** $\dfrac{1+\tan^2\alpha}{1-\tan^2\alpha}$.　**56.** $\dfrac{\cot\alpha}{\cot^2\alpha-1}$.

57. a) $\dfrac{\tan\alpha-1}{\tan\alpha+1}$; b) $\dfrac{1-\cot\alpha}{1+\cot\alpha}$.

58. a) $\dfrac{\tan\alpha}{1-\tan^2\alpha}$; b) $\dfrac{\cot\alpha}{\cot^2\alpha-1}$.

59. $\sec\alpha=-\frac{\sqrt{1+\cot^2\alpha}}{\cot\alpha}$.

60. 9.

61. $\frac{m^2-1}{2}$.

62. m^2-2 与 m^3-3m.

93. $90°+180°n$.

94. $\pm 60°+360°n$.

95. $\pm 52°+360°n$.

96. $360°n$.

97. $\pm 128°+360°n$.

98. $\pm 52°+360°n$.

99. $180°n$.

100. $\approx 63°+180°n$ 与 $-27°+180°n$.

101. $\approx (-1)^n\cdot 24°+180°n$.

102. $90°+180°n$ 与 $\pm 60°+360°n$.

103. $\pm 120°+360°n$.

104. $\approx 27°+180°n$.

105. $45°+90°n$.

106. $\pm 30°+180°n$.

107. $\pm 60°+180°n$.

108. $360°n$ 与 $90°+360°n$.

109. $45°+180°n$.

110. $60°+180°n$.

111. $\pm 30°+180°n$.

112. $45°+180°n$ 与 $\approx -72°+180°n$.

113. $\approx 70°+180°n$ 与 $\approx -36°+180°n$.

§4

1. 1) $\cos 17°$; 2) $\sin 9°20'$; 3) $\cot 20°34'20''$; 4) $\tan 30°1'$.

2. 1) $\sin 67°40'$; 2) $-\cos 80°34'25''$; 3) $-\tan 71°11'24''$; 4) $-\cot 39°20'$.

3. 1) $\cos 31°40'$; 2) $\sin 16°25'$; 3) $-\cos 21°43'$; 4) $-\sin 8°21'$;
5) $-\tan 19°32'28''$; 6) $-\cot 16°32'$; 7) $-\tan 30°28'40''$; 8) $-\cot 39°18'$.

4. -1.

5. $\cos\alpha$.

6. $-\cos\alpha$.

7. $-\sec\alpha$.

8. 0.

9. 0.

10. 1.

11. $-\sin^2\alpha$.

12. 0.

13. $2\cos\alpha$.

14. 1.

§5

1. 1) 0.258 8; 2) 0.956 3; 3) 0.622 5; 4) 0.936 1; 5) 0.205 1; 6) 0.998 8.

2. 1) 0.364 0; 2) 11.43; 3) 3.172; 4) 0.319 1; 5) 1.337 5; 6) 0.379 9;
7) 8.284; 8) 12.61; 9) 38.19.

3. 1) 0.422 6; 2) 0.292 4; 3) 0.782 6; 4) 0.937 3; 5) 0.482 3; 6) 0.194 8;

7)0.998 7;8)0.999 7.

4. 1)2.747;2)1.303 2;3)0.336 5;4)0.379 6;5)2.805;6)0.030 5;7)11.43;8)23.37.

5. 1)20°;2)36°30′;3)57°21′;4)68°20′;5) 不可能;6)23°9′.

6. 1)24°;2)85°;3)69°30′;4)28°36′;5)79°48′;6)26°34′;7)22°47′;8)85°34′;9)81°25′.

7. 1)27°;2)24°30′;3)50°30′;4) 不可能;5)35°2′;6)63°21′.

8. 1)20°;2)67°30′;3)29°29′;4)33°47′;5)55°13′;6)30°33′;7)8°;8)5°35′;9)2°52′.

9. 0.965 9,0.136 8,0.639 5,0.903 6.

10. −0.469 5,−0.917 1,−0.151 3,−0.982 5.

11. −1.664 3,−0.356 1,−4.836,−0.633 4.

12. −11.43,−0.687 3,−6.472,−0.387 6.

§6

1. 1)$\sin\alpha=0.96$,$\tan\alpha=3\frac{3}{7}\approx 3.429$;

2)$\tan\alpha=0.75$,$\cos\alpha=0.8$;

3)$\tan\beta\approx 6.462$,$\cos\beta\approx 0.152\,9$.

2. $\sin\beta=\frac{77}{85}$,$\cos\beta=\frac{36}{85}$,$\tan\beta=2\frac{5}{36}$,$\cot\beta=\frac{36}{77}$.

3. 1)20.4 cm;2)68 cm.

4. 1)10.08 m;2)30.6 dm.

5. 1)2.56 km;2)2.39 km.

6. 947 m.

7. 12°43′.

8. 3 646.5 m ≈ 3 647 m.

9. 20 m.

10. 35.5 m.

11. 27.25 m.

12. 1°54′.

13. 4°55′

14. 2°57′,727 m.

15. $b\sin\alpha-a=10.5$ m.

16. $a\sec\alpha$ m.

18. 33°41′.

19. ≈ 40 m.

20. 1)63°26′;2)26°34′;3)21°48′.

21. $\arctan\frac{n}{n-1}=47°52'$.

22. 30°58′.

23. $\varphi=180°-\arctan\frac{b}{a}$.

24. 33°41′.

25. 21 cm.
26. 1 278 m.
27. $r=1.584$ m, $x=1.973$ m.
28. $\frac{\alpha}{2\cos\beta}$.
29. 6°51′, 105.2 mm.
30. $h=10(D-d)$, 2°52′.
31. 38°40′.
32. ≈ 63 m.
33. 2.6 m.
34. 36°39′.
35. 73°58′.
36. 2.698.
37. 47°16′, 32.8 dm.
38. 97°12′.
39. $\frac{c}{2\pi}\cdot\cos\frac{180°m}{m+n}\approx 11.2$ m.
40. $\frac{a}{2\sin\alpha}$.
41. 52°15′, 7.141 kg.
42. $b(1+\sec\alpha)$.
43. $\arcsin\frac{h}{b}$.
44. 48°1′.
45. 78°48′.
46. 北偏东或西 69°15′.
47.

α	5 dm	15 dm
40°	3.2 dm	9.6 dm
60°	4.3 dm	13.0 dm
90°	5 dm	15 dm

48. 向东 26.6 km, 向北 21.7 km.
49. 40°13′, 49°47′.
50. 57°28′, 122°32′.
51. 67°49′, 22°11′.
52. 120°30′, 59°30′.
53. 1) $OB\approx 0.35$ m, $AB=0.2$ m, $\beta=5°44'$, $BP\approx 1.99$ m. 3) 0°, 1°59′, 3°55′, 5°44′, 7°23′, 8°49′, 9°59′, 10°50′, 11°22′, 11°32′; 5) 11°19′; 6) 0, 5 mm, 22 mm, 48 mm, 83 mm, 125 mm, 173 mm, 224 mm, 277 mm, 330 mm.
54. 47°30′.
55. $\alpha=41°20'$, $\beta=18°45'$.
56. 1) 82°27′; 2) 8°38′.
57. 53°8′.
58. $R=\frac{a}{2\cos\frac{\beta}{2}}$, $r=a\sin\frac{\beta}{2}\tan(45°-\frac{\beta}{4})$.
59. $\alpha=\arcsin\frac{h}{b}$, $a=\frac{h}{\cos\alpha}$, $c=\frac{b}{\cos\alpha}$.
60. 11°26′.
61. 28°, 37°, 19°, 53°, 86°, 113°.
62. ≈ 21 741 km.
63. 4°52′.
64. 1°11′.
65. 51°5′.

§7

1. 1)$b=61,c=102$;2)$a=39,b=25$.

2. 78.7 m. **3.** 21.1 m.

4. $\dfrac{b\sin(\alpha+\beta)}{\cos\beta}$. **5.** $\dfrac{l\sin(\alpha\pm\beta)}{\cos\alpha}$(有两种情形).

6. $\dfrac{d\sin\alpha}{\sin(\alpha+\beta)}$与$\dfrac{d\sin\beta}{\sin(\alpha+\beta)}$.

7. $l_b=\dfrac{a\sin\gamma}{\sin(\dfrac{\beta}{2}+\gamma)}$,$l_c=\dfrac{a\sin\beta}{\sin(\beta+\dfrac{\gamma}{2})}$,$l_a=\dfrac{a\sin\beta\sin\gamma}{\sin(\beta+\gamma)\cos\dfrac{\beta-\gamma}{2}}$.

8. $\dfrac{c\sin\alpha\cdot\sin\beta}{\sin(\alpha+\beta)}\approx 146.4$ m.

9. $a=\dfrac{h_a\sin\alpha}{\sin\gamma\sin(\alpha+\gamma)}$,$b=\dfrac{h_a}{\sin\gamma}$,$c=\dfrac{h_a}{\sin(\alpha+\gamma)}$.

10. 7 880 m^2. **11.** $\dfrac{1}{2}b^2\sin\alpha\approx 48\ \mathrm{m}^2$.

12. 当$\gamma=90°$. **15.** $a^2\sin\alpha\approx 21\ \mathrm{cm}^2$.

16. $\dfrac{d^2\sin\varphi}{2}$,当$\varphi=90°$,最大值为$\dfrac{d^2}{2}$.

17. $\dfrac{(a+b)\cdot c}{2}\sin\alpha$. **18.** $50°33'$,$129°27'$.

19. $46°57'$,$133°3'$. **20.** 362.3 m^2.

21. $AE=\sqrt{\dfrac{2Q\sin(\alpha+\gamma)}{\sin\alpha\sin\gamma}}$,$AD=\sqrt{\dfrac{2Q\sin\gamma}{\sin\alpha\sin(\alpha+\gamma)}}$.

22. $\dfrac{h_ah_b}{2\sin\gamma}$. **23.** $\dfrac{h_b^2\sin\beta}{2\sin\alpha\sin(\alpha+\beta)}$. **24.** $a\approx 8.5$.

25. 1)$c=22,\alpha=22°20',\beta=34°23'$;2)$b=0.4,\alpha=11°29',\gamma=145°3'$;3)$b=63,\alpha=153°16',\gamma=10°16'$.

26. 77 m. **27.** $117°17'$. **28.** 8.1 m,4.0 m.

29. 275 kg,$16°10'$,$33°50'$. **30.** 1 633 m.

§8

1. $\cos 162°30'=-\cos 17°30'$. **2.** $\sin 340°=-\cos 70°$.

3. $\sin 75° = \cos 15°, \sin 150° = \sin 30°$.

4. a) $-\sin 20°$; b) $\cos 10°$; c) $\sin 30°$; d) $\cos 20°$.

5. e) $\cot 30°$; f) $-\tan 40°$; g) $\cot 45°$; h) $\tan 30°$.

6. i) $-\csc 10°$; k) $\sec 10°$; l) $\csc 40°$; m) $-\sec 10°$.

7. a) $\cos 0.2\pi$; b) $\cos \frac{2}{9}\pi$; c) $-\tan \frac{2}{11}\pi$; d) $-\sec 0.1\pi$.

8. a) 1; b) 1; c) 0; d) 0.

9. a) $-\frac{1}{2}$; b) 0; c) $\sqrt{3}$; d) -1.

10. $\cos 50° = -\cos 130°$.　　11. $-2\cot \alpha$.

12. $2\cos \alpha$.　　13. 1.　　14. -1.

15. $a^2 + b^2 - 2ab \cdot \cos \alpha$.　　16. $-\tan^3 \alpha$.

17. $\cot \alpha$.　　18. $\frac{\cos^2 \alpha}{\sin \alpha}$.　　19. 0.

20. $\cot^2 42°$.　　21. $-\cot^2 40°$.

22. $\sin(\alpha - 90°) = -\cos \alpha, \cos(\alpha - 180°) = -\cos \alpha, \tan(\alpha - 360°) = \tan \alpha$.

23. $\cos x = -\frac{2}{3}$.　　24. $\sin x = \pm\frac{\sqrt{3}}{2}$.　　25. $\frac{1 \pm \sqrt{5}}{2}$.

26. $360° \cdot n$.　　27. $135° + 180° \cdot n$.　　28. $\frac{\pi}{4} + \pi n$.

29. $\frac{\pi}{4} + \frac{\pi n}{2}$.　　30. $90°(2n + 1)$.

§ 9

1. -1.　　2. a) $\sin \alpha$; b) $-\sin \alpha$.

3. $0.4\sqrt{3} + 0.3$.　　4. $\sqrt{0.2} - \sqrt{0.15}$.

5. $0.2 + \sqrt{0.63}, -\sqrt{0.21} - \sqrt{0.12}$.

6. $\frac{1}{12}(\sqrt{35} - 6), \frac{1}{12}(3\sqrt{5} - 2\sqrt{7})$.

7. $\pm 1, \pm 0.28$.　　8. $\frac{1}{2}$.

9. a) $\frac{\sqrt{2}}{4}(\sqrt{3} + 1), \frac{\sqrt{2}}{4}(\sqrt{3} - 1)$; b) $\frac{\sqrt{2}}{4}(\sqrt{3} - 1), \frac{\sqrt{2}}{4}(\sqrt{3} + 1)$.

12. a) $\frac{\tan\alpha-\tan\beta}{\tan\alpha+\tan\beta}$, $\frac{1-\tan\alpha\tan\beta}{1+\tan\alpha\tan\beta}$; b) $\frac{\cot\beta-\cot\alpha}{\cot\beta+\cot\alpha}$, $\frac{\cot\alpha\cot\beta-1}{\cot\alpha\cot\beta+1}$.

13. $\sin\alpha\cos\beta\cos\gamma+\cos\alpha\sin\beta\cos\gamma+\cos\alpha\cos\beta\sin\gamma-\sin\alpha\sin\beta\sin\gamma$, $\cos\alpha\cos\beta\cos\gamma-\sin\alpha\sin\beta\cos\gamma-\sin\alpha\cos\beta\sin\gamma-\cos\alpha\sin\beta\sin\gamma$.

14. $\frac{56}{65}$, $-\frac{33}{65}$.　　**15.** $\frac{1\pm\tan\alpha}{1\mp\tan\alpha}$.

16. $-(2+\sqrt{3})$.　　**17.** $-\frac{1}{2}$.

18. -1, $-\frac{1}{7}$.　　**19.** $\frac{\cot\beta\pm\cot\alpha}{\cot\alpha\cdot\cot\beta\mp 1}$.

20. a) $\frac{\cot\alpha\cdot\cot\beta\mp 1}{\cot\beta\pm\cot\alpha}$; b) $\frac{1\mp\tan\alpha\tan\beta}{\tan\alpha\pm\tan\beta}$.

21. $\frac{\tan\alpha+\tan\beta+\tan\gamma-\tan\alpha\cdot\tan\beta\cdot\tan\gamma}{1-\tan\alpha\tan\beta-\tan\beta\tan\gamma-\tan\gamma\tan\alpha}$.

22. $\tan(\alpha+\beta)$.　　**23.** $\tan\alpha\tan\beta$.　　**24.** $\tan\alpha\cot\beta$.

25. $\cot\alpha\cot\beta$.　　**26.** $\tan\alpha$.　　**41.** $-45^\circ+180^\circ n$.

42. $\pm 60^\circ+180^\circ n$.

43. $x=\arctan(\tan\alpha\tan\beta\tan\gamma)+180^\circ n$.

44. $30^\circ(2n+1)$.　　**45.** $x=(-1)^n\cdot 30^\circ+180^\circ\cdot n$.

46. $x=\arctan\frac{a-b\cdot\tan\alpha}{a\cdot\tan\alpha-b}+\pi n$.

47. $x=\arctan\left(\pm\sqrt{\frac{m+\tan^2\alpha}{1+m\tan^2\alpha}}\right)+\pi n$.

48. $x=180^\circ\cdot n$ 或 $x=\pi n$.

49. $x=\frac{\pi}{6}+\frac{\pi}{3}\cdot n$.　　**50.** $x=90^\circ\cdot n, 60^\circ\cdot n$.

51. $\frac{\pi}{2}+2\pi n$.　　**52.** $14^\circ 38'+180^\circ n$.

53. $45^\circ+180^\circ n$.　　**54.** $\pm\frac{\pi}{3}+2\pi n$.

§ 10

1. a) $\pm 0.96, 0.28$; b) $\frac{3}{4}$.

2. $\frac{120}{169},-\frac{119}{169}$.　　**4.** $-0.96,-0.28$.

5. $-\frac{2}{3}\sqrt{2},-\frac{1}{3}$.　　**6.** $-\frac{3}{4}$.

7. a) $\pm 2\sin\alpha\sqrt{1-\sin^2\alpha}, 1-2\sin^2\alpha$; b) $\pm 2\cos\alpha\sqrt{1-\cos^2\alpha}, 2\cos^2\alpha-1$.

8. a) $\frac{\cot^2\alpha-1}{2\cot\alpha}$; b) $\frac{1-\tan^2\alpha}{2\tan\alpha}$.　　**9.** $\frac{\sec^2\alpha}{2-\sec^2\alpha}$.

10. a) $2\sin\frac{\alpha}{2}\cos\frac{\alpha}{2}, \cos^2\frac{\alpha}{2}-\sin^2\frac{\alpha}{2}$; b) $\frac{2\tan\frac{\alpha}{2}}{1-\tan^2\frac{\alpha}{2}}$.

11. $\frac{2\tan\frac{\alpha}{2}}{1+\tan^2\frac{\alpha}{2}}, \frac{1-\tan^2\frac{\alpha}{2}}{1+\tan^2\frac{\alpha}{2}}$.

提示：先化为

$$\sin\alpha=\frac{2\sin\frac{\alpha}{2}\cos\frac{\alpha}{2}}{\cos^2\frac{\alpha}{2}+\sin^2\frac{\alpha}{2}}, \cos\alpha=\frac{\cos^2\frac{\alpha}{2}-\sin^2\frac{\alpha}{2}}{\cos^2\frac{\alpha}{2}+\sin^2\frac{\alpha}{2}}$$

12. 因为由 $\sin\alpha$ 与 $\cos\alpha$ 表示角 α 的其余各函数时是有理数，所以可仅讨论 $\sin\alpha$ 与 $\cos\alpha$；由此，参考习题 11 即得.

13. $\frac{12}{13},\frac{5}{13},2.4$.　　**14.** $\frac{1}{2}\sqrt{2},\frac{1}{2}\sqrt{2},1$.

15. $3\sin\alpha-4\sin^3\alpha, 4\cos^3\alpha-3\cos\alpha, \frac{3\tan\alpha-\tan^3\alpha}{1-3\tan^2\alpha}$.

16. $4\sin\alpha\cdot\cos^3\alpha-4\cos\alpha\cdot\sin^3\alpha, \cos^4\alpha-6\cos^2\alpha\cdot\sin^2\alpha+\sin^4\alpha$.

17. $\sqrt{0.9},-\sqrt{0.1},-3$.

18. $\frac{1}{2}\sqrt{2-\sqrt{3}},\frac{1}{2}\sqrt{2+\sqrt{3}},2-\sqrt{3},2+\sqrt{3}$.

19. $\frac{1}{2}\sqrt{2-\sqrt{2}},\frac{1}{2}\sqrt{2+\sqrt{2}},\sqrt{2}-1,\sqrt{2}+1$.

20. $\frac{4}{5},\frac{3}{5}$.　　**21.** $\frac{3}{5}$.　　**22.** $\sqrt{5}-2$.

25. 因为 $\sin^2\frac{\alpha}{2}+\cos^2\frac{\alpha}{2}=1, 2\sin\frac{\alpha}{2}\cos\frac{\alpha}{2}=\sin\alpha$，所以 $\sin\frac{\alpha}{2}+\cos\frac{\alpha}{2}=\pm\sqrt{1+\sin\alpha}, \sin\frac{\alpha}{2}-\cos\frac{\alpha}{2}=\pm\sqrt{1-\sin\alpha}$. 由此二等式可以求得 $\sin\frac{\alpha}{2}$ 及

$\cos\frac{\alpha}{2}$的四个解.

26. $\frac{-1\pm\sqrt{1+\tan^2\alpha}}{\tan\alpha}$, $\cot\alpha\pm\sqrt{\cot^2\alpha+1}$.

27. -2.

52. $x=(-1)^n\cdot15°+90°\cdot n$ 或 $x=\frac{\pi}{2}\cdot n+(-1)^n\cdot\frac{\pi}{12}$.

53. $x=\pm\frac{\pi}{3}+\pi n$.

54. $x=22°30'+90°\cdot n$ 或 $x=\frac{\pi}{8}+\frac{\pi}{2}\cdot n$.

55. $x=\pi n, \pm\frac{\pi}{3}+2\pi n$.

56. $x=\pi(2n+1), 2\cdot(-1)^n\arcsin\frac{b}{2a}+2\pi n$.

57. $x=45°+90°\cdot n$.　**58.** $x=120°\cdot n$.

59. $x=\pm30°+180°\cdot n$.**60.** $x=\pi n$.

61. $x=\pi n, \pm\frac{\pi}{6}+\pi n$.

62. $x=\pi+2\pi n, \pm2\arccos\frac{b}{2a}+4\pi n$.

63. $x=360°\cdot n, (-1)^n\cdot60°+360°\cdot n$.

64. $x=\pi+2\pi n, 2\arctan\frac{a}{b}+2\pi n$.

65. $x=2\pi n, \frac{\pi}{2}+2\pi n$.

66. $x=\pm\arccos\frac{m-2\pm\sqrt{m(m-8)}}{2(m+1)}+2\pi n$.

67. $x=\frac{\pi}{3}+\frac{2}{3}\pi n$.　**68.** $x=180°\cdot n, \pm30°+180°\cdot n$.

69. $x=\frac{\pi}{2}+\pi n, \pm\frac{2\pi}{3}+2\pi n$.

70. $x=45°+90°\cdot n, \pm30°+180°\cdot n$.

71. $x=\frac{\pi}{8}+\frac{\pi}{2}\cdot n$.

72. $72°52'+360°\cdot n, 17°8'+360°\cdot n$.

73. $119°30' + 360° \cdot n, -13°18' + 360° \cdot n$.

74. $90° + 360° \cdot n, 30° + 360° \cdot n$.

§ 11

1. a) $\sqrt{1.5}$; b) $\sin 18°$; c) 0; d) $-\sin 18°$.

2. a) $2\sin 12°30' \cdot \cos 7°30'$; b) $-2\sin 1° \cdot \cos 4°$;

c) $2\cos 10°7'30'' \cdot \cos 6°52'30''$; d) $2\sin 15° \cdot \sin 10°$.

3. a) $\cos\alpha$; b) $2\cos\frac{\alpha}{2}\cos\frac{\beta}{2}$.

4. a) $\frac{\tan 20°}{\tan 5°}$; b) $\cot\frac{\alpha+\beta}{2} \cdot \cot\frac{\beta-\alpha}{2}$.

5. a) $2\sin 35° \cdot \cos 15°$; b) $\sqrt{2} \cdot \sin 25°$;

c) $2\sin\left(\frac{\alpha+\beta}{2} - 45°\right) \cdot \cos\left(\frac{\alpha-\beta}{2} + 45°\right)$.

6. a) $\sqrt{2} \cdot \cos(\alpha - 45°)$;

b) $\sqrt{2} \cdot \sin(\alpha - 45°)$ 或 $\sin\alpha \pm \cos\alpha = \sqrt{2} \cdot \sin(\alpha \pm 45°)$.

7. a) $\frac{\sin(\alpha \pm \beta)}{\cos\alpha \cdot \cos\beta}$; b) $\frac{\sin(\beta \pm \alpha)}{\sin\alpha \cdot \sin\beta}$; c) $\frac{\cos(\alpha - \beta)}{\cos\alpha \cdot \sin\beta}$; d) $\frac{\cos(\alpha \mp \beta)}{\sin\alpha \cdot \cos\beta}$.

8. a) $2\csc 2\alpha$; b) $-2\cot 2\alpha$.

9. a) $\sin(\alpha + \beta) \cdot \sin(\alpha - \beta)$; b) $\sin(\beta + \alpha) \cdot \sin(\beta - \alpha)$.

10. a) $\frac{\sin(\alpha + \beta) \cdot \sin(\alpha - \beta)}{\cos^2\alpha \cdot \cos^2\beta}$; b) $\frac{\sin(\beta + \alpha) \cdot \sin(\beta - \alpha)}{\sin^2\alpha \cdot \sin^2\beta}$;

c) $-\frac{\cos(\alpha + \beta) \cdot \cos(\alpha - \beta)}{\cos^2\alpha \cdot \sin^2\beta}$; d) $-4\cot 2\alpha \cdot \csc 2\alpha$.

11. a) $-2\sin^2(45° - \frac{\alpha}{2})$; b) $\cos 2\alpha$; c) $-\cos 2\alpha$.

12. $2\cos^2\frac{\alpha}{2} \cdot \tan\alpha$.　**13.** $\tan(\frac{\alpha}{2} - 45°)$.　**14.** $\tan\frac{\alpha}{2}$.

15. a) $\frac{\sin(45° \pm \alpha)}{\cos 45° \cdot \cos\alpha}$; b) $\frac{\sin(\alpha \pm 45°)}{\sin 45° \cdot \sin\alpha}$.

提示：$1 = \tan 45° = \cot 45°$.

16. $\frac{\sin(\beta \pm \alpha)}{\cos\alpha \cdot \sin\beta}$.

17. a) $2\sin(45°+\frac{\alpha}{2})$; b) $2\sin(45°-\frac{\alpha}{2})$.

18. $2\sin(45°+\frac{\alpha}{2})\cdot\sqrt{\tan\alpha}$.

19. a) $\sin(\alpha+\beta)\cdot\cos(\alpha-\beta)$; b) $\cos(\alpha+\beta)\cdot\sin(\alpha-\beta)$.

20. a) $\sqrt{8}\cdot\cos\frac{\alpha}{2}\cos(\frac{\alpha}{2}-45°)$; b) $\sqrt{8}\cdot\sin\frac{\alpha}{2}\sin(\frac{\alpha}{2}-45°)$.

21. $-4\sin^2\frac{\alpha}{2}\cdot\cos\alpha$.

22. a) $\dfrac{\sqrt{2}\cdot\cos\frac{\alpha}{2}}{\sin(45°-\frac{\alpha}{2})}$; b) $\dfrac{\sqrt{2}\cdot\sin\frac{\alpha}{2}}{\sin(45°-\frac{\alpha}{2})}$.

23. a) $\dfrac{\sqrt{8}\cdot\sin(45°+\alpha)}{\cos\alpha}\cdot\cos^2\frac{\alpha}{2}$; b) $\dfrac{\sqrt{8}\cdot\sin(45°-\alpha)}{\cos\alpha}\cdot\sin^2\frac{\alpha}{2}$.

24. a) $\dfrac{1}{\sqrt{2}\cdot\sin\frac{\alpha}{2}\cdot\sin(45°-\frac{\alpha}{2})}$; b) $\dfrac{\sin(\alpha-45°)}{\cos\frac{\alpha}{2}\cdot\cos(45°-\frac{\alpha}{2})}$.

25. a) $4\sin\frac{\alpha+\beta}{2}\cos\frac{\alpha}{2}\cos\frac{\beta}{2}$; b) $4\cos\frac{\alpha+\beta}{2}\sin\frac{\alpha}{2}\cos\frac{\beta}{2}$.

提示:将 $\sin(\alpha+\beta)$ 用角$\frac{\alpha+\beta}{2}$的函数表示.

26. $4\cos\alpha\cdot\sin\frac{3\alpha}{2}\cdot\cos\frac{\alpha}{2}$.

39. 先消去等式左边的 γ,加以变换,再代入 γ.

40. 解法与习题 39 同.

41. 将等式 $\tan(\alpha+\beta)=-\tan\gamma$ 去括号并去分母.

42. 仿习题39的解法,先将等式左边化为$\dfrac{\sin(\alpha+\beta)}{\sin\alpha\sin\beta}-\dfrac{\cos(\alpha+\beta)}{\sin(\alpha+\beta)}$;变换后,可得

$$\frac{\cos\alpha\cdot\cos\beta\cdot(\sin\alpha\sin\beta-\cos\alpha\cdot\cos\beta)+1}{\sin\alpha\cdot\sin\beta\cdot\sin(\alpha+\beta)}$$

由此继续进行.

43. 将等式 $\cot(\frac{\alpha}{2}+\frac{\beta}{2})=1/\cot\frac{\gamma}{2}$,去括号并去分母.

44. 解法与习题 43 同.

45. 将 $\cot(\alpha+\beta)=-\cot\gamma$ 去括号并去分母.

46. 解法与习题 39 同，先将等式化为 $\sin^2\alpha+\sin^2\beta+\sin^2(\alpha+\beta)$，然后去括号，再以 $1-\cos^2\alpha$ 及 $1-\cos^2\beta$ 代 $\sin^2\alpha$ 及 $\sin^2\beta$，由此继续进行.

47. 与上题同，先化为 $\cos^2\alpha+\cos^2\beta+\cos^2(\alpha+\beta)$，然后去括号，再以 $1-\cos^2\alpha$ 及 $1-\cos^2\beta$ 代 $\sin^2\alpha$ 及 $\sin^2\beta$，并由此继续进行.

48. 解法与习题 39 同，先化为 $2\sin(\alpha+\beta)\cos(\alpha-\beta)-2\sin(\alpha+\beta)\cos(\alpha-\beta)$，由此继续进行.

49. 解法与上题同.

50. $4\sin(15^\circ+\frac{\alpha}{2})\cdot\cos(15^\circ-\frac{\alpha}{2})$.

51. $4\sin(\frac{\alpha}{2}+30^\circ)\cdot\sin(\frac{\alpha}{2}-30^\circ)$.

52. $4\cos(30^\circ+\frac{\alpha}{2})\cdot\sin(30^\circ-\frac{\alpha}{2})$.

53. a) $4\cos(22^\circ30'+\frac{\alpha}{2})\cdot\cos(22^\circ30'-\frac{\alpha}{2})$；

b) $\sqrt{8}\cdot\cos(\frac{\alpha}{2}+22^\circ30')\cdot\sin(\frac{\alpha}{2}-22^\circ30')$.

54. $3-4\sin^2\alpha=4(\sin^2 60^\circ-\sin^2\alpha)=4\sin(60^\circ+\alpha)\cdot\sin(60^\circ-\alpha)$.

55. $4\sin(\alpha+30^\circ)\cdot\sin(\alpha-30^\circ)$.

56. $\dfrac{4\sin(30^\circ+\alpha)\cdot\sin(30^\circ-\alpha)}{\cos^2\alpha}$.

57. $\dfrac{4\sin(\alpha+30^\circ)\cdot\sin(\alpha-30^\circ)}{\sin^2\alpha}$.

58. $4\cos\alpha\cdot\cos(30^\circ+\frac{\alpha}{2})\cdot\cos(30^\circ-\frac{\alpha}{2})$.

59. a) $4\sin 2\alpha\cdot\cos(\frac{\alpha}{2}+30^\circ)\cdot\cos(\frac{\alpha}{2}-30^\circ)$；

b) $4\cos 2\alpha\cdot\sin(30^\circ+\frac{\alpha}{2})\cdot\sin(30^\circ-\frac{\alpha}{2})$.

60. 1) 当 $\varphi=\arctan\dfrac{b}{a}$ 时，$\left|\dfrac{a}{\cos\varphi}\right|$；

2) 当 $\sin\varphi=\dfrac{2\sqrt{q}}{p}$ 时，$p\cdot\cos^2\dfrac{\varphi}{2}=\sqrt{q}\cdot\cot\dfrac{\varphi}{2}$.

61. 将 a 提到括号外，并令 $\dfrac{b}{a}=\cos\varphi$，则得：

1) $\cot^2\dfrac{\varphi}{2}$; 2) $2\sqrt{a}\sin\left(45°+\dfrac{\varphi}{2}\right)$; 3) $2\csc\varphi$.

62. $x=\sqrt{(a+b)^2-2ab(1+\cos\gamma)}=(a+b)\cos\varphi$. 并且 $\sin\varphi=\dfrac{2\sqrt{ab}}{a+b}\cdot\cos\dfrac{\gamma}{2}$.

63. $x=90°\cdot n$.　　**64.** $x=36°+72°\cdot n, 60°+120°\cdot n$.

65. $x=\pi\cdot n, \dfrac{\pi}{6}+\dfrac{\pi}{3}\cdot n$.　　**66.** $x=120°\cdot n$.

67. $x=-\dfrac{\pi}{4}+\pi n, \dfrac{\pi}{8}+\dfrac{\pi}{2}\cdot n$.

68. $\sqrt{2}\cdot\sin(x+45°)=1, x=360°\cdot n, 90°+360°\cdot n$.

提示:可取已知方程式变方的平方解之,然后舍去其增根.

69. $x=-\dfrac{\pi}{4}\pm\dfrac{\pi}{3}+2\pi n$.

70. $x=9°+180°\cdot n, 81°+180°\cdot n$.

71. $x=33°45'+90°\cdot n$.

72. $x=7°30'+90°\cdot n, 37°30'+90°\cdot n$ 或 $x=\dfrac{\pi}{4}\cdot n+(-1)^n\cdot\dfrac{\pi}{24}$.

73. $x=22°30'+90°\cdot n$.

74. $x=45°+90°\cdot n, \pm 60°+360°\cdot n$.

75. $x=\dfrac{\pi}{2}\cdot n, \pm\dfrac{\pi}{3}\pm 2\pi n$.

§ 12

1. a) $\overline{1}.5663$; b) $\overline{1}.9525$; c) $\overline{1}.5580$; d) $\overline{1}.8655$; e) $\overline{1}.9023$; f) $\overline{2}.3844$.

2. a) $\overline{1}.9277$; b) $\overline{1}.8047$; c) $\overline{1}.8503$; d) $\overline{1}.6602$; e) $\overline{1}.9340$; f) $\overline{3}.8378$.

3. a) $\overline{1}.7199$; b) $\overline{1}.4608$; c) 0.4561; d) $\overline{1}.3969$; e) $\overline{2}.1814$; f) 1.8396.

4. a) $\overline{1}.2456$; b) 0.4285; c) $\overline{1}.3511$; d) $\overline{1}.9999$; e) $\overline{2}.5447$; f) 2.3415.

5. a) $14°33'$; b) $46°54'$; c) $28°13'$; d) $59°14'$; e) $48°$; f) $25'16''$.

6. a) $43°22'$; b) $85°7'$; c) $27°3'$; d) $45°1'$; e) $50°1'$; f) $89°20'40''$.

7. a) $3°30'$; b) $45°26'$; c) $16°7'$; d) $50°3'$; e) $45°1'$; f) $7'43''$.

8. a) $5°15'$; b) $72°23'$; c) $22°55'$; d) $77°41'40''$; e) $45°56''$; f) $89°25'37''$.

9. a)0.342;b)0.674 3;c)3.895;d)229.14;e)1.305;f)1.251.

提示:e题须先化成余弦函数再查表.

10. a) −0.766 1;b)0.939 7;c) −2.773;d) −0.181;e) −5.76;f)1.566.

11. a)34°51′;b)67°5′;c)75°58′;d)5°43′;e)48°11′;f)22°10′;g)9°51′;h)20°19′.

12. 27°2′,152°58′.

13. 223°,317°.

14. 40°21′,319°39′.

15. 124°40′,235°20′.

16. 26°30′,206°30′

17. 111°58′,291°58′.

18. 11°19′,191°19′.

19. 126°10′,306°10′.

20. 86°11′,273°49′.

21. 113°35′,246°25′.

22. 5°44′,174°16′.

23. 231°3′,308°57′.

24. 74°25′.

25. 35°38′.

26. 56°1′.

27. −23°15′.

28. 164°17′.

29. −15°25′.

30. 28°21′.

31. −54°7′.

32. 103.6.

33. −0.48.

34. 0.001 09.

35. 4.711.

36. 0.230 7.

37. 342.6.

38. −1.208.

39. 0.617.

40. 32.41.

41. 0.009 326.

	a	*b*	*c*	*A*	*B*	*S*
42.	8.49	3.916	9.35	65°14′	24°46′	16.63
43.	250	575	627	23°30′	66°30′	71 875
44.	0.732 3	0.317	0.797 9	66°36′	23°24′	0.116
45.	2.794	2.341	3.644	50°2′	39°58′	3.270
46.	6.37	79.45	79.7	4°35′	85°25′	253
47.	18.003	19.299	26.39	43°	47°	173.7
48.	0.125 9	0.173 8	0.214 6	35°55′	54°5′	0.010 94
49.	0.616 2	0.295 4	0.683 2	64°23′	25°37′	0.091 0
50.	16	63	65	14°15′	75°45′	504

	a	b	c	A	B	S
51.	112	15	113	82°22′20″	7°37′40″	840
52.	528	455	697	49°15′	40°45′	120 120
53.	1 499	823	1 710.2	61°14′	28°46′	616 838
54.	261	380	461	34°29′	55°31′	49 590
55.	156	133	205	49°33′	40°27′	10 374
56.	0.097 83	0.100 3	0.140 1	44°17′	45°43′	0.004 906
57.	12.06	6.919	13.9	60°9′	29°51′	41.73

58. $B=46°48', b=633.8, S=232\ 100$.

59. $A=23°30', b=1\ 150, S=143\ 700$.

60. $B=60°30', a=15.53, S=105$.

61. $A=64°39', a=6.398, S=15.8$.

62. $A=37°8', B=105°44', S=36.9$.

63. $A=57°19', B=65°22', a=856.7, S=333\ 720$.

64. $B=48°40', b=21.95, a=26.63, S=266.3$.

65. $A=24°36', B=130°48', a=71.88$.

66. $A=53°3', a=9.68, b=11.64$.

67. $B=34°28', a=15.68, b=9.29, S=69.58$.

68. $A=73°24', B=33°12', a=30.20, b=17.27$.

69. $B_1=34°51', B_2=145°9', A_1=72°34'30'', A_2=17°25'30'', b_1=8.39, b_2=26.72$.

提示:角 B 可由其正弦求出,且可为锐角亦可为钝角.由几何学已可知其有二解.

§ 13

a	b	c	A	B	C	S	
1.	(370)	541	421	43°1′	(86°3′)	(50°56′)	77 700
2.	(450)	85	445	(87°55′)	(10°53′)	81°12′	18 900
3.	(951)	1 196	353	39°36′	(126°43′)	(13°41′)	134 550

a	b	c	A	B	C	S	
4.	(97.52)	83.01	35.99	(102°48′)	56°6′	(21°6′)	1 457
5.	3.682	(13.02)	10.15	(11°48′)	(133°42′)	34°30′	13.57
6.	13.30	5.334	(15.94)	(51°38′)	(18°19′)	110°3′	33.30
7.	(510)	(317)	531.9	68°22′	35°19′	(76°19′)	78 560
8.	(225)	(800)	634.1	12°15′	131°1′	(36°44′)	53 830
9.	(2.29)	1.179	(1.69)	104°33′	(29°52′)	45°35′	0.964
10.	62.17	(28)	(42)	(124°)	21°56′	34°4′	487.5
11.	(30.99)	74.6	(69.01)	24°32′	(87°48′)	67°40′	1 069
12.	43.92	(40.33)	(32.11)	(73°40′)	61°46′	44°34′	621.4
13.	(87)	(65)	76	(75°45′)	46°24′	57°51′	2 394
14.	(34)	(93)	65 115.3	(14°15′)	137°41′ 42°19′	28°4′ 123°26′	744 1 320
15.	(24)	(83)	—	(26°45′)	—	—	—
16.	55.42 615.7	(360)	(309)	3°44′ 133°48′	155°2′ 24°58′	(21°14′)	3 638 40 427
17.	(13.9)	7.102	(8.43)	(126°43′)	24°11′	29°6′	24
18.	(0.437)	(1.299)	1.725	3°42′	(11°3′)	165°15′	0.072 26
19.	(13.81)	20.72 6.004	(8.14)	25°19′ 154°41′	140°5′ 10°43′	(14°36′)	36.27 10.45
20.	240.6	(263)	(215)	59°27′	(70°15′)	50°18′	24 350
21.	(19.06)	(28.19)	36.31 11.88	(33°17′)	50°10′ 129°50′	98°33′ 18°53′	265.8 86.95
22.	(457.1)	(169.9)	424.4	90°	(21°49′)	68°11′	36.050
23.	(2 579)	2 572	(10)	(130°22′)	(49°28′)	0°10′	9 800
24.	(19)	(34)	(49)	16°26′	30°24′	133°10′	235.6
25.	(89)	(321)	(395)	7°58′	29°56′	142°6′	8 783
26.	(44)	(483)	(485)	5°12′	83°30′	91°18′	10 620

a	b	c	A	B	C	S	
27.	(0.099)	(0.101)	(0.158)	37°22′	38°16′	104°22′	0.004 844
28.	(172.5)	(1 135)	(1 205)	7°44′	62°18′	109°58′	92 050
29.	(421.6)	(409.8)	(335.9)	68°2′	64°22′	47°36′	63 850
30.	(1 236)	(2.346)	(3.456)	10°58′	21°8′	147°54′	0.770 8

31. $C=18°27'$,$a=2R\sin A=14.55$,$b=2R\sin B=11.82$,$c=2R\sin C=5.012$,$S=2R^2\sin A\cdot\sin B\cdot\sin C=27.27$.

32. $C=119°32'$,$a=\sqrt{\dfrac{2S\cdot\sin A}{\sin B\cdot\sin C}}=20.3$,$b=55.9$,$c=66.16$.

33. $A=59°42'$,$a=\dfrac{h_a\cdot\sin A}{\sin B\cdot\sin C}=57.25$,$b=\dfrac{h_a}{\sin C}=60.01$,$c=\dfrac{h_a}{\sin B}=5.933$,$S=\dfrac{h_a^2}{2}\cdot\dfrac{\sin A}{\sin B\cdot\sin C}=153.7$.

34. $A=77°4'$,$a=\dfrac{l_a\sin A}{\sin B\cdot\sin C}\cdot\cos\dfrac{B-C}{2}=6.610$,$b=\dfrac{l_a}{\sin C}\cos\dfrac{B-C}{2}=6.708$,$c=\dfrac{l_a}{\sin B}\cos\dfrac{B-C}{2}=0.522\,3$,$S=\dfrac{l_a^2}{2}\cdot\dfrac{\sin A}{\sin B\cdot\sin C}\cos^2\dfrac{B-C}{2}=1.708$.

35. $a=\dfrac{m}{2}\cdot\sin A\cdot\sec\dfrac{C}{2}\cdot\sec\dfrac{A-B}{2}$,$b=\dfrac{m}{2}\cdot\sin B\cdot\sec\dfrac{C}{2}\cdot\sec\dfrac{A-B}{2}$,$c=m\cdot\sin\dfrac{C}{2}\cdot\sec\dfrac{A-B}{2}$,$S=\dfrac{m^2}{4}\sin A\cdot\sin B\cdot\tan\dfrac{C}{2}\cdot\sec^2\dfrac{A-B}{2}$,$C=69°20'$,$a=290$,$b=199$,$c=288.1$,$S=27\,020$.

提示:由 $m=2R(\sin A+\sin B)=\cdots$,可求出 $2R$,然后利用 $2R$ 可得求边的公式.

36. $C=54°$,$a=\dfrac{n}{2}\cdot\sin A\cdot\csc\dfrac{A-B}{2}\cdot\csc\dfrac{C}{2}=34.07$,$b=\dfrac{n}{2}\cdot\sin B\cdot\csc\dfrac{A-B}{2}\cdot\csc\dfrac{C}{2}=11.07$,$c=n\cdot\cos\dfrac{C}{2}\cdot\csc\dfrac{A-B}{2}=28.98$.

$S=\dfrac{n^2}{4}\cdot\sin A\cdot\sin B\cdot\cot\dfrac{C}{2}\cdot\csc^2\dfrac{A-B}{2}=152.5$.

37. $C=19°11'$,$c=\dfrac{m}{2}\cdot\sec\dfrac{C}{2}\cdot\sec\dfrac{A-B}{2}=0.755\,8$,$b=1.958$,$a=2.247$,$S=0.722$.

提示:$m=c(\sin A+\sin B)$.

38. $A=53°8'$，$a=n:2\sin\dfrac{A}{2}\sin\dfrac{C-B}{2}=232$，$b=210$，$c=286$，$S=24\ 020$.

39. $C=102°52'$，$a=p\cdot\sin\dfrac{A}{2}\cdot\sec\dfrac{B}{2}\cdot\sec\dfrac{C}{2}=80.22$，$b=p\cdot\sin\dfrac{B}{2}\cdot\sec\dfrac{A}{2}\cdot\sec\dfrac{C}{2}=152.7$，$c=p\cdot\sin\dfrac{C}{2}\cdot\sec\dfrac{A}{2}\cdot\sec\dfrac{B}{2}=187.6$，$S=p^2\cdot\tan\dfrac{A}{2}\cdot\tan\dfrac{B}{2}\cdot\tan\dfrac{C}{2}=5\ 974$.

提示：解法 1. 先得 $2p=2R(\sin A+\sin B+\sin C)=8R\cdot\cos\dfrac{A}{2}\cdot\cos\dfrac{B}{2}\cdot\cos\dfrac{C}{2}$，由此

$$2R=\frac{\dfrac{P}{2}}{\cos\dfrac{A}{2}\cdot\cos\dfrac{B}{2}\cdot\cos\dfrac{C}{2}}$$

由 $2R$ 的值可得求边的公式，再得求面积的公式.

解法 2. 在边 AC 的延长线上取 $CE=CB$，$AD=AB$，联结 D，E 与 B，则三角形 DBE 的一边 $DE=2p$，$\angle D=\dfrac{1}{2}\angle A$，$\angle E=\dfrac{1}{2}\angle C$，由等腰三角形 BCE 得 $a=\dfrac{BE}{2}:\cos\dfrac{C}{2}$，如求 BE，由三角形 DBE 可得

$$BE:2p=\sin\frac{A}{2}:\sin\left(\frac{A}{2}+\frac{C}{2}\right)=\sin\frac{A}{2}:\cos\frac{B}{2}$$

由此，可求得 $a.b$，c 的求法，可依此类推.

40. $C=118°5'$，$c=r\cdot\cos\dfrac{C}{2}\cdot\csc\dfrac{A}{2}\cdot\csc\dfrac{B}{2}$，$b=r\cdot\cos\dfrac{B}{2}\cdot\csc\dfrac{A}{2}\cdot\csc\dfrac{C}{2}$，$a=r\cdot\cos\dfrac{A}{2}\cdot\csc\dfrac{B}{2}\cdot\csc\dfrac{C}{2}$，$S=r^2\cdot\cot\dfrac{A}{2}\cdot\cot\dfrac{B}{2}\cdot\cot\dfrac{C}{2}$.

为了方便起见，利用各边上由角顶(A,B,C) 到切点间的线段(x,y,z)；由此得：$x=25$，$y=14$，$z=3$，然后可求出 $a=z+y=17$，$b=z+x=28$，$c=x+y=39$，$S=(x+y+z)\cdot r=42\times 5=210$.

41. $A=33°53'$，$C=98°7'$，$a=0.692\ 7$，$b=0.923\ 6$，$S=0.316\ 7$.

42. $C=47°26'$，$B=37°4'$，$b=38.47$，$c=47$，$S=897$.

43. $A_1=75°44'$，$C_1=87°12'$，$a_1=220.2$，$b_1=66.66$，$S_1=7\ 330$.

$A_2=104°15'$，$C_2=58°41'$，$a_2=257$，$b_2=77.94$，$S_2=8\ 569$.

44. $B=35°53'$, $C=97°47'$, $b=12.95$, $c=21.905$, $S=102.6$.

45. $B=10°2'$, $C=101°15'$, $a=155.2$, $c=163.4$, $S=2\ 207$.

46. $A=12°8'$, $C=43°14'$, $b=166.5$, $c=138.6$.

47. $A=100°24'$, $B=50°12'$, $C=29°24'$, $c=15.96$, $S=196.2$.

48. $A=38°49'$, $B=19°18'$, $C=121°53'$, $a=23.84$, $b=12.66$, $c=32.32$, $S=127.5$.

49. $A=126°43'$, $B=39°36'$, $a=1\ 196$, $b=951$, $S=134\ 550$.

提示:$\dfrac{a+b}{c}=\dfrac{\cos\dfrac{1}{2}(A-B)}{\sin\dfrac{1}{2}C}$ 因之 $\cos\dfrac{A-B}{2}=\dfrac{m}{c}\cdot\sin\dfrac{1}{2}C$,由此可得 $\dfrac{A-B}{2}$;所以由$\dfrac{A+B}{2}$与$\dfrac{A-B}{2}$可得 A 与 B.

50. $A=81°28'$, $B=44°52'$, $a=22.47$, $b=16.03$, $S=145$.

51. $B=41°5'$, $C=36°17'$, $a=8.556$, $b=5.762$, $S=14.58$.

提示:解法 1. 由模尔外得第一公式得

$$\frac{m}{c}=\frac{\cos\frac{1}{2}(A-B)}{\cos\frac{1}{2}(A+B)}$$

由此可得

$$\frac{m+c}{m-c}=\frac{2\cos\frac{1}{2}A\cdot\cos\frac{1}{2}B}{2\sin\frac{1}{2}A\cdot\sin\frac{1}{2}B}=\cot\frac{1}{2}A\cdot\cot\frac{1}{2}B$$

由此即可求得角 B.

解法 2. 把公式

$$\tan\frac{A}{2}=\sqrt{\frac{(p-b)(p-c)}{p(p-a)}}\ \text{与}\ \tan\frac{B}{2}=\sqrt{\frac{(p-a)(p-c)}{p(p-b)}}$$

相乘,则得

$$\tan\frac{A}{2}\cdot\tan\frac{B}{2}=\frac{p-c}{p}$$

但

$$\frac{p-c}{p}=\frac{2(p-c)}{2p}=\frac{a+b-c}{a+b+c}=\frac{m-c}{m+c}$$

52. $B=37°44'$, $C=63°36'$, $a=16.58$, $b=10.34$, $S=76.76$.

提示:解法 1. 由模尔外得公式得

$$\frac{n}{c}=\frac{\sin\frac{1}{2}(A-B)}{\sin\frac{1}{2}(A+B)}$$

由此得 $$\frac{c+n}{c-n}=\frac{2\sin\frac{1}{2}A\cdot\cos\frac{1}{2}B}{2\cos\frac{1}{2}A\cdot\sin\frac{1}{2}B}=\tan\frac{A}{2}\cdot\cot\frac{B}{2}$$

即可求出角 B.

解法 2. 用 $\tan\frac{B}{2}$ 除 $\tan\frac{A}{2}$，可得 $\tan\frac{A}{2}:\tan\frac{B}{2}=\frac{p-b}{p-a}$，可是

$$\frac{p-b}{p-a}=\frac{2(p-b)}{2(p-a)}=\frac{c+a-b}{c+b-a}=\frac{c+n}{c-n}$$

53. $A=115°39'$，$B=25°40'$，$C=38°41'$，$a=9.997$，$b=4.801$，$c=6.931$.

54. $A=26°34'$，$B=30°4'$，$C=123°22'$，$a=h_c/\sin B=71.84$，$c=h_b/\sin A=134.16$，$b=c\cdot0.6=80.49$，$S=0.5\cdot c\cdot h_c=2\ 415$.

提示：$\tan A=0.5$，$b:c=h_c:h_b=3:5$.

55. $A=27°16'$，$B_1=63°42'$，$C_1=89°2'$，$c_1=50.19$，$S_1=517.4$，$B_2=116°18'$，$C_2=36°26'$，$c_2=29.81$，$S_2=307$.

56. $B=11°25'$，$A_1=55°2'$，$C_1=113°33'$，$c_1=134.2$，$S_1=0.5c_1h_c=1\ 595$，$A_2=124°59'$，$C_2=43°36'$，$c_2=101$，$S_2=1\ 200$.

57. $C_1=30°$，$B_1=103°4'$，$A_1=46°56'$，$c_1=4.106$，$C_2=150°$，$B_2=17°12'$，$A_2=12°48'$，$c_2=13.53$(用图说明此二解)

58. $A=30°24'$，$B=99°52'$，$C=49°44'$，$a=50.32$，$S=1\ 884$.

59. $A=83°25'$，$B=36°35'$，$C=60°$，$c=17.434$，$S=103.9$.

提示：延长中线 CD，使 $DE=CD$，联结 B,E，然后由三角形 CBE 求 $\angle CBE$.

60. $A=127°10'$，$B=32°5'$，$C=20°45'$，$a=h_b/\sin C=33.88$，$b=h_a/\sin C=22.59$，$c=h_a/\sin B=15.06$，$S=135.5$.

提示：由 $a:b:c=\frac{2S}{8}:\frac{2S}{12}:\frac{2S}{18}=9:6:4$ 即可求角.

61. $A=135°11'$，$B=27°7'$，$C=17°42'$，$a=64.93$，$S=414.5$.

提示：由比较三角形的面积

$$\frac{bc}{2}\cdot\sin A=\frac{bl_a}{2}\cdot\sin\frac{A}{2}+\frac{cl_a}{2}\cdot\sin\frac{A}{2}$$

可得

$$\cos\frac{A}{2}=\frac{(b+c)l_a}{2bc}$$

§ 14

1. a) $x=(-1)^n\cdot 30°+180°\cdot n$ 或 $x=\pi n+(-1)^n\frac{\pi}{6}$；b) $x=30°,150°$ 或 $x=\frac{\pi}{6},\frac{5\pi}{6}$.

2. a) $x=\pm 51°50'+360°\cdot n$；b) $x=51°50',308°10'$.

3. a) $x=\pm 72°+360°\cdot n,\pm 144°+360°\cdot n$ 或 $x=\pm\frac{2\pi}{5}+2\pi n,\pm\frac{4\pi}{5}+2\pi n$；b) $x=72°,144°,216°,288°$ 或 $x=\frac{2\pi}{5},\frac{4\pi}{5},\frac{6\pi}{5},\frac{8\pi}{5}$.

4. a) $x=-45°+180°\cdot n$ 或 $x=-\frac{\pi}{4}+\pi n$；b) $x=135°,315°$ 或 $x=\frac{3\pi}{4},\frac{7\pi}{4}$.

5. a) $x=\pm 60°+180°\cdot n$ 或 $x=\pm\frac{\pi}{3}+\pi n$；b) $x=60°,120°,240°,300°$ 或 $x=\frac{\pi}{3},\frac{2\pi}{3},\frac{4\pi}{3},\frac{5\pi}{3}$.

6. a) $x=180°\cdot n,\pm 60°+360°\cdot n$ 或 $x=360°\cdot n,x=60°+120°\cdot n$；b) $x=0°,60°,180°,300°,360°$ 或 $x=0,\frac{\pi}{3},\pi,\frac{5\pi}{3},2\pi$.

7. a) $x=90°+180°\cdot n,(-1)^n\cdot 19°28'+180°\cdot n$；b) $x=19°28',90°,160°32',270°$.

8. a) $x=45°+90°\cdot n$ 或 $x=\frac{\pi}{4}+\frac{\pi}{2}\cdot n$；b) $x=45°,135°,225°,315°$ 或 $x=\frac{\pi}{4},\frac{3\pi}{4},\frac{5\pi}{4},\frac{7\pi}{4}$.

9. a) $x=(-1)^n\cdot 10°+60°\cdot n$ 或 $x=(-1)^n\frac{\pi}{18}+\frac{\pi}{3}\cdot n$；b) $x=10°,50°,130°,170°,250°,290°$ 或 $x=\frac{\pi}{18},\frac{5\pi}{18},\frac{13\pi}{18},\frac{17\pi}{18},\frac{25\pi}{18},\frac{29\pi}{18}$.

10. a) $x=112°30'+450°\cdot n$ 或 $x=\frac{5\pi}{8}+\frac{5\pi}{2}\cdot n$；b) $x=112°30'$ 或 $x=\frac{5\pi}{8}$.

11. a) $x=90°(6n\pm 1)$ 或 $x=\frac{\pi}{2}(6n\pm 1)$；b) $90°$ 或 $\frac{\pi}{2}$.

12. a) $x = 4\pi(3n \pm 1)$; b) 没有.

13. 1) $\alpha - \beta = 180° \cdot 2n$ 或 $\alpha + \beta = 180° \cdot (2n+1)$; 2) $\alpha \pm \beta = 360° \cdot n$; 3) $\alpha - \beta = 180° \cdot n$; 4) $\alpha - \beta = 180° \cdot n$; 5) $\alpha + \beta = 180° \cdot 2n$ 或 $\alpha - \beta = 180° \cdot (2n+1)$; 6) $\alpha \pm \beta = 180° \cdot (2n+1)$; 7) $\alpha + \beta = 180° \cdot n$; 8) $\alpha + \beta = 180° \cdot n$; 9) $\alpha \pm \beta = 90° + 360° \cdot n$; 10) $\alpha \pm \beta = 270° + 360° \cdot n$; 11) $\alpha + \beta = 90° + 180° \cdot n$; 12) $\alpha - \beta = 90° + 180° \cdot n$.

14. $9° \cdot (2k+1)$.　　**15.** $180° \cdot k$.　　**16.** $60° \cdot (2k+1)$.

17. $\sin 2x = \frac{a}{b-a}$, 如 $|a| \leqslant |b-a|$ 时, 则方程式有根.

18. $\frac{k}{p+q} \cdot 180°$.　　**19.** $45°(4k-1), 22°30'(4k+3)$.

20. $36° \cdot n, 45° \cdot n$.

21. $x = \arctan\left(-\frac{b}{a}\right) + 180° \cdot n$.

22. $(2k+1) \cdot 90°, 180°k + 45°$.

23. $(-1)^n \arcsin \frac{-2 \pm \sqrt{54}}{10} + 180° \cdot n$.

24. $\pm 2\arccos \frac{\sqrt{17}-1}{4} + 720° \cdot n$.

25. $180° \cdot k + (-1)^k 30° - \frac{m}{2}$.

26. $90° \cdot k, \pm 120° + 360° \cdot k$.

27. $180° \cdot k$.　　**28.** $\tan x = \frac{a}{b}$.

29. $x = \arctan \frac{a}{b} \pm \arccos \frac{c}{\sqrt{a^2+b^2}} + 2\pi n$, 设 $c^2 \leqslant a^2 + b^2$.

30. $x_1 = 126°52' + 360° \cdot n, x_2 = -151°56' + 360° \cdot n$.

31. $x = 360° \cdot n, -126°52' + 360° \cdot n$.

32. $x = 31°59' \pm 16°20' + 360° \cdot n$.

33. $x = 15° + 360° \cdot n, 105° + 360° \cdot n$.

提示: 用 2 除已知方程式两边得: $\cos(x - 60°) = \cos 45°$.

34. $x = \pm\frac{\pi}{4} + \frac{\pi}{2} \cdot n$.　　**35.** $x = 180° \cdot n, 45° + 180° \cdot n$.

36. $x = -\frac{\pi}{4} + \pi n$.　　**37.** $x = \pm 60° + 360° \cdot n$.

38. $x=10°10'+180°\cdot n, 79°50'+180°\cdot n$.

39. $x=\pm\frac{\pi}{3}-\frac{\pi}{4}+\pi n$.

40. $x=-\frac{\pi}{4}+\pi n, \frac{\pi}{6}+\pi n, \frac{\pi}{3}+\pi n$.

41. $x=\pm 60°+180°\cdot n$.

42. $x=75°+180°\cdot n, 15°+180°\cdot n$.

43. $\tan x=\tan a\cdot\tan b\cdot\tan c$.

44. $x=60°\cdot n$.

45. $x=(-1)^n\cdot 75°+180°\cdot n$.

46. $x=60°\cdot n, 15°+30°\cdot n$.

47. $x=-\frac{\pi}{4}+\pi n, \pm\frac{\pi}{4}-\frac{\pi}{3}+2\pi n$.

48. $x=\frac{\pi}{4}+\frac{\pi}{2}\cdot n$.

49. $x=90°+180°\cdot n, x=45°+90°\cdot n$.

50. $x=180°\cdot n\pm 18°, 180°\cdot n\pm 54°$.

51. $x=\frac{\pi}{2}+\pi n, \pm\frac{2\pi}{9}+\frac{2\pi}{3}\cdot n$.

提示:化 $\cos 4x+\cos 2x$ 为积的形式.

52. $x=120°\cdot n, -90°+360°\cdot n, 45°+180°\cdot n$.

提示:化 $\cos x-\cos 2x$ 为积的形式,化 $\sin 3x$ 为 $\sin 2\left(\frac{3x}{2}\right)$.

53. $x=60°+120°\cdot n, 2\arctan\frac{b}{a}+\pi n$.

54. $x=\frac{\pi}{2}+\pi n, \pm\frac{2\pi}{3}+2\pi n, \pi n+(-1)^n\frac{\pi}{6}$.

提示:化 $\sin x+\sin 3x$ 与 $1+\cos 2x$ 为积的形式,由此可引出方程式

$$\cos x(1+2\cos x)(1-2\sin x)=0.$$

55. $x=\frac{\pi}{4}+\frac{\pi}{2}\cdot n$.

56. $\cos\frac{x}{2}=\frac{\sqrt{17}-1}{4}, x=\pm 77°20'+720°\cdot n$.

57. $x=\pm\frac{2\pi}{3}+4\pi n$.

58. $x=\frac{\pi}{2}\cdot n+(-1)^n\frac{\pi}{12}$.

提示：将方程式左边化为$\left(\frac{4}{\sin^2 x}\right)$.

59. $\cos x=\frac{1}{3}$，$x=\pm 70°32'+360°\cdot n$.

60. $x=-\frac{\pi}{4}+\pi n$，$x=\pi n$.

61. $x=180°\cdot n$，$30°+60°\cdot n$.

提示：将 $\sin^2 3x-\sin^2 x$ 化为积的形式.

62. $x=60°\cdot n$，$\pm 35°16'+180°\cdot n$.

提示：将原方程式化为 $\tan x+\tan 2x=-\tan 3x$，并化 $\tan 3x$ 为 $\tan(x+2x)$，则所得新方程式可分解为以下二式：

1)$\tan x+\tan 2x=0$；2)$1=-1/(1-\tan x\cdot\tan 2x)$.

由方程式 1) 得 $\sin 3x=0$，由 2) 得 $\tan x=\pm\sqrt{\frac{1}{2}}$.

63. $x=\frac{\pi}{8}\cdot n$.

提示：用 2 乘方程式两边，并应用等式 $2\cos\alpha\cdot\cos\beta=\cos(\alpha+\beta)+\cos(\alpha-\beta)$.

64. $x=45°+180°\cdot n$.

65. $x=-\frac{\pi}{4}+\pi n$.

66. $x=\pm\frac{\pi}{4}+\pi n$.

67. $x=\pm 60°+180°\cdot n$，$90°+180°\cdot n$.

68. $x=\frac{\pi}{2}+\pi n$，$x=\pm\frac{\pi}{6}+\pi n$.

69. 没有解.　　**70.** 没有解.

71. $\tan x=\pm(\sqrt{2}+1)$，$\pm(\sqrt{2}-1)$，$x=\frac{\pi}{8}+\frac{\pi}{4}\cdot n$.

72. $x=60°\cdot n$.　　**73.** $x=\pi n$.

74. 1)$\sin x=0.8$，$\sin y=-0.6$；2)$\sin x=-0.6$，$\sin y=0.8$.

提示：将方程式 $\sin y=0.2-\sin x$ 与 $\cos y=-0.2-\cos x$ 平方相加.

75. 1)$\cos x=\frac{1}{2}$，$\cos y=\frac{1}{3}$；2)$\cos x=-\frac{1}{2}$，$\cos y=-\frac{1}{3}$；3)$\cos x=\frac{1}{3}$，

$\cos y=\frac{1}{2}$;4)$\cos x=-\frac{1}{3}$,$\cos y=-\frac{1}{2}$.

提示:取已知方程式的和与差,得 $\cos y$ 及 $\sin y$ 的新方程式,然后平方相加.

76. 1)$\tan x=5+\sqrt{34}$,$\tan y=5-\sqrt{34}$;

2)$\tan x=5-\sqrt{34}$,$\tan y=5+\sqrt{34}$.

77. $x^2=\frac{a^2+b^2+2ab\cdot\cos\varphi}{\sin^2\varphi}$.

提示:将 $\cos(\alpha+\beta)=\cos\varphi$ 展开,并用 $\sin\alpha$ 表示 $\cos\alpha$,用 $\sin\beta$ 表示 $\cos\beta$,然后再用$\frac{a}{x}$与$\frac{b}{x}$代替 $\sin\alpha$ 与 $\sin\beta$.

78. 1)$x=45°+180°(m+n)$,$y=15°+180°(m-n)$;

2)$x=105°+180°(m+n)$,$y=-45°+180°(m-n)$;

3)$x=-15°+180°(m+n)$,$y=-45°+180°(m-n)$;

4)$x=45°+180°(m+n)$,$y=-105°+180°(m-n)$.

79. 1)$x=21°21'$,$y=8°39'$;2)$x=81°21'$,$y=68°39'$.

80. 1)$x=81°21'$,$y=21°21'$;2)$x=21°21'$,$y=81°21'$.

81. x 与 y 可由其半和及半差求得:

1) 由第一式得$\frac{x+y}{2}=\frac{a}{2}$;

2) 再将第二式化为:$2\sin\frac{x+y}{2}\cos\frac{x-y}{2}=a$.即可求得$\frac{x-y}{2}$.

82. $x=15°20'$,$y=61°40'$.

83. x 与 y 可按和及差的关系求得.1) 已知 $x+y$;2)$x-y$ 由第二方程式可得,因为将方程式两边乘以 2,则得 $2\sin x\sin y=\cos(x-y)-\cos(x+y)$.

84. $x=60°$,$y=11°40'$.

85. 由第一方程式得$\frac{1}{2}(x+y)=\frac{1}{2}a$,由第二式得

$$\frac{\sin x+\sin y}{\sin x-\sin y}=\frac{m+n}{m-n}\text{或}\frac{\tan\frac{1}{2}(x+y)}{\tan\frac{1}{2}(x-y)}=\frac{m+n}{m-n}$$

由此可得$\frac{1}{2}(x-y)$.

86. $x=35°46'$,$y=60°52'$.

87. 第二方程式可化为 $\frac{\sin(x+y)}{\cos x\cdot\cos y}=a$，由此可得 $\cos x\cdot\cos y=\frac{1}{a}\sin(x+y)$ 或者 $\cos x\cdot\cos y=\frac{1}{a}\sin\alpha$. 将两边乘 2，再以 $\cos(x+y)+\cos(x-y)$ 代 $2\cos x\cdot\cos y$，则可求得 $x-y$.

88. $x=44°20'$，$y=13°20'$.

89. 将第二式化为 $\frac{\sin x\cdot\sin y}{\cos x\cdot\cos y}=\frac{a}{1}$，由此可得

$$\frac{\cos x\cdot\cos y+\sin x\cdot\sin y}{\cos x\cdot\cos y-\sin x\cdot\sin y}=\frac{1+a}{1-a}\text{ 即}\frac{\cos(x-y)}{\cos(x+y)}=\frac{1+a}{1-a}$$

由此再求 $x-y$.

90. $x=45°$，$y=40°$.

91. 由第二方程式可得 $\frac{\tan x+\tan y}{\tan x-\tan y}=\frac{m+n}{m-n}$，亦即 $\frac{\sin(x+y)}{\sin(x-y)}=\frac{m+n}{m-n}$，由此再求 $x-y$.

92. 1) $x=22°25'$，$y=18°39'$；2) $x=71°21'$，$y=67°35'$.

93. 没有解.

94. $\tan x=1$，$\tan y=2$，$\tan z=3$，$x=45°$，$y=63°26'$，$z=71°34'$.

提示：$\tan x+\tan y+\tan z=\tan x\cdot\tan y\cdot\tan z$.

95. $x=30°58'$，$y=78°41'$，$z=70°21'$（参看习题 94）.

§ 15

1. 1) $-\frac{\pi}{6}$；2) $\frac{\pi}{3}$；3) $\frac{3}{4}\pi$.

2. 1) $\frac{\sqrt{3}}{2}$；2) 0；3) $\sqrt{3}$.

3. 1) -1；2) 1；3) 0.

4. 1) x；2) $\frac{3}{5}$；3) $-\frac{2}{\sqrt{5}}$.

5. 1) $\frac{\sqrt{2}}{2}$；2) $\frac{1}{2}$；3) $\sqrt{3}$.

6. 1) $\frac{4\pi}{5}$；2) $x+\pi n$；3) $\frac{5\pi}{14}$.

7. 1)0.6;2) $\frac{15}{17}$;3) $\frac{3}{4}$;**8.** 1)1;2) $\frac{1}{2}$.

9. 1) 不存在;2) 不存在.

10. $\sqrt{3}$. **11.** $\frac{77}{85}$ **12.** $\frac{\sqrt{2}}{2}$

13. $\frac{41}{49}$ **14.** $2m\sqrt{1-m^2}$. **15.** $\frac{47}{52}$

16. $\frac{2m}{1+m^2}$. **32.** $\pm\sqrt{2}$. **33.** $0,\frac{1}{2}$.

34. $\pm\sqrt{3}$. **35.** $\sqrt{2}$. **36.** $0,\frac{1}{2},-\frac{1}{2}$.

37. $\frac{\pi}{4}+\pi n$. **38.** $\pm\frac{\pi}{6}$. **39.** $\sqrt{\frac{2(5-2\sqrt{2})}{17}}$.

40. $\frac{1}{2}$. **41.** $0,\frac{1}{2}$. **42.** $\frac{\sqrt{3}}{3}$.

43. $\pm\sqrt{\frac{2}{a}}$. **44.** $\pm\frac{1}{3}$.

§ 15a

1. $a\sec\frac{180^\circ}{n}$. **2.** 18.02 cm 与 22.47 cm.

3. $2a\cos\frac{180^\circ}{n}$.

4. 1)$2R=a\csc\frac{180^\circ}{n}$;2) $\frac{a}{2}\csc\frac{90^\circ}{n}$.

5. 26.97 m 与 20.84 m.

6. $4r^2\csc\alpha=167$.

7. $\sqrt{Q\cot\frac{\beta}{2}}=24.66$.

8. $\beta=2\arctan\frac{b^2}{4Q}=130^\circ47'$.

9. $\frac{1}{4}na^2\cot\frac{180^\circ}{n}$,1)1 453;2)4.829;3)1 120.

10. $\frac{1}{2}nR^2\sin\frac{360^\circ}{n}$,1)147;2)116.5.

11. $nR^2\tan\frac{180^\circ}{n}$.　　**12.** 183.8.

13. $\approx 41\ a$.　　**14.** $a^2\sin\alpha\cdot\cos\alpha=\frac{a^2}{2}\sin 2\alpha$.

15. 71 cm.

16. $s_9 : s_{10}=10\cot 20^\circ : 9\cot 18^\circ=0.992$.

17. 21.75 cm^2.

18. $\pi r^2\frac{\alpha}{360^\circ}-\frac{r^2}{2}\sin\alpha$, 1) 0.98; 2) 1.63.

19. $\frac{\pi R^2\alpha}{360^\circ}-\frac{R^2\sin\alpha}{2}$, $\alpha=2\arcsin\frac{a}{2R}$, 0.59 cm^2.

20. $R^2\left[\frac{\pi(180^\circ-\alpha)}{180^\circ}+\sin\alpha\right]$.

21. 3.215 cm 与 7.785 cm.

22. $S=\frac{4ab}{\sin\alpha}$, $d_1=\sqrt{a^2+b^2-2ab\cos\alpha}\cdot\frac{2}{\sin\alpha}$, $d_2=\sqrt{a^2+b^2+2ab\cos\alpha}\cdot\frac{2}{\sin\alpha}$.

23. $6-\pi\frac{90^\circ+\alpha}{72^\circ}=0.4643$, α 为切点间最大圆的弧所对的圆心角.

24. 30°.

§ 16

1. 3.328.　　**2.** $\arctan\frac{r}{p}=60^\circ26'$.　　**3.** $\arctan\frac{2d}{a}=53^\circ8'$.

4. $35^\circ16'$.　　**5.** 5.2 m, $28^\circ33'$.　　**6.** $51^\circ3'$.

7. 2.6 m, $67^\circ23'$.　　**8.** $70^\circ32'$.

9. $\cos\alpha\cdot\cos\beta=\cos\varphi$, $\varphi=45^\circ$.

10. $\cos\varphi=\frac{\cos\alpha}{\cos\beta}$, $\varphi=6^\circ15'$.

11. $x=y=z=\arctan\frac{4hS}{abc}=75^\circ52'$.

12. $\frac{a\sin\beta\tan\varphi}{\sin(\gamma+\beta)}=322.5$ m.

13. $\frac{a^2}{4\sqrt{3}}\sqrt{4+\tan^2\alpha}$.

14. $\arcsin\frac{n\pm m}{\alpha}$,$90°$ 或 $13°21'$.

15. $\varphi=\arctan\frac{\sin\alpha}{\sin\beta}$.

提示:二平行斜线与已知平面的交点,以及截线与已知平面的交点皆在一直线上.

16. $\sqrt{a^2\sin^2\varphi+b^2\cos^2\varphi}$.

17. $\arcsin\frac{c\sin\alpha}{d}$,$45°$.

18. 1) $\sqrt{b^2-a^2}\cdot\frac{\sin\alpha\cdot\sin\beta}{\sin(\alpha-\beta)}$,垂线与平面的交点,在通过已知线段并与已知平面垂直的平面之同侧;

2) $\sqrt{b^2-a^2}\cdot\frac{\sin\alpha\cdot\sin\beta}{\sin(\alpha+\beta)}$,垂线与平面的交点,在通过已知线段并与已知平面垂直的平面之异侧.

提示:首先取线段 a 及其各垂线在已知平面上的射影;然后在已知平面上,以 b 为斜边,使一直角边与线段 a 的射影平行,作直角三角形.

19. $41°25'$ 与 $82°50'$.

§ 17

1. $a\tan\alpha=5.441$.

2. 1)$\varphi=\arcsin\sqrt{\sin^2\alpha+\sin^2\beta}$;2)$\varphi=22°37'$.

3. $x=18°4'$,$\sin x=\sin 20°\cos 25°$.

4. $22°$.

5. $\sin\varphi=\frac{\sin\alpha}{\sin\beta}$.

6. $\frac{180°}{n}$.

7. 1)26.7 m,11.7 m;2)$\alpha=18°33'$,$\beta=46°31'$;3)$17°14'$,$40°$;4)$18°47'$,$50°32'$.

8. $39°48'$.

9. $\frac{a}{2}\sin 2\alpha\cdot\sin\varphi$.

10. $\tan x=\frac{\sqrt{3}}{2}\tan\alpha$,$\tan y=\frac{1}{2}\tan\alpha$.

11. $x=\arcsin\left(\frac{\sin\varphi}{\sin\alpha}\right)$.　**12.** $73°24'$.

13. $30°$.　**14.** $\varphi=\arcsin 0.6=36°52'$.

15. 1) $70°32'$; 2) $109°28'$; 3) $138°12'$; 4) $116°34'$.

提示：题 3) 所要求的角，等于棱皆相等的正五角锥两个相邻侧面的夹角.

提示：题 4) 所要求的角，等于在顶点的面角为 $108°$ 的正三角锥两个相邻侧面的夹角.

§ 18

1. $43.3\ \mathrm{cm}^2$.　**2.** $Q\sqrt{2}$.　**3.** $\frac{a^2\sqrt{3}}{4\cos\alpha}$.

4. 42.2 cm.　**5.** $1\ 953\ \mathrm{cm}^2$.　**6.** $33.35\ \mathrm{m}^2$.

7. $36°52'$, 3 m.　**8.** 相同.　**9.** $Q\sin\alpha$，小于，大.

10. $106.4\ \mathrm{m}^2$.

§ 19

1. $67°56'$.　**3.** $\frac{7a^2}{8\cos\alpha}$.

4. 1) $\frac{3a}{4}\sqrt{a^2+2b^2}$; 2) $\arctan\frac{b\sqrt{2}}{a}$.

5. 截平面与底面大对角线平行，且与底面的夹角为 φ，而 $\cos\varphi=\tan\frac{\alpha}{2}$.

6. $d^2\sqrt{2}\cdot\sin 2\beta\cdot\sin(45°+\alpha)\approx 393.1\ \mathrm{m}^2$.

7. $d^2\cot\frac{\alpha}{4}\approx 1\ 963\ \mathrm{m}^2$.

8. $5a^2\cot 36°\cdot\cos^2 27°\approx 3\ 092\ \mathrm{m}^2$.

9. $4a^2\csc\frac{\beta}{2}\cdot\cos^2\left(45°-\frac{\alpha}{4}\right)\cdot\sqrt{\sin\frac{\alpha+\beta}{2}\sin\frac{\alpha-\beta}{2}}\approx 34\ 700\ \mathrm{cm}^2$.

10. $\frac{1}{2}a^2\sqrt{3}\sec\alpha\cdot\sqrt{1+3\sin^2\alpha}$.

11. $x=\arctan\left(\frac{1}{2}\tan\varphi\right)=16°6'$, $y=\arctan\left(\frac{\sqrt{3}}{2}\tan\varphi\right)=26°34'$.

12. $x=\arccos\left(\cot\frac{180^\circ}{n}\tan\frac{\alpha}{2}\right)=54^\circ44'$.

13. $\frac{a\sin\alpha}{2\sin(\alpha+45^\circ)}$.

14. $\frac{1}{4}a^2\sec\alpha\sqrt{\sin(\alpha+30^\circ)\sin(\alpha-30^\circ)}$.

15. $x=\frac{1}{2}\arcsin\frac{p\sqrt{2}}{c^2}=29^\circ2'$ 或 $x=60^\circ58'$, $y=2c\cos x=8.743$ 或 $y=4.853$.

16. $\tan\left(45^\circ-\frac{\varphi}{2}\right)=\frac{m\sqrt{2}}{n}$, $\varphi=90^\circ-2\arctan\frac{m\sqrt{2}}{n}=30^\circ$.

17. $\frac{a^2}{9\sqrt{3}}\sqrt{4+\tan^2\alpha}=1.962$.

18. $a^2\frac{\sin^2\alpha\cdot\cos\beta}{\sin^2(\alpha+\beta)}$. **20.** $48\ \text{cm}^2$.

21. 1) $2a^2$; 2) $\frac{a^2}{2}$, $3a^2$. **22.** $168\ \text{cm}^2$.

23. $14.61\ \text{m}^2$. **24.** $32^\circ51'$. **25.** $a^2\sec\alpha$.

26. $4h^2\cot\alpha\cdot\cot\frac{\alpha}{2}$.

27. $2a^2\sin\alpha\cdot\cos^2\frac{\varphi}{2}\cdot\sec\varphi$.

28. $2nk^2\cos\alpha\cdot\cos^2\frac{\alpha}{2}\cdot\tan\frac{180^\circ}{n}=6\ 238$.

29. $(a+b)\sqrt{ab}\cdot\cos^2\frac{\alpha}{2}\cdot\sec\alpha$.

30. $l^2\sin 2\alpha\cdot\cos^2\frac{\varphi}{2}\cdot\sec\varphi$.

31. $a^2\sqrt{2}\cdot\sin\left(45^\circ+\frac{\alpha}{2}\right)\cdot\csc\frac{\alpha}{2}$.

32. $\frac{na^2}{4\sin\frac{180^\circ}{n}\cdot\cos\alpha}\sqrt{1-\sin^2\frac{180^\circ}{n}\cdot\cos^2\alpha}$ 或 $\frac{na^2}{4}\cot\frac{180^\circ}{n}\sqrt{1+\frac{\tan^2\alpha}{\cos^2\frac{180^\circ}{n}}}$.

33. $a^2\sec^2\alpha\cdot\sin\left(\alpha+\frac{\beta}{2}\right)\cdot\cos\left(\alpha-\frac{\beta}{2}\right)$.

34. $a^2\cot\left(45^\circ-\frac{\alpha}{2}\right)$，$a^2\sqrt{2}\cdot\cos\frac{\alpha}{2}\cdot\csc\left(45^\circ-\frac{\alpha}{2}\right)$.

35. $\frac{2h^2}{\sin\alpha\sin\beta}\cdot\cos\frac{\alpha+\beta}{2}\cdot\cos\left(45^\circ-\frac{\alpha}{2}\right)\cdot\cos\left(45^\circ-\frac{\beta}{2}\right)$.

36. $a^2\sin\alpha\cdot\cot\left(45^\circ-\frac{\varphi}{2}\right)$.

37. $\sqrt{c^2-\frac{(a-b)^2}{4}\csc^2\frac{180^\circ}{n}}$.

38. $\tan\varphi=\tan\alpha\cdot\frac{m-n}{m+n}\sqrt{2}$，$\varphi=\arctan\left(\tan\alpha\cdot\frac{m-n}{m+n}\sqrt{2}\right)$.

39. $\frac{n(a+b)}{2}\sqrt{\frac{(a-b)^2}{4}\cot^2\frac{180^\circ}{n}+h^2}+n\frac{a^2+b^2}{4}\cot\frac{180^\circ}{n}$.

40. $\frac{n(a^2-b^2)}{4\sin\frac{180^\circ}{n}}\sqrt{\tan^2\alpha+\cos^2\frac{180^\circ}{n}}+\frac{n(a^2+b^2)}{4}\cot\frac{180^\circ}{n}$.

41. $nk^2\frac{m+1}{m-1}\sin\alpha\tan\frac{180^\circ}{n}$.

42. $2h^2\cot\beta\cdot\sqrt{2+\cot^2\alpha}=2\ 928$.

§ 20

1. $\tan\varphi=\sin 15^\circ$，$\varphi=\arctan(\sin 15^\circ)=14^\circ31'$.

2. $R\csc\alpha\sqrt{-\cos 2\alpha}$.

3. $\sqrt{R^2\sin^2\alpha+d^2\cos^2\alpha}$.

提示：假设：O 为底面圆心，A 为切点，B 为切线与底面所在平面的交点，C 为过点 A 的母线下端，OD 是由点 O 向 AB 作的垂线. 则：$\angle ABC=\alpha$，$OA=d$ 与 $OC=R$. 联结点 C 点 D，得直角三角形 ODC，C 为直角顶点.

4. $\frac{b\sin 2\alpha}{2\sqrt{2}\sin(45^\circ+\alpha)}$.

5. $\left(\frac{R}{\cos\alpha\cdot\cos\varphi}\right)^2\sin\alpha\sqrt{\cos(\alpha+\varphi)\cos(\alpha-\varphi)}$.

6. $\frac{a}{4}\cdot\frac{\sin 2\alpha\cdot\sin 2\beta}{\sin(\beta+\alpha)\cdot\sin(\beta-\alpha)}$.

提示:按照所求线段的各部分来求.

7. $\dfrac{2l\sin\alpha}{2+\tan\alpha}=l\sin\alpha\sin^2\varphi$,其中 φ 可由等式$\dfrac{\tan\alpha}{2}=\cot^2\varphi$ 求出.

8. $\dfrac{R\sin\alpha\cdot\sin 60^\circ}{\sin(\alpha+60^\circ)}$.

9. $2\pi a^2\cos\alpha\cos^2\dfrac{\alpha}{2}$.

10. $70^\circ 32'$.

11. $\tan\dfrac{\alpha}{2}=\dfrac{\pi}{4}$, $\alpha=2\arctan\dfrac{\pi}{4}=76^\circ 17'$.

12. $\pi Q\cot\dfrac{\alpha}{2}$.

13. $\sin\alpha\sqrt{S\cot\dfrac{\varphi}{2}}=19.42\ \text{cm}$.

14. $22.52\ \text{m}^2$, $4.442\ \text{m}^2$.

15. 1) $b=nh=80\ \text{m}$;2) $r=mh=6\ \text{m}$;3) $\alpha=\arctan\dfrac{1}{n}=2^\circ 52'$;

4) $\varphi=\arctan\dfrac{2}{3}=33^\circ 41'$;5) $\gamma=\arccos\dfrac{m}{n}=85^\circ 42'$;6) $537.9\ \text{m}^2$;

7) $646.5\ \text{m}^2$.

16. $\sin\dfrac{x}{2}=\dfrac{S}{\pi a^2}$, $x=2\arcsin\dfrac{S}{\pi a^2}=30^\circ$.

17. 1) $H\cdot\cos\dfrac{\alpha}{2}=H\cdot\dfrac{\sqrt{3}}{2}$;2) 靠近顶点部分与靠近底面部分的面积之比为 $\cos^2\dfrac{\alpha}{2}:\sin^2\dfrac{\alpha}{2}$. 若为等边圆锥($\alpha=60^\circ$)时,则得:1) x 等于母线的四分之三;2) $3:1$.

提示:相似圆锥的侧面积之比等于这些相似圆锥高的平方比.

18. $360^\circ\cdot\sin\dfrac{\alpha}{2}$. 1) 180°;2) $207^\circ 31'$.

19. $\dfrac{\pi(R^2-r^2)}{\cos\alpha}$.

20. $\dfrac{\pi m^2}{\sqrt{1+3\sin^2\alpha}}$.

21. $\dfrac{\pi(m^2-n^2)}{4\sin\dfrac{\alpha}{2}\sin\dfrac{\beta}{2}}$.

22. $\dfrac{(R^2-r^2)\sin\delta}{2\cos\beta}$.

23. $\pi h^2\sec\alpha$.

24. $\cos\varphi=\dfrac{m-n}{p}$.

25. 侧面积 $=\pi l^2\sin\alpha=426$；

全面积 $=2\pi l^2\sin\left(\dfrac{\alpha}{2}+15°\right)\cos\left(\dfrac{\alpha}{2}-15°\right)=652$.

26. $\dfrac{Q-q}{\cos\alpha}$.

§ 21

1. $\dfrac{1}{2}l^3\sin\beta\cdot\sin\varphi\cdot\cos^2\varphi$.

2. $\dfrac{1}{2}d^3\sin\alpha\cdot\sin\dfrac{\alpha}{2}\tan\beta=58.6\ \text{dm}^3$.

3. $2ab\sin\alpha\sqrt{ab\cos\alpha}$.

4. $\dfrac{1}{4}d^3\sin\left[\alpha+\arcsin\left(\dfrac{\sin\alpha}{4}\right)\right]\tan\varphi=1\ 000\ \text{dm}^3, 30°$.

5. $V=abc\sqrt{-\cos 2\alpha}, x=45°$.

6. $\dfrac{a^3}{\sin\alpha}\sqrt{\cos 2\alpha}$.

7. $\dfrac{a^3\sqrt{2\cos\alpha}}{2\sin\dfrac{\alpha}{2}}=271.8\ \text{cm}^3$.

8. $\dfrac{3a^3}{8\sin\dfrac{\alpha}{2}}\sqrt{\sin\left(60°+\dfrac{\alpha}{2}\right)\sin\left(60°-\dfrac{\alpha}{2}\right)}$.

9. $516\ \text{m}^3$.

10. $V=\dfrac{a^2b^2\sin^2\gamma}{2(a+b)\cos\varphi}=17\ 580\ \text{dm}^3$.

提示：$a^2+b^2-2ab\cos\gamma=(a+b)^2\cos^2\psi$，而 $\sin\psi=\dfrac{2\sqrt{ab}\cos\dfrac{\gamma}{2}}{a+b}$（参看§11,62题）.

11. $\dfrac{4r^2h\cos^2\left(45^\circ-\dfrac{\alpha}{2}\right)}{\sin\alpha}=3.627\ \mathrm{m}^3$.

12. 提示:先求 $\triangle FCD$ 的面积,然后再求 $\triangle FAB$ 的面积 $\approx 170\ \mathrm{m}^3$.

13. 提示:以其直截面的面积求其体积;$\dfrac{a^2b}{4}\cot\dfrac{\alpha}{2}$.

14. $\dfrac{1}{6}nb^3\cdot\cos^2\beta\cdot\sin\beta\cdot\sin\dfrac{360^\circ}{n}=1.535\ \mathrm{m}^3$.

15. $\dfrac{4}{3}b^3\sin^2\dfrac{\alpha}{2}\sqrt{\cos\alpha}$.

16. $\dfrac{2}{3}h^3\cot^2\varphi\cdot\sin\alpha\cdot\sin\beta\cdot\sin(\alpha+\beta)$.

17. $\dfrac{b^3}{6}\sin\dfrac{\alpha}{2}\sqrt{\cos\alpha}$.

18. $\dfrac{2}{3}a^3\cos^3\dfrac{\alpha}{2}\tan\varphi$.

19. $\dfrac{1}{24}(a+b)^2\sqrt{a(a-2b)}\cdot\tan\dfrac{\alpha}{2}$.

20. $\dfrac{1}{6}P\sqrt{p\tan\alpha}\cdot\tan\varphi$.

提示:假设角锥的高与其底面交于点 E,则 BED 是垂直于 BC 与 AD 的直线.

21. $V_A=\dfrac{V\sin\beta}{2\sin\dfrac{\alpha+\beta}{2}\cos\dfrac{\alpha-\beta}{2}}=138.9\ \mathrm{cm}^3$.

提示:$V_A : V_B=\sin B : \sin A$.

22. $45^\circ18'$ 与 $25^\circ14'$.

23. $V=\dfrac{a^3-b^3}{6}\tan\alpha=\dfrac{a^3}{6}\cos^2\varphi\tan\alpha$ 而 $\sin^2\varphi=\dfrac{b^3}{a^3}$,$V=227\ \mathrm{m}^3$.

24. $V=\dfrac{a^3-b^3}{6\cos\alpha}\sqrt{-\cos2\alpha}=\dfrac{a^3\cos^2\varphi}{6\cos\alpha}\sqrt{-\cos2\alpha}$,$V=4\ 304$.

25. $\dfrac{n(a^3-b^3)\cot\dfrac{180^\circ}{n}}{24\sin\dfrac{180^\circ}{n}}\cdot\tan\alpha$.

26. $\dfrac{d^3\cos\alpha\cdot\sin2\alpha}{8\pi}$.

27. $\dfrac{\pi a^2 h}{4\sin^2\dfrac{\alpha}{2}}=7\ 900\ \text{dm}^3$.

28. $\dfrac{\pi a^3}{4\sin^3\dfrac{180^\circ}{n}}$.

29. $V=\dfrac{D^2}{8}\cdot\dfrac{\pi\alpha}{180^\circ}\cdot\dfrac{\sin(45^\circ-\varphi)}{\cos 45^\circ\cdot\cos\varphi}\cdot l$，而 $\tan\varphi=\dfrac{\sin\alpha\cdot 180^\circ}{\pi\alpha}$，$V\approx 2.1\ \text{m}^3$.

30. $\dfrac{\pi b^2 H}{4\sin^2\dfrac{\alpha}{2}}$.

31. $V=\dfrac{\pi Q}{\cos\dfrac{\alpha}{2}\sin^3\dfrac{180^\circ}{n}}\cdot\sqrt{Q\tan\dfrac{\alpha}{2}\sin\left(\dfrac{180^\circ}{n}+\dfrac{\alpha}{2}\right)\sin\left(\dfrac{180^\circ}{n}-\dfrac{\alpha}{2}\right)}$.

32. $\dfrac{c^3 d\tan\varphi}{24\pi^2}\approx 5.4\ \text{m}$.

33. $\dfrac{\pi}{3}l^3\sin^2\alpha\cos\alpha\approx 4\ 856\ \text{dm}^3$.

34. $\dfrac{\pi h^3}{3}\cot^2\alpha$.

35. $S=\dfrac{2\pi R^2}{\cos\alpha}\cdot\cos^2\dfrac{\alpha}{2}$，$V=\dfrac{\pi R^3}{3}\tan\alpha$.

36. $\dfrac{\pi R^3}{3}\sin^3\alpha\cdot\cot\dfrac{\alpha}{2}=\dfrac{2}{3}\pi R^3\sin^2\alpha\cos^2\dfrac{\alpha}{2}$.

37. $\dfrac{\pi a^3\cot\beta}{24\sin^3\dfrac{\alpha}{2}}$.

38. $\dfrac{\pi d^3\cot\alpha}{3\tan^3\dfrac{\alpha}{2}}=299\ \text{m}^3$.

39. $\dfrac{\pi R^3\sin(\alpha-\beta)}{3\cos\alpha\cos\beta}=302\ \text{dm}^3$.

40. $\dfrac{\pi}{3}(R^3-r^3)\tan\alpha$.

41. $\dfrac{7}{6}\pi l^3\sin 2\varphi\cos\varphi$.

42. $r=\sqrt[3]{\dfrac{\dfrac{3}{\pi}V+r_1^3\tan\alpha+r_2^3\tan\beta}{\tan\alpha+\tan\beta}}=3.45\ \text{m}$，$h=(r-r_1)\tan\alpha=19\ \text{m}$，

$h_1=(r-r_2)\tan\beta=4$ m.

43. $\frac{7}{6}\pi a^3\sin\alpha\sin\frac{\alpha}{2}=28\ 030\ \mathrm{dm}^3$.

44. $\frac{\pi}{12}l^3\sin\alpha(2-\cos 2\alpha)=1\ 182$.

§ 22

1. 4 879 km.　　**2.** 36 710 km,15 930 km.

3. $\frac{2r\sin^2\left(45^\circ-\frac{\alpha}{2}\right)}{\sin\alpha}$.　　**4.** $\frac{V}{2}\sin^2\alpha\cos^2\frac{\alpha}{2}=10.52\ \mathrm{dm}^3$.

5. $\frac{\sin^2 2\alpha\cdot\cos^2\alpha}{2}=0.296\ 3$.

6. $\frac{a}{2}\tan\frac{\varphi}{2}\cos\frac{180^\circ}{n}$.

7. $\frac{a}{2\sin\frac{180^\circ}{n}\sin 2\alpha}=5.145$ m.

8. $\frac{a}{2}\sin\alpha\tan\frac{\varphi}{2}$.

9. $2C\sin^2\frac{\alpha}{2}$.

10. $x=2R\cdot\csc 60^\circ\cdot\sqrt{\sin\left(60^\circ+\frac{\alpha}{2}\right)\cdot\sin\left(60^\circ-\frac{\alpha}{2}\right)}$.

提示:由所作各弦的公共点,引一直径,并设弦长为 x,可求得各弦的他端与此直径的距离皆为 $x\cdot\sin\frac{\alpha}{2}\cdot\csc 60^\circ$,过此直径及一弦,作一大圆的半圆,并联结此弦及直径的另一端,可得方程式:$x\sqrt{4R^2-x^2}=2R\cdot x\sin\frac{\alpha}{2}\csc 60^\circ$.

11. $70^\circ 32'$.

12. $\tan\frac{\alpha}{2}\sqrt{\frac{1}{2}\pm\sqrt{\frac{1}{4}-\frac{1}{2m}}}$,$\alpha_1=78^\circ 28'$,$\alpha_2=60^\circ$,$m=2$(最小值).

13. $\sin\alpha=\sqrt[3]{\frac{1}{2}}$,$\alpha=52^\circ 32'$.

14. $\sin\frac{\alpha}{2}=\frac{\sqrt{3}}{3}$, $\alpha=70°32'$.

15. $\sin\alpha=\sqrt{\frac{n}{m}}$ ($\alpha=45°$).

16. $\frac{\sqrt{R^2+r^2+2Rr\cos 2\alpha}}{\sin 2\alpha}$.

17. 1) $4\pi r_1 r_2$; 2) $\cos z=\frac{r_1-r_2}{r_1+r_2}$ 或 $\tan\frac{z}{2}=\sqrt{\frac{r_2}{r_1}}$.

18. $\sin\frac{\angle ABC}{2}=\frac{m-n}{m+n}$.

19. $\frac{4}{3}\pi R^3\cdot\frac{\tan^3\frac{\alpha}{2}}{1-\tan^6\frac{\alpha}{2}}$ 或 $\frac{2}{3}\pi R^3\tan 2\varphi$，当 $\tan^3\frac{\alpha}{2}=\tan\varphi$.

20. $\frac{4}{3}\pi R^3 d\cos^4\frac{\varphi}{4}\left(3-2\cos^2\frac{\varphi}{4}\right)$.

21. 3 652 m^3.

22. $\sin\frac{\alpha}{2}=\sqrt{2}-1$, $\alpha=48°54'$.

23. $\frac{\pi a^2}{4}\sec^2\frac{\alpha}{4}$.

24. $4\pi R^2\sin^2\frac{\alpha}{4}=574.8\ dm^2$.

25. $\frac{\pi b^3\tan\frac{\alpha}{4}}{12\sin^2\frac{\alpha}{2}}=4\ 276\ dm^3$.

26. $V\cdot\sin^2\frac{\alpha}{4}$.

27. $\frac{\pi R^2\sin\frac{\alpha}{2}}{\cos^2\varphi}$，而 $\tan\varphi=\sqrt{2\tan\frac{\alpha}{4}}$.

28. $\sin\alpha=\frac{n-m}{n+m}$ ($\alpha=30°$).

29. $\sin\left(x+\frac{\alpha}{2}\right)=\frac{m}{n}\csc\frac{\alpha}{2}$ ($x=15°$).

30. $\dfrac{\pi R^3\sin^3\dfrac{\alpha}{2}}{6\cos^6\left(45^\circ-\dfrac{\alpha}{4}\right)},\dfrac{\pi R^2\sin^2\dfrac{\alpha}{2}}{\cos^4\left(45^\circ-\dfrac{\alpha}{4}\right)}.$

§ 23

1. $S=\pi a^2\cdot\dfrac{\sin B\cdot\sin C\cdot\cos\dfrac{1}{2}(B-C)}{\sin(B+C)\cdot\cos\dfrac{1}{2}(B+C)},V=\dfrac{\pi a^3}{3}\cdot\dfrac{\sin^2 B\cdot\sin^2 C}{\sin^2(B+C)}.$

2. $4\pi Q\cot\left(45^\circ-\dfrac{\beta}{4}\right)=1\ 736\ \mathrm{dm}^2.$

3. $\dfrac{2}{3}\pi ab^2\tan^2\alpha=300\ \mathrm{dm}^3.$

4. $\dfrac{\pi a^3}{2}\cdot\sin(30^\circ+\alpha).$

5. $\dfrac{1}{3}\pi b^3\sin^2\alpha,4\pi b^2\sin\alpha\sin\left(15^\circ+\dfrac{\alpha}{4}\right)\cos\left(15^\circ-\dfrac{\alpha}{4}\right)$,当 $\alpha=120^\circ$ 时,$V=\dfrac{\pi b^3}{4},S=\dfrac{1}{2}\pi b^2\sqrt{3}(\sqrt{3}+1).$

6. $8\pi a^2\cos^2\dfrac{\alpha}{2},2\pi a^3\sin\alpha\cdot\cos^2\dfrac{\alpha}{2}.$

7. $\pi a^2 n^2\sin\dfrac{\alpha}{2}.$

8. $\dfrac{\pi}{3}\cdot bc(b+c)\sin\alpha\cdot\cos\dfrac{\alpha}{2}.$

9. $\dfrac{\pi}{6}\cdot\dfrac{a^3\tan 2\alpha}{\cos 2\alpha}.$

10. $\dfrac{2}{3}\pi R^3\tan\alpha\cdot\sin\alpha\cdot\cos^2\dfrac{\alpha}{2}.$

11. $V_a:V_b:V_c=\csc A:\csc B:\csc C.$

12. $V=\dfrac{\pi b^3\sin\left(30^\circ+\dfrac{\alpha}{2}\right)}{2\sin\dfrac{\alpha}{2}}=47\ 090\ \mathrm{cm}^3$;

$S=\dfrac{4\pi b^2}{\sin\dfrac{\alpha}{2}}\sin\left(15^\circ+\dfrac{\alpha}{4}\right)\cos\left(15^\circ-\dfrac{\alpha}{4}\right)=8\ 460\ \mathrm{cm}^2.$

13. $\frac{4}{3}\pi(1+\cos^2\alpha)\sqrt{\frac{S^3}{\sin 2\alpha}}$.

14. $\frac{1}{2}\pi d^3\sin 2\alpha = 57\ 380\ \text{m}^3, 4\pi d^2\sin 45^\circ\cos(45^\circ-\alpha) = 10\ 110\ \text{m}^2$.

15. $\frac{10-3\sqrt{3}}{6\sqrt{3}}\pi a^3$.

16. $\frac{\pi p^3\sqrt{2}\tan\frac{\alpha}{2}\sin\frac{\alpha}{2}\cos^2\alpha}{3\cos^3\left(45^\circ-\frac{\alpha}{2}\right)} = 378.4\ \text{dm}^3$.

17. $\frac{8\pi r^2}{\sin\alpha}\cos^2\left(45^\circ-\frac{\alpha}{2}\right)$.

18. $\frac{2\pi h^3}{\sin(\alpha+\beta)}\cdot\left(\frac{\sin\beta}{\sin\alpha}\right)^2$.

19. 1) $S=4\pi r^2\cdot\sec\frac{180^\circ}{n}, V=\frac{4}{3}\pi r^3\sec\frac{180^\circ}{n}$; 2) $S=4\pi R^2\cdot\cos\frac{180^\circ}{n}, V=\frac{4}{3}\pi R^3\cos^2\frac{180^\circ}{n}$; 3) $S=\pi a^2\cdot\cot\frac{180^\circ}{n}\cdot\csc\frac{180^\circ}{n}, V=\frac{\pi}{6}a^3\cot^2\frac{180^\circ}{n}\csc\frac{180^\circ}{n}$.

20. 1) $S=2\pi r^2\left(2+\tan^2\frac{180^\circ}{n}\right), V=\frac{2}{3}\pi r^3\left(2+\tan^2\frac{180^\circ}{n}\right)$;

2) $S=2\pi R^2\left(1+\cos^2\frac{180^\circ}{n}\right), V=\frac{2}{3}\pi R^3\cos\frac{180^\circ}{n}\left(1+\cos^2\frac{180^\circ}{n}\right)$;

3) $S=\pi a^2\left(\cot^2\frac{180^\circ}{n}+0.5\right), V=\frac{\pi a^3}{6}\cot\frac{180^\circ}{n}\left(\cot^2\frac{180^\circ}{n}+0.5\right)$.

21. 1) $S=4\pi r^2\cdot\cos^4\frac{90^\circ}{n}\sec^2\frac{180^\circ}{n}, V=\frac{4}{3}\pi r^3\cos^4\frac{90^\circ}{n}\cdot\sec^2\frac{180^\circ}{n}$;

2) $S=4\pi R^2\cdot\cos^4\frac{90^\circ}{n}, V=\frac{4}{3}\pi R^3\cdot\cos^4\frac{90^\circ}{n}\cos\frac{180^\circ}{n}$;

3) $S=\frac{\pi a^2}{4}\cdot\cot^2\frac{90^\circ}{n}, V=\frac{\pi a^3}{24}\cot\frac{180^\circ}{n}\cdot\cot^2\frac{90^\circ}{n}$.

22. $V=\frac{4}{3}\pi R^3\cdot\sin^2\frac{\alpha}{2}, S=8\pi R^2\sin^2\frac{\alpha}{2}\cos^2\frac{\alpha}{4}$.

23. $\frac{4}{3}\pi r^3\sin\beta\cdot\sin\frac{\alpha}{2}$.

24. $2Q\cdot\frac{360^\circ}{\alpha}\left(2\sin\frac{\alpha}{2}+\cos\frac{\alpha}{2}\right) = 2Q\cdot\frac{360^\circ}{\alpha}\cdot\sin\left(\frac{\alpha}{2}+\varphi\right)\cdot\csc\varphi =$

4 267(而 $\tan\varphi=\dfrac{1}{2}$).

25. $\cos\alpha=\sqrt[4]{\dfrac{1}{2}}$, $\alpha=32°46'$.

26. $\pi a^2\cdot\cot\dfrac{\alpha}{4}$, $\dfrac{\pi a^3}{6}$.

附　　录

附录 1　三角学的基本公式

Ⅰ. 三角函数间的关系式

1. $\sin^2\alpha+\cos^2\alpha=1$.

2. $\tan\alpha=\dfrac{\sin\alpha}{\cos\alpha}$.

3. $\cot\alpha=\dfrac{\cos\alpha}{\sin\alpha}$.

4. $\tan\alpha\cdot\cot\alpha=1$.

5. $1+\tan^2\alpha=\sec^2\alpha$.

6. $1+\cot^2\alpha=\csc^2\alpha$.

7. $\sec\alpha=\dfrac{1}{\cos\alpha}$.

8. $\csc\alpha=\dfrac{1}{\sin\alpha}$.

Ⅱ. 二角之和及差的公式

1. $\sin(\alpha+\beta)=\sin\alpha\cdot\cos\beta+\cos\alpha\cdot\sin\beta$.
2. $\sin(\alpha-\beta)=\sin\alpha\cdot\cos\beta-\cos\alpha\cdot\sin\beta$.
3. $\cos(\alpha+\beta)=\cos\alpha\cdot\cos\beta-\sin\alpha\cdot\sin\beta$.
4. $\cos(\alpha-\beta)=\cos\alpha\cdot\cos\beta+\sin\alpha\cdot\sin\beta$.
5. $\tan(\alpha+\beta)=\dfrac{\tan\alpha+\tan\beta}{1-\tan\alpha\cdot\tan\beta}$.
6. $\tan(\alpha-\beta)=\dfrac{\tan\alpha-\tan\beta}{1+\tan\alpha\cdot\tan\beta}$.

Ⅲ. 倍角函数

1. $\sin 2\alpha=2\sin\alpha\cdot\cos\alpha$.
2. $\cos 2\alpha=\cos^2\alpha-\sin^2\alpha$.
3. $\tan 2\alpha=\dfrac{2\tan\alpha}{1-\tan^2\alpha}$.

Ⅳ.半角函数

1. $\sin\frac{\alpha}{2}=\pm\sqrt{\frac{1-\cos\alpha}{2}}$.

2. $\cos\frac{\alpha}{2}=\pm\sqrt{\frac{1+\cos\alpha}{2}}$.

3. $\tan\frac{\alpha}{2}=\frac{\sin\alpha}{1+\cos\alpha}$;$\tan\frac{\alpha}{2}=\frac{1-\cos\alpha}{\sin\alpha}$.

Ⅴ.引向对数计算的公式

1. $\sin\alpha+\sin\beta=2\sin\frac{\alpha+\beta}{2}\cdot\cos\frac{\alpha-\beta}{2}$.

2. $\sin\alpha-\sin\beta=2\cos\frac{\alpha+\beta}{2}\cdot\sin\frac{\alpha-\beta}{2}$.

3. $\cos\alpha+\cos\beta=2\cos\frac{\alpha+\beta}{2}\cdot\cos\frac{\alpha-\beta}{2}$.

4. $\cos\alpha-\cos\beta=-2\sin\frac{\alpha+\beta}{2}\cdot\sin\frac{\alpha-\beta}{2}$;

   $\cos\alpha-\cos\beta=2\sin\frac{\alpha+\beta}{2}\cdot\sin\frac{\beta-\alpha}{2}$.

5. $\tan\alpha+\tan\beta=\frac{\sin(\alpha+\beta)}{\cos\alpha\cdot\cos\beta}$.

6. $\tan\alpha-\tan\beta=\frac{\sin(\alpha-\beta)}{\cos\alpha\cdot\cos\beta}$.

7. $1+\cos\alpha=2\cos^2\frac{\alpha}{2}$.

8. $1-\cos\alpha=2\sin^2\frac{\alpha}{2}$.

Ⅵ.直角三角形中的各种关系式

1. $\frac{a}{c}=\sin A$;$\frac{b}{c}=\cos A$;$\frac{a}{b}=\tan A$.

2. $a=c\cdot\sin A$;$b=c\cdot\cos A$;$a=b\cdot\tan A$.

Ⅶ.斜三角形中的各种关系式

1. $\frac{a}{\sin A}=\frac{b}{\sin B}=\frac{c}{\sin C}$(正弦定理).

2. $a=2R\cdot\sin A$.

3. $a^2=b^2+c^2-2bc\cdot\cos A$(余弦定理).

4. $\frac{a+b}{a-b}=\frac{\tan\frac{A+B}{2}}{\tan\frac{A-B}{2}}$(正切定理).

5. $\frac{a+b}{c}=\frac{\cos\frac{A-B}{2}}{\sin\frac{C}{2}}$.

6. $\frac{a-b}{c}=\frac{\sin\frac{A-B}{2}}{\cos\frac{C}{2}}$(莫尔韦德公式).

7. $\tan\frac{A}{2}=\sqrt{\frac{(p-b)(p-c)}{p(p-a)}}$;

$\tan\frac{B}{2}=\sqrt{\frac{(p-a)(p-c)}{p(p-b)}}$;

$\tan\frac{C}{2}=\sqrt{\frac{(p-a)(p-b)}{p(p-c)}}$.

Ⅷ.三角形的面积

1. $S=\frac{1}{2}ah_a$.

2. $S=\sqrt{p(p-a)(p-b)(p-c)}$.

3. $S=\frac{1}{2}ab\cdot\sin C$.

4. $S=rp$.

5. $S=\frac{a^2\cdot\sin B\cdot\sin C}{2\sin(C+B)}$.

Ⅸ.特殊角的三角函数

	0°	30°	45°	60°	90°	180°	270°	360°
sin	0	$\frac{1}{2}$	$\frac{1}{2}\sqrt{2}$	$\frac{1}{2}\sqrt{3}$	1	0	-1	0
cos	1	$\frac{1}{2}\sqrt{3}$	$\frac{1}{2}\sqrt{2}$	$\frac{1}{2}$	0	-1	0	1
tan	0	$\frac{1}{\sqrt{3}}$	1	$\sqrt{3}$	∞	0	∞	0
cot	∞	$\sqrt{3}$	1	$\frac{1}{\sqrt{3}}$	0	∞	0	∞

Ⅹ.诱导公式

	α	$90°-\alpha$	$90°+\alpha$	$180°-\alpha$	$180°+\alpha$	$270°-\alpha$	$270°+\alpha$	$360°-\alpha$	$360°+\alpha$
sin	$\sin\alpha$	$\cos\alpha$	$\cos\alpha$	$\sin\alpha$	$-\sin\alpha$	$-\cos\alpha$	$-\cos\alpha$	$-\sin\alpha$	$\sin\alpha$
cos	$\cos\alpha$	$\sin\alpha$	$-\sin\alpha$	$-\cos\alpha$	$-\cos\alpha$	$-\sin\alpha$	$\sin\alpha$	$\cos\alpha$	$\cos\alpha$
tan	$\tan\alpha$	$\cot\alpha$	$-\cot\alpha$	$-\tan\alpha$	$\tan\alpha$	$\cot\alpha$	$-\cot\alpha$	$-\tan\alpha$	$\tan\alpha$
cot	$\cot\alpha$	$\tan\alpha$	$-\tan\alpha$	$-\cot\alpha$	$\cot\alpha$	$\tan\alpha$	$-\tan\alpha$	$-\cot\alpha$	$\cot\alpha$
sec	$\sec\alpha$	$\csc\alpha$	$-\csc\alpha$	$-\sec\alpha$	$-\sec\alpha$	$-\csc\alpha$	$\csc\alpha$	$\sec\alpha$	$\sec\alpha$
csc	$\csc\alpha$	$\sec\alpha$	$\sec\alpha$	$\csc\alpha$	$-\csc\alpha$	$-\sec\alpha$	$-\sec\alpha$	$-\csc\alpha$	$\csc\alpha$

附录2　三角形函数表

°	sin	tan	cot	cos	°
0	0.000	0.000	∞	1.000	90
1	0.017	0.017	57.290	1.000	89
2	0.035	0.035	28.636	0.999	88
3	0.052	0.052	19.081	0.999	87
4	0.070	0.070	14.301	0.998	86
5	0.087	0.087	11.430	0.996	85
6	0.105	0.105	9.514	0.995	84
7	0.122	0.123	8.144	0.993	83
8	0.139	0.141	7.115	0.990	82
9	0.156	0.158	6.314	0.988	81
10	0.174	0.176	5.671	0.985	80
11	0.191	0.194	5.145	0.982	79
12	0.208	0.213	4.705	0.978	78
13	0.225	0.231	4.331	0.974	77
14	0.242	0.249	4.011	0.970	76
15	0.259	0.268	3.732	0.966	75
16	0.276	0.287	3.487	0.961	74
17	0.292	0.306	3.271	0.956	73
18	0.309	0.325	3.078	0.951	72
19	0.326	0.344	2.904	0.946	71
20	0.342	0.364	2.747	0.940	70
21	0.358	0.384	2.605	0.934	69
22	0.375	0.404	2.475	0.927	68
23	0.391	0.424	2.356	0.921	67
24	0.407	0.445	2.246	0.914	66
°	cos	cot	tan	sin	°

续表

°	sin	tan	cot	cos	°
25	0.423	0.466	2.145	0.906	65
26	0.438	0.488	2.050	0.899	64
27	0.454	0.510	1.963	0.891	63
28	0.469	0.532	1.881	0.883	62
29	0.485	0.554	1.804	0.875	61
30	0.500	0.577	1.732	0.866	60
31	0.515	0.601	1.664	0.857	59
32	0.530	0.625	1.600	0.848	58
33	0.545	0.649	1.540	0.839	57
34	0.559	0.675	1.483	0.829	56
35	0.574	0.700	1.428	0.819	55
36	0.588	0.727	1.376	0.809	54
37	0.602	0.754	1.327	0.799	53
38	0.616	0.781	1.280	0.788	52
39	0.629	0.810	1.235	0.777	51
40	0.643	0.839	1.192	0.766	50
41	0.656	0.869	1.150	0.755	49
42	0.669	0.900	1.111	0.743	48
43	0.682	0.933	1.072	0.731	47
44	0.695	0.966	1.036	0.719	46
45	0.707	1.000	1.000	0.707	45
°	cos	cot	tan	sin	°

附录 3　建国后五、六十年代中学数学教材的演变历程[①]

今天来到这里，才知道让我在"中国数学教育的传统及其发展"研讨会上作个发言，很有感触. 一是会议的主题很有意义. 我国的数学教育是有优良传统的，它凝结着我国多少代数学教育工作者的心血. 我们是穷国办大教育，广大教师的工作条件、学习条件、生活条件都比较差，而数学教育取得的成绩已越来越被国外数学教育工作者所重视，我们应该珍惜来之不易的成果，认真研究我国数学教育的传统，在新的形势下加以传承与发展. 二是非常抱歉，我准备不够. 张英伯教授让我介绍一下人民教育出版社以前编写中学数学教材的历程，考虑到七十年代以后我国的中学数学教材，大家比较熟悉，由于时间关系，我今天只是简要地介绍建国后五、六十年代我国中学数学教材的演变历程，给大家提供一个研究的线索.

总体来说，建国后五、六十年代编了五套中学数学教材.

1. 改编解放区和比较流行的旧课本，以统一全国中学数学教材

(1) 建国初期，我国中学没有统一的数学教材，除东北解放区使用苏联中学数学教材编译本和华北解放区使用华北新华书店出版的《中学师范适用算术》外，全国大部分中学，仍使用比较流行的旧教材，初中，主要使用国立编译馆、商务印书馆、正中书店、开明书店出版的版本，也有使用三 S 平面几何、算学丛刻社版的初中几何；高中，大多使用西方教材的中译本，如范氏大代数、葛氏三角、舒塞司平面几何、立体几何、斯盖尼解析几何，也有些学校使用世界书局、开明书店、算学丛刻社出版的高中平面几何、解析几何等.

(2) 1950 年 2 月，教育部中教司召开普通中学数理化教材精简座谈会，说明新中国的教育方针和研究解决中学生负担过重的问题. 会上提出数理化三科教材精简的原则：精简的目的在求教学切实有效，而不是降低学生程度，删除不必要的或重复的教材，但仍须保持各科教材的科学性、系统性；六三三制初高中学制暂不变更. 对于数学教材，还提出以下精简原则：

① 数学教材应尽可能与实际结合，首先要与理化两科的学习结合，又要与经济建设需用的科学知识相结合.

---

① 选自数学通讯 2007 年第 46 卷第 5 期，作者陈宏伯.

② 在流行的教科书上有许多太过抽象而不切合实际,且为学生所不易接受的材料应该精简或删除.

③ 数学课程仍规定为:初中为算术、代数、平面几何,高中为三角、平面几何、立体几何、代数、解析几何.

会上推举傅种孙等 13 人根据上述精简原则,以流行的数学教科书为主要依据,草拟了数学各科精简纲要.教育部于1950年6月颁布了《数学精简纲要》,作为草案供全国中学教学参考.

(3)1950 年 9 月,出版总署提出中小学教材实行全国统一供应的方针.1950 年12 月 1 日,出版总署和教育部共同组建人民教育出版社,政务院要求人民教育出版社着手重编中小学课本,于年内建立全国中小学教材由国家统一供应的基础.

(4)人民教育出版社成立后,为适应 1951 年秋季全国中学开学后之急需,根据《数学教材精简纲要》的要求,对解放区的算术课本和比较流行的旧课本进行改编或修订,出版了一套中学数学精简本:

初中算术:史佐氏,魏群编;

初中代数:刘薰宇编;

初中平面几何:刘薰宇编;

高中代数:范氏大代数(删节本);

高中立体几何:刘薰宇编;

高中三角:葛氏三角译本;

高中解析几何:刘薰宇编.

高中平面几何:因有争议,人教社未出版,仍由各地选用流行的旧课本.

(5) 这套教材的程度与新中国成立前基本相同,教材变化不大,教师比较适应.主要问题是内容重复,学生负担重.

对《数学精简纲要》,当时是有不同意见的.陈建功先生于 1952 年在《中国数学杂志》(《数学通报》前身)上发表《20 世纪的数学教育》一文,阐述编写数学教材要符合"实用""论理""心理"三个原则,认为《纲要》"精简"得不够,提出几何可采取增加公理的方法来解决几何教学的困难,改革几何教材.

2. 以前苏联十年制学校数学教学大纲和教材为蓝本,编写中学数学课本

(1) 1951 年 3 月,教育部召开第一次全国中等教育会议,提出教材的编辑方针:"各科教材必须保持完整的科学性和贯彻爱国主义精神,必须研究中国参考苏联,以苏联中学课本为蓝本,编写完全适合于中国需要的教科书."会前,教育部邀请傅种孙、刘薰宇、魏群、张玉寿等 16 人,草拟《数学科课程标准》草案.这个草案有两个方案,主要区别是高中是否设平面几何,第二方案高中不设平面几何,将高中平面几何进行删减,有关部分并入初中平面几何中.这次会后,教育部决定要全面学习苏联,这个课程标准未能实行.

(2)根据教育部要求全面学习苏联先进经验"先搬过来,后中国化"的指示,人民教育出版社以苏联十年制学校中学数学课本为蓝本,于1952年编译出版一套中学数学编译本(改编本).所谓"编译",就是将东北地区使用的中学数学编译本进行校阅,对个别内容不符合我国情况的作了修改,因而叫"编译"本;有些课本改动得多些,称为"改编"本.1952年出版的初中代数、初中平面几何、高中代数、高中平面几何是编译本,初中算术是改编本;1953年出版的高中平面三角是编译本,高中立体几何是改编本,由于编译本中习题很少,有些没有习题,另有习题集,出版这些编译本时将习题附在课本后面.

(3)1952年2月,教育部成立中小学各科教学大纲起草委员会,提出以苏联最新的教学大纲为蓝本编写我国的教学大纲,对苏联大纲的内容和体系一般不做大的改动,只对完全不适合我国情况的内容做必要的修改和补充.数学教学大纲主要是根据我国情况对苏联大纲译文做一些修改和补充,其教学内容基本上是把苏联5至10年级的内容,逐年级地套改为我国初中、高中的内容.

教育部审阅大纲初稿后,以《中学数学教学大纲》(草案)名义交人民教育出版社出版(1952年12月原版),1953年3月正式发文通知各地试行.

(4)1953年5月,中央政治局召开会议讨论教育工作,毛主席指示,教育部宁可把别的摊子缩小些,必须抽调大批干部编写社会主义教材.会议决定:抽调大批干部编教材,由中央组织部、人事部选调.

根据上述指示,人民教育出版社领导力量和编辑队伍得到充实和加强.

教育部于1954年6月明确人民教育出版社的任务:

① 第一步,根据教育部确定的中小学教学计划修改或编订各科教学大纲,由政府正式颁布.

② 第二步,根据已确定的教学大纲改编或新编中小学教科书.

③ 第三步,根据教学大纲和教科书编写教学法或教学参考书.

同时,明确数学及自然科学教科书,应吸取苏联先进成果,以苏联最新出版的教科书为蓝本,结合中国实际情况,予以适当改编.

(5)根据中央提出的全面发展的教育方针和教育部颁布的教学计划,人民教育出版社分别于1954年,1955年修订中学数学教学大纲,经教育部审阅后交人民教育出版社出版正式颁布,即:《中学数学教学大纲》(修订草案)(1954年10月第2版)、《中学数学教学大纲》(修订草案)(1956年5月第3版,供

1956—1957学年度使用).

根据教育部颁布的教学大纲,人民教育出版社在1954年至1957年期间,主要取材于前苏联中学数学课本和习题集,吸取编写前几套教材(精简本、编译本)的经验教训,编写一套中学数学课本改编本.这套教材重视基础知识的教学和基本技能的训练,注意符合学生的年龄特点.其编写过程,重视调查研究.课本初稿写出后,油印成征求意见稿,通过书面和开座谈会的方式征求一线教师意见.部分初稿曾在北京一些学校进行试教.编者向教师介绍教材的编写意图和希望重点试教的问题.编者随堂听课,课后编者与教师一起总结经验,研究如何进一步修改初稿.修改初稿后,送请中国科学院数学研究所和高等学校教师进行审读.根据审读意见修改后送教育部审批,审批修改后发排付印.

(6)1952年以后,由于急于换用前苏联的编译本和改编本,教材与大纲、习题集不一致,而教学要求按照大纲来进行,给教学带来很大困难.1954年以后,人民教育出版社的编辑干部深入教学第一线,按照大纲确定的要求在"中国化"方面下工夫,与教师一起研究如何加强基础知识教学和基本技能训练,培养学生的逻辑思维能力和空间想象能力,使教材便于教学,因而这套中学数学课本改编本的特点,如前所述,重视基础知识和基本技能,注意教材的科学性、系统性和思想性,内容比较精简,讲法比较简明,在很大程度上删去不必要的重复,编排注意兼顾科学的系统和学生的接受能力.教材内容与大纲一致,配置了相当数量的例题与习题,教师与学生用起来比较方便.主要问题是不适当地把前苏联10年的数学内容拉长为我国的12年,知识面窄,内容少,程度低,不能满足进一步学习的需要.初中代数只学到一次方程,平面几何只学了一半,学到圆,高中代数只学习方程论的一部分知识,不学解析几何.少学的内容约需一年半的教学时间.

3. 调整中学数学教学内容,编写中学数学暂用课本

(1)1958年4月,中央召开教育工作会议,讨论了教育方针,批判了教育部门的教条主义、右倾保守思想,以及学校下放、中小学学制和课程等问题.

1958年9月29日,教育部发出《关于今后不再颁发教学用书表的通知》,说明今后各地可以自编教材,人民教育出版社仍编辑出版通用的基本教科书,供各地选用.

(2)为贯彻中央关于教育工作的一系列指示,人民教育出版社组织干部认真学习党的教育方针和一系列指示,到工厂、农村、大中小学进行广泛的调查研究,了解社会需求和教学实际,查阅我国历史资料,比较各个时期中学数学课程教学内容和课时数,了解东欧一些国家中学数学课程设置情况,同时对中学数学的教学目的、中学数学的教学要求和基本内容、中学数学教材的调整和增加内容的过渡等问题进行专题研究.

(3)1959 年 11 月 16 日 ～ 20 日,教育部在北京召开各省市和中科院数学研究所、高等学校的代表 76 人参加的中小学数学教学座谈会,主题是从教学内容方面研究提高教学质量和教学水平问题.会议就以下四个问题基本上取得一致意见:① 建国以来中小学数学教学的成绩是很大的;② 社会主义建设事业的蓬勃发展,对中小学数学教学提出了进一步的要求;③ 必须贯彻理论联系实际的原则;④ 调整教材和增加内容的下放过渡问题.

会议认为:初中算术完全下放到小学,可在 1961 年暑假前;初中学完平面几何和代数中的二次方程,可在 1962 年暑假前;高中开设平面解析几何,可在 1962 年秋季;高中代数中增加导数,可在 1964 年秋季.有困难的地区和学校可适当推迟.

根据座谈会代表的意见,教育部于1960年1月向国务院文教办公室送呈了《关于修改中小学数学教学大纲和编写中小学数学通用教材的请示报告》,经过批准,从 1961 年开始制订全日制中学数学教学大纲,编写相应的教材.

(4) 根据教育部召开中小学数学教学座谈会提出的意见与《关于修改中小学数学教学大纲和编写中小学数学通用教材的请示报告》中的有关意见,从 1959 年上半年开始,人民教育出版社对 1954 年至 1957 年期间改编的课本进行分册、改编、修订,出版一套中学数学暂用课本,供新课本未编出前的过渡时期使用.

这套暂用课本系过渡教材,初中算术下放到小学,高中平面几何下放到初中,初中代数学到二次方程,改变了课程设置办法,还增加有关画图、测量方面的内容.但是由于删去繁烦过了头,代数中的恒等变形、几何中的推理论证削弱过多,又大量删减应该做的习题,教师意见较多.初中平面几何,1960 年第 1 版只用了一年,就换用初中平面几何第一册(1961 年第 1 版)、第二册(1962 年第 1 版),初中代数用了一年就换用第 2 版.

4. 编写 10 年制学校中学数学课本

(1)1959 年 5 月,中央发布关于试验改革学制的决定,要求各地有计划有步骤地指定个别中小学进行改革学制的试验.

1960 年 2 月,教育部先后在天津、北京召开普通教育座谈会,提出中小学学制由 12 年缩短到 10 年,改革课程,把部分课程逐级下放,合并次要科目,减少循环,提高主要学科的知识水平.课程教材改革可以大改小改并举,除基础知识外,也必须充分反映地方的特点.会议期间,教育部着重组织教师讨论中小学数学教材如何贯彻多快好省的精神，认为中小学数学教材存在着严重的少慢差费现象，一是陈腐落后，内容贫乏；二是重复烦琐，科目繁多，各自独立，互不联系；三是落后于学生智力发展；四是脱离社会主义建设实际.

会议期间和会后，各地提出不少中小学数学教改方案.

1960 年 2、3 月间，中国数学会第二届全国代表大会在上海举行，会议的重要议题之一是讨论数学教育改革问题. 会上，北京师范大学和人民教育出版社分别提交了中小学数学教改方案.

(2) 各地各校提出的改革方案，一般是10年制，小学5年，中学5年，在中小学数学教材改革中争论最大的是在选材和体系两大问题上.

① 选材问题，就是在小学和中学阶段各讲授哪些内容，讲到什么程度.

② 体系问题，就是根据什么原则来编排教材的问题，主要集中在有关"以函数为纲"和"数形结合"的提法.

一些省市和高等学校提出的数学教改方案，在编出试验课本进行试验后，由于教材内容要求过高，教材体系改变太大，编写时间仓促，对许多问题研究不够，且试验面又过大，套级过渡，在教学上遇到很大困难.

1961 年 2 月，教育部召开普通教育新学制试点学校座谈会，指出当前试验 10 年制，程度要求相当于 12 年制的水平. 且试验面不宜过大，试验成熟了再推广. 1961 年秋季，教育部进一步强调必须选择条件较好的学校进行试验，要求停止全面套级过渡，停止 9 年一贯制试验.

(3) 根据中宣部、教育部的指示，人民教育出版社在总结建国以来编写课本和1960年教改以来经验教训的基础上，从1960年秋季开始编写10年制学校数学课本.

人民教育出版社在研究草拟10年制数学教材编辑方案时对教改以来争论较大的选材、体系问题进行专题研究，集中研究是否增加平面解析几何问题与分科合科问题.

经过研究，认为目前 10 年制学校学完原 12 年学习的内容，为慎重起见，暂不增加解析几何，待有可能时再增加.

至于分科合科问题，决定中学设代数、几何两科，三角不另设一科，有关内容分别安排在代数、几何中，如果增加解析几何，也另设一科，放在最后一个学期.

确定编辑方案后，1961 年上半年编出初中代数三册，平面几何二册，高中代数二册，立体几何一册初稿，经过征求意见，专家审查，领导批准，初、高中代数先后付印. 考虑到几何教材的改革争论较大，一些改革的设想还有待试验，决定初中平面几何、高中立体几何不以10年制课本名义印出，而是以12年制学校暂用本的名义印出.

这套课本从1961年秋季起，供应全国试验10年制的学校使用，一直到“文化大革命”.

5. 新编全日制12年制中学数学课本

(1)1961年，中共中央文教小组指示，在总结过去编写教材的经验的基础上，重新编写一套质量较好的全日制中小学教材. 根据这一指示，教育部组成中小学教材编审领导小组，从1961年6月开始工作.

(2) 根据中央指示，人民教育出版社在编审领导小组领导下，确定重编12年制中小学教材的编辑方针：力求根据党的教育方针，结合我国教育的优良传统和当前社会主义建设的实际，合理地吸取外国(包括社会主义国家和资本主义国家) 的对我有用的东西.

根据编审领导小组部署，人民教育出版社数学编辑室认真查阅了一些古今中外资料，对解放后中小学数学的教学目的、教学内容、教材编辑体系、教学方法，与我国解放前以及一些外国的中小学数学的情况进行比较研究，得出如下的结论：

① 解放后与北洋时期和国民党时期比较，12年中小学数学的教学要求，算术、平面几何、立体几何、平面三角基本相同，略低一些. 代数水平低得多，不学解析几何. 少学的内容，约需一年的数学教学时间，也就是降低了一年的数学水平. 教材编排体系，解放前的课本，一般都是循环式的，解放后的课本，一般都是直线式的，避免了不必要的重复. 在 数学基本知识方面，解放后比解放前全面且有系统，便于学生全面系统地掌握数学基本知识，其讲解方法，解放前的课本一般讲的都比较简略，解放后的课本一般讲的都比较详细，说理比较透彻. 解放前的课本，习题数量少，解放后的课本习题数量多. 所规定的数学教学时数，解放后比北洋时期和国民党时期都多.

② 和国外几个主要国家相比较

(Ⅰ) 与前苏联比较

解放后，特别是1953年后，我国中小学数学教学内容，基本上是把前苏联10年内的教学内容拉长为12年，学习同样的内容，我们比前苏联多用了2年.

(Ⅱ) 与前民主德国比较

我国与前民主德国同样都是12年，他们比我国多学了解析几何、微积分大意、球面三角、投影图等内容，教学这些内容约需一年半的数学教学时间. 这些内容都是比较近代的且实用价值较大的.

(Ⅲ)与日本比较

我国和日本同样是12年,除了在代数方面日本比我国稍少些外,他们比我们多学了微积分大意、概率和统计的一些常识,比我们多学的一些内容都是比较近代的且实用价值较大的.

(3)根据领导小组的指示,人民教育出版社数学编辑室总结了建国10年来编写数学教材的经验教训,在查阅一些古今中外的资料后,对数学的教学目的、教学内容、教材编排体系、教学方法进行了研究,于1961年10月草拟出《全日制中小学数学教学大纲》征求意见稿,送给各地一些大学教师和科研人员,请他们提出修改意见.

(4)教学大纲征求意见稿发出之后,收到许多意见.教育部在北京召开座谈会,派调查组到各地征求意见.针对如下争论的主要问题,人民教育出版社数学室进行了专题研究.

① 中学数学的基本训练是哪些;

② 是否把"培养学生的辩证唯物主义观点"写入教学目的中;

③ 初中教学代数之前是否先复习算术;

④ 平面三角是否全部下放到初中;

⑤ 高中教学立体几何之前是否先复习平面几何;

⑥ 高中代数中是否讲授"导数";

⑦ 是否增加立体解析几何;

⑧ 平面三角是否单独设科;

⑨ 代数是否连续学.

(5)根据中央颁布的全日制中学暂行工作条例和教育部颁布的全日制中小学教学计划,人民教育出版社在总结建国以来编写教学大纲和编写教材经验教训,吸收各种教改方案和实验教材的优点,在教学大纲征求意见稿的基础上,根据专题研究的结果,起草了《全日制中学数学教学大纲》,经教育部审核、修改、批准后,作为草案,以教育部名义,交人民教育出版社出版(1963年第1版)颁布试行.

这份大纲草案对1960年教改以来有关中学数学课程、教材、教学改革中争论的重大问题,以及教学实践中需要明确的重大问题,经过反复研究,作了清楚的阐述.

(6)人民教育出版社于1961年起草了全日制中小学数学教学大纲征求意见稿后,从1962年起,开始编写全日制12年制中小学数学课本,通称"新12年制课本".这套课本各册书编出初稿后,要铅印出试教本,进行试教并征求意见,经过修改、送审后,正式供应学校试用.

例如初中代数第一册 1962 年上半年编出初稿,铅印成“试教本”,在北京景山、丰盛、二龙路等学校和其他一些省市学校进行试教,并在一些省市学校征求意见,1963 年上半年根据反馈意见进行修改、审查,然后正式出版.从 1963 年秋季起供各地使用.

(7) 鉴于这套课本是在总结 1960 年教学改革以来的经验教训的基础上,对数学教学改革中有关教学目的、内容选择、编写原则、编排体系、教学方法等重大问题进行比较系统的研究,对数学教学规律进行比较细致的研究,编出教材初稿后除广泛征求意见外,同时选择一些学校进行试教,编者还选择一些班级亲自去教学,因而这套课本积累了广大数学教育工作者的研究成果和广大数学教师丰富的教学经验.许多教师说,这套课本是建国后编写的几套课本中最好的一套,是多年来编写课本的经验总结.这套课本出版多年后许多教师每谈起,还称赞“六三本好”,教师们认为这套课本的主要优点是扎扎实实地加强了基础知识和基础训练,程度已经提高到我国近几十年的最高水平,内容充实,理论严谨,编排科学,讲解细致,注意抓关键、抓重点、分散难点,例习题充足,易教易学;学了这套课本能够获得数学基础知识,掌握计算、推理、空间想象等能力,能够满足上一级学校的需要,也能够大体适应参加生产劳动的需要.

另一方面,教师们认为这套课本的主要缺点是在加强基础知识和基本训练时,带进一些烦琐、次要和无用的内容,有些理论是不必要的,有些内容要求过高、过深、不切合实际需要,如初中代数中的一些过于复杂的恒等变形.有些内容是次要的和无用的,如平面几何中的较复杂的三角形的尺规作图等.有些例题和习题过多或繁难无用,如初中代数中“列出一元一次方程组解应用题”,举了 14 个例题,“有理数”一章安排了 691 个习题.课本在注意与生产劳动相结合方面做得不够,生产中所需要的某些知识没有讲,如簿记、统计、三视图等;有些虽然讲了,但讲得不够,如测量、绘图、对数计算尺等.

这套课本正式使用不久,一些地区和一些学校反映内容深、分量重,学生负担重,教育部根据毛泽东主席 1964 年春节关于教育问题的谈话精神和中宣部领导同志的意见,指示人民教育出版社对课本进行修改.

(8) 修改新 12 年制学校中学数学教材

①1964 年春,人民教育出版社根据教育部的指示,要在不改变体系的前提下对新 12 年制课本进行修改,就是所谓的“中改”.人民教育出版社组织数学编辑室的干部认真学习中央和教育部的有关指示,用了将近一年的时间,深入工厂、公社、学校、科研等单位进行调查研究,着重了解工农业生产和上一级学校

普遍需要的,又能为学生所接受的那些数学知识,了解科学技术发展的趋势,在此基础上,于1964年12月草拟出“关于修改12年制中学数学课本的意见”.

上述“意见”上报后,中宣部领导同志审阅后批示,除高中平面三角单独设科外,其余原则上同意.据此,人民教育出版社对新12年制数学课本进行修改,到1965年4月全部修改完毕,并铅印成“征求意见本”,送给一些省市征求意见,同时报给中宣部、教育部.

② 中宣部领导同志对上述“征求意见本”批示推迟一年使用.为了进一步提高课本质量,经教育部批准,人民教育出版社根据各地意见,进一步修改“征求意见本”,于1965年10月铅印成中学数学(送审本),全套共七册,即初中代数上下册,初中几何一册,高中几何、三角、代数、平面解析几何各一册.随后,教育部与中国科学院、高等院校以及河南省教育厅等单位分别从政治性、科学性、教学等方面对“送审本”进行了审查.根据审查意见,经人民教育出版社修改后,于1966年1月报中宣部和教育部.不久,“文化大革命”开始了,中宣部领导批示:暂不使用.1978年,人民教育出版社将这套课本以一般书籍出版了.其书名为代数第一册(原初级中学课本代数上册)、第二册(原初级中学课本代数下册)、第三册(原高级中学课本代数)、几何第一册(原初级中学几何)、第二册(原高级中学课本几何)、三角(原高级中学课本三角)、平面解析几何(原高级中学课本平面解析几何).

(9) 小结

① 这套课本的特点是扎扎实实地加强基础知识和基本训练,因而受到广大教师的欢迎.

② 这套课本是在总结建国以来编写课本的经验教训的基础上,借鉴了古今中外的历史经验,对社会发展和培养未来人才对中学数学教育的需求进行比较系统的研究,使教学目标、内容选择、编排体系等重大问题的确定有了比较可靠的依据,对1960年以来数学教学改革中争论的重大问题,组织各方面人士进行研究与讨论,得出成果,达成共识,并以文字形式在教学大纲中进行了阐述,比较充分地展现了我国数学教育的研究成果,走出一条有我国特色的数学课程和教材改革的道路.

③ 这套课本在编写过程中反复征求广大教师的意见,教材写出初稿后,还在一些学校试教,编者亲自在学校试教,对试教中发现的问题,与老师们一道研究解决的办法,因而课本比较符合教学实际.

编辑手记

这是一部老的三角学课本.

本书是根据苏联十年制中学九 —— 十年级平面三角学教科书而编译的.原书为苏联雷布金(Н. Рыбкин)所著.1949 年莫斯科出版.

爱伦·坡有个名句:"…… 我们的思想干枯而又麻痹,我们的记忆干枯而又可疑."

今天的中学数学教学质量颇受社会诟病,于是人们又开始回忆起早期的人和事.就三角学而言,其课本编写有两次高峰.一次是民国时期.我国专门研究数学史的专家对此已有系统的论述,比如笔者手边恰有一篇由内蒙古师范大学科学技术史研究院刘冰楠和代钦所写的"民国时期国人自编三角学教科书中'三角函数'变迁"的文章,其中就记录了当时的情景.

> 民国时期是中国数学教育走向现代化的重要时期,是数学教科书摆脱中国传统教育理念,融合西方先进的教育思想方法,逐渐与世界接轨的重要阶段,通过对民国三角学教科书教学要求、内容变迁、定义方式和名词术语的考察,可以为今天数学课程和教科书研究者提供有益借鉴.
>
> 20 世纪 10 年代,三角学教科书采用自编者较多.根据倪尚达在 1920 年对当时中等学校使用的数学教科书情况进行的统计可知,《共和国教科书平三角大要》在当时的使用范围最广,从 1913 年初版至 1923 年已再版 18 次.20 世纪 20 年代出版的中学数学教科书,主要有商务印书馆的"新学制教科书"、"现代初级中学教科书"和中华书局的"新中学教科书".当时各中学可自行选定教科书.刘正经编辑的《现代初中教科书三角术》很受欢迎,1923 年初版,1930 年第 54 版,1936 年国难订正第 31 版.20 世纪 30 年代出版的教科书除商务印书馆、中华书局仍占有主要地位外,还有开明书店、世界书局、正中书局等.种类齐全,内容丰富,达到中国清末至解放前数学书籍出版的鼎盛时期.1933 年初版的《复兴初级中学教科书三角》再版次数极多,至 1948 年已再版 150 次.

“1946年以后,中学教科书由审定制改为国定制,采用国立编译馆教科用书组依照新修订课程标准修改、编写的统一国定课本.”然而,大多数学校还是采用原来的教科书.例如,商务印书馆的“复兴教科书”,中华书局的“修正课程标准适用”数学教科书仍被使用.张鹏飞编的《初中三角》1936年初版,1947年再版26次.但该书1940年以后的版本,将书名改为“修正课程标准适用”《初中三角法》继续使用.审定本即教科书在出版之前,须将稿本呈交给教育部,教育部审查通过后方可出版使用.其中,《共和国教科书》、《现代初级中学教科书》及《复兴教科书》均为审定本教科书.而国定本即教育部命令所属的“国立编译馆”,按照中小学校的全部科目,编辑一整套教科书,通过“教育图书审查委员会”审定后出版发行.

三角函数是三角学的核心,故这里选取以下4种具有代表性的教科书:① 黄元吉编纂《共和国教科书平三角大要》,商务印书馆1913年12月初版(后称1913年本);② 刘正经编辑《现代初中教科书三角术》,商务印书馆1929年1月第29版(后称1929年本);③ 周元瑞、周元谷编著《复兴初级中学教科书三角》,商务印书馆1933年7月初版(后称1933年本);④ 张鹏飞编《初中三角法》,中华书局1947年4月第26版(后称1947年本).以这4本影响较大,使用范围较广的国人自编三角学教科书作为研究对象,考察三角函数的变迁.

1912年9月,中华民国教育部公布了《中学校令》,将中学校修业年限定为4年,共14门课程,其中,中学校之学科目与其程度,及教科书之采用,别以规程定之.同年12月,颁布《中学校令施行规则》,其中第一章第七条规定:“数学要旨在明数量之关系,熟习计算,并使其思虑精确.数学宜授以算术、代数、几何及三角法.女子中学校数学可减去三角法.”1913年3月19日公布的《中学校课程标准》,将授课时数按照男女生进行修改,如下表所示.

表　1913年中学校课程标准数学科授课时数与教学内容

第一学年		第二学年	
每周时数	教学内容	每周时数	教学内容
男5 女4	算术、代数	男5 女4	代数、平面几何

第三学年		第四学年	
每周时数	教学内容	每周时数	教学内容
男 5 女 3	代数、平面几何	男 4 女 3	平面几何 立体几何 平三角大要

注 女子中学校未设三角法，其余学科程度比照学期时数酌定. 从该课程表看，课程标准中仍在一定程度上残留了男女不平等的思想，这种不平等竟以法令的形式公布出来.

中华民国教育部于 1923 年制定了《新学制课程标准纲要》，其中《初级中学算学课程纲要》要求初中数学采用混合编排，并且规定三角部分的毕业最低限度为“略知平面三角初步”.“对于 1923 年的混编教材，由于有些学校不适应，在实施混合课程时仍用分科教材.” 1929 年，南京政府大学院（10 月改组为教育部）根据全国教育会议议决组成中小学课程标准起草委员会编订《初级中学算学暂行课程标准》，令各省作为暂行标准，试验推行，初中设 14 科目，共 180 学分，其中算学为 30 学分. 三角在三年级下学期与几何同时教授，三角每周授课时数为 3 小时.

1936 年颁布的《初级中学算学课程标准》是教育部根据各地反映“教学总时数之过多”，对 1933 年颁布的“课程标准”进行修正而成，其中规定：“三角之正式教授，宜移至高中，但三角应用方面极广，初中亦不可不知. 故宜就实例入手，讲授三角函数定义，及直角三角形解法，简易测量，余可从略.”

1941 年的《修正初级中学数学课程标准》中取消了三角这门课程，三角仅在高中第一学年讲授，并在《修正高级中学数学课程标准》中有相关的要求，每周课时为 2 小时.

1913 年本是辛亥革命胜利后，商务印书馆出版的第一套国人自编教科书. 为了合乎于“共和民国”的宗旨，故取名为《共和国教科书》. 这套教科书顺应世变，适合民国政体更新的需要，奠定了民国初年中小学新式教科书的基础. 1913 年本共两篇十一章，55 页. 其中，三角函数占 28 页. 主要内容有：锐角之圆函数、普通角之圆函数. 书中附有希腊文字对照表，包括希腊字母的大、小写写法及其名称，并用希腊字母表示角，如 $\sin\alpha$，$\cos\beta$ 等. 书中的定理、例题、习题等开始渗透分类的思想.

1929 年本共八章,106 页,三角函数占 29 页.主要内容有:三角术之目的、锐角之三角函数、直角三角形解法、对数及对数计算、普通三角形边角的关系、普通三角形解法、任何角的三角函数、几个重要的恒等式.在此引用该书“编辑大意”说明当时的编排情况:

① 这本小书,是编给中等学校做教科书用的,中等学生对于三角术只要在实用方面够用,所以本书注重实用;至于理论方面,也不偏废,不过别为补篇,书名虽定为初中三角术,但是旧制中学第四年,也可采用,因为有补篇可以伸缩.

② 应用问题的选择,以能鼓起学生的兴味为标准,这里面大多数是从著名的教科书内摘译下来的,还有一部分是特别为这本书做的.

③ 书中常常插入关于三角术历史上的谈话——本国和外国两方面,都有一点——使学生知道三角术大概的沿革,并且可以引起他们研究的兴趣.

④ 后面所附的四位表,在本国算是很新的一种.他的排列得当,检查便利,很足以保证他的实用价值,用不着编者多说话.

⑤ 编者仅向南开大学算学教授姜立夫博士表示至诚的感谢,因为他费了很多的功夫,把这本书的稿子看过了,并且加以许多有价值的批评,尤其是关于历史方面的材料承他很费心的帮助搜集.又南开同事算学教员张芷宾先生,在搜集应用问题方面,很替编者帮忙,并且编辑中也得他的臂助不少,谨记于此,以至感谢.

1929 年本后两章为补篇,具有一定的弹性,不但可供新制初中使用,也可供旧制四年级使用,其中,任意角的三角函数安排在补篇中,教师可根据实际情况进行讲授.书中常穿插国内外关于三角术的历史,使学生了解三角术的沿革,激发他们的学习兴趣.同时,增加了对数及对数计算一章.

总之,教科书的编写要通俗易懂,平易近人,为大众服务,这对当前的数学教育改革也具有重要的现实意义.三角学教科书从民国至今,在经历一个世纪的变迁后,数学知识逐步顺应时代的需要,发生了较大的变化,通过了解三角函数内容的变化,有利于厘清三角学教科书的发展脉络,管窥民国时期的教育理念,三角函数从注重函数、实用等问题逐步与其他学科相联系,如三角关系式与代数中的方程之间的关系,逐步实现各门学科的融合.回顾三角函数在民国时期的变迁历程,对中国目前数学教科书的编写具有重要的参考价值,并对当今的数学教育教学具有一定的借鉴意义.

第二个高峰出现在20世纪50年代.当时全面学习苏联,东北人民政府教育部在1950年12月发布了一则声明,对那时的中学教材的编译做了说明.

这一套中学自然科学教科书,包括算术、代数、平面几何、物理、化学、动物、植物、人体解剖生理学等,是根据苏联十年制中学的教科书翻译的.为了适合我国的情况,在校阅时作了必要的修改,所以说是编译.

这套教科书的初中用部分于1949年下半年匆匆编译,1950年起在东北各地中学试用.由于时间和人力的不足,发生了不少错误与不妥之处.1950年下半年,我们一面修改了初中用书,一面又编译出版了高中用的一部分.时间和人力仍然很受限制,在校阅时仍然感到很多地方不能赶上原书的精彩,特别是在理论与实际结合一方面.

我们希望,各地教师同志和别的同志们,指正我们的错误,提供我们进一步修改的要点,帮助我们来把这套教科书修订得更好.

3年后,1953年初人民教育出版社又发布了一则声明:

初、高级中学代数和高级中学三角的课本,旧的有许多缺点,新的又没有编好,经中央人民政府教育部指定暂以东北人民政府教育部根据苏联中学书编译的课本,供1953年秋季开始学习这3科的班次采用.

苏联教科书的优点是内容精简,理论与实际结合.教材的排列能兼顾科学的系统和教学的原则,东北各地试用这一套编译的课本以后,凡能体会这些优点的教师,教学上都有很好的成绩(参看教育资料业刊社编《中学数学教学的改进》).用惯了旧课本的教师倘能虚心体会新课本的优点,学习新的教学方法,当然可以得到同样的成绩.

这套编译的课本也还有某些缺点,如《编译者声明》中所说的理论与实际结合不如原书,就是最显著的.原书是给苏联学生读的,必然要结合苏联社会主义社会的实际,这就和我国当前的情况有若干距离.因此,怎样根据这套课本的理论体系来结合我国新民主主义社会的实际,是教师们应该在教学实践中仔细研究的问题.希望大家积累经验,为编好一套我国的数学科新课本作准备.

我社这次供应的东北编译的这几种课本,会根据原书作了一些修订.1953年秋季供应的,除了三角是全册外,初中代数只有上册,高中代数只有第一册,各供一学年用,请教师们注意.

这套编译的课本,每种都附有习题一册.为了发行的便利,把习题附订在课本的后面,不再另订成册了.

钩沉的动机是怀旧.怀旧的原因是心里有一个黄金时代.我们今天所说的教育的黄金时代一个重要的特征是自由.自由的选择学校、教师、课本、内容.对人才的培养的标准也是多元的,非功利的.悖论是往往越不刻意的追求什么,什么却会如期而至.故意追求却往往事与愿违.教育尤其如此,这个话题太敏感,不如借用文学来说明.前一段时间,有一部好看的电影《黄金时代》.其中,导演许鞍华借萧红之口说出了黄金时代的判断标准.有人说在他所阅读的所有相关文字中,竟然没有一个人能够读懂萧红所谓“黄金时代”的真实内涵.其中表现得最为奇怪的,是上海女作家毛尖的专栏文章:《所谓的“黄金时代”,是萧军的,不是萧红的》.这篇文章撇开“黄金时代”具体所指而得出的结论——“要说真有一个所谓的‘黄金时代’,那也只能是萧军的,不会是萧红的”——与萧红对于“黄金时代”的理解恰恰相反.相比之下,许鞍华在电影中借萧红之口所说的——“我不能选择怎么生怎么死,但我能选择怎么爱怎么活,这就是我的黄金时代”——反而是对于萧红所谓“黄金时代”的一部分的怀旧回归.这部电影的价值所在,正是对于这种并不完美的“黄金时代”的怀旧回归.

刘培杰

2015年8月10日

于哈工大

哈尔滨工业大学出版社刘培杰数学工作室 已出版(即将出版)图书目录

书　　名	出版时间	定　价	编号
新编中学数学解题方法全书(高中版)上卷	2007—09	38.00	7
新编中学数学解题方法全书(高中版)中卷	2007—09	48.00	8
新编中学数学解题方法全书(高中版)下卷(一)	2007—09	42.00	17
新编中学数学解题方法全书(高中版)下卷(二)	2007—09	38.00	18
新编中学数学解题方法全书(高中版)下卷(三)	2010—06	58.00	73
新编中学数学解题方法全书(初中版)上卷	2008—01	28.00	29
新编中学数学解题方法全书(初中版)中卷	2010—07	38.00	75
新编中学数学解题方法全书(高考复习卷)	2010—01	48.00	67
新编中学数学解题方法全书(高考真题卷)	2010—01	38.00	62
新编中学数学解题方法全书(高考精华卷)	2011—03	68.00	118
新编平面解析几何解题方法全书(专题讲座卷)	2010—01	18.00	61
新编中学数学解题方法全书(自主招生卷)	2013—08	88.00	261
数学眼光透视	2008—01	38.00	24
数学思想领悟	2008—01	38.00	25
数学应用展观	2008—01	38.00	26
数学建模导引	2008—01	28.00	23
数学方法溯源	2008—01	38.00	27
数学史话览胜	2008—01	28.00	28
数学思维技术	2013—09	38.00	260
从毕达哥拉斯到怀尔斯	2007—10	48.00	9
从迪利克雷到维斯卡尔迪	2008—01	48.00	21
从哥德巴赫到陈景润	2008—05	98.00	35
从庞加莱到佩雷尔曼	2011—08	138.00	136
数学奥林匹克与数学文化(第一辑)	2006—05	48.00	4
数学奥林匹克与数学文化(第二辑)(竞赛卷)	2008—01	48.00	19
数学奥林匹克与数学文化(第二辑)(文化卷)	2008—07	58.00	36′
数学奥林匹克与数学文化(第三辑)(竞赛卷)	2010—01	48.00	59
数学奥林匹克与数学文化(第四辑)(竞赛卷)	2011—08	58.00	87
数学奥林匹克与数学文化(第五辑)	2015—06	98.00	370

哈尔滨工业大学出版社刘培杰数学工作室已出版(即将出版)图书目录

书　　名	出版时间	定　价	编号
世界著名平面几何经典著作钩沉——几何作图专题卷(上)	2009－06	48.00	49
世界著名平面几何经典著作钩沉——几何作图专题卷(下)	2011－01	88.00	80
世界著名平面几何经典著作钩沉(民国平面几何老课本)	2011－03	38.00	113
世界著名平面几何经典著作钩沉(建国初期平面三角老课本)	2015－08	38.00	507
世界著名解析几何经典著作钩沉——平面解析几何卷	2014－01	38.00	273
世界著名数论经典著作钩沉(算术卷)	2012－01	28.00	125
世界著名数学经典著作钩沉——立体几何卷	2011－02	28.00	88
世界著名三角学经典著作钩沉(平面三角卷Ⅰ)	2010－06	28.00	69
世界著名三角学经典著作钩沉(平面三角卷Ⅱ)	2011－01	38.00	78
世界著名初等数论经典著作钩沉(理论和实用算术卷)	2011－07	38.00	126

书　　名	出版时间	定　价	编号
发展空间想象力	2010－01	38.00	57
走向国际数学奥林匹克的平面几何试题诠释(上、下)(第1版)	2007－01	68.00	11,12
走向国际数学奥林匹克的平面几何试题诠释(上、下)(第2版)	2010－02	98.00	63,64
平面几何证明方法全书	2007－08	35.00	1
平面几何证明方法全书习题解答(第1版)	2005－10	18.00	2
平面几何证明方法全书习题解答(第2版)	2006－12	18.00	10
平面几何天天练上卷·基础篇(直线型)	2013－01	58.00	208
平面几何天天练中卷·基础篇(涉及圆)	2013－01	28.00	234
平面几何天天练下卷·提高篇	2013－01	58.00	237
平面几何专题研究	2013－07	98.00	258
最新世界各国数学奥林匹克中的平面几何试题	2007－09	38.00	14
数学竞赛平面几何典型题及新颖解	2010－07	48.00	74
初等数学复习及研究(平面几何)	2008－09	58.00	38
初等数学复习及研究(立体几何)	2010－06	38.00	71
初等数学复习及研究(平面几何)习题解答	2009－01	48.00	42
几何学教程(平面几何卷)	2011－03	68.00	90
几何学教程(立体几何卷)	2011－07	68.00	130
几何变换与几何证题	2010－06	88.00	70
计算方法与几何证题	2011－06	28.00	129
立体几何技巧与方法	2014－04	88.00	293
几何瑰宝——平面几何500名题暨1000条定理(上、下)	2010－07	138.00	76,77
三角形的解法与应用	2012－07	18.00	183
近代的三角形几何学	2012－07	48.00	184
一般折线几何学	2015－08	48.00	203
三角形的五心	2009－06	28.00	51
三角形趣谈	2012－08	28.00	212
解三角形	2014－01	28.00	265
三角学专门教程	2014－09	28.00	387

哈尔滨工业大学出版社刘培杰数学工作室已出版(即将出版)图书目录

书　　名	出版时间	定　价	编号
距离几何分析导引	2015－02	68.00	446
圆锥曲线习题集(上册)	2013－06	68.00	255
圆锥曲线习题集(中册)	2015－01	78.00	434
圆锥曲线习题集(下册)	即将出版		
近代欧氏几何学	2012－03	48.00	162
罗巴切夫斯基几何学及几何基础概要	2012－07	28.00	188
罗巴切夫斯基几何学初步	2015－06	28.00	474
用三角、解析几何、复数、向量计算解数学竞赛几何题	2015－03	48.00	455
美国中学几何教程	2015－04	88.00	458
三线坐标与三角形特征点	2015－04	98.00	460
平面解析几何方法与研究(第1卷)	2015－05	18.00	471
平面解析几何方法与研究(第2卷)	2015－06	18.00	472
平面解析几何方法与研究(第3卷)	2015－07	18.00	473
解析几何研究	2015－01	38.00	425
初等几何研究	2015－02	58.00	444
俄罗斯平面几何问题集	2009－08	88.00	55
俄罗斯立体几何问题集	2014－03	58.00	283
俄罗斯几何大师——沙雷金论数学及其他	2014－01	48.00	271
来自俄罗斯的5000道几何习题及解答	2011－03	58.00	89
俄罗斯初等数学问题集	2012－05	38.00	177
俄罗斯函数问题集	2011－03	38.00	103
俄罗斯组合分析问题集	2011－01	48.00	79
俄罗斯初等数学万题选——三角卷	2012－11	38.00	222
俄罗斯初等数学万题选——代数卷	2013－08	68.00	225
俄罗斯初等数学万题选——几何卷	2014－01	68.00	226
463个俄罗斯几何老问题	2012－01	28.00	152
超越吉米多维奇.数列的极限	2009－11	48.00	58
超越普里瓦洛夫.留数卷	2015－01	28.00	437
超越普里瓦洛夫.无穷乘积与它对解析函数的应用卷	2015－05	28.00	477
超越普里瓦洛夫.积分卷	2015－06	18.00	481
超越普里瓦洛夫.基础知识卷	2015－06	28.00	482
超越普里瓦洛夫.数项级数卷	2015－07	38.00	489
初等数论难题集(第一卷)	2009－05	68.00	44
初等数论难题集(第二卷)(上、下)	2011－02	128.00	82,83
数论概貌	2011－03	18.00	93
代数数论(第二版)	2013－08	58.00	94
代数多项式	2014－06	38.00	289
初等数论的知识与问题	2011－02	28.00	95
超越数论基础	2011－03	28.00	96
数论初等教程	2011－03	28.00	97
数论基础	2011－03	18.00	98
数论基础与维诺格拉多夫	2014－03	18.00	292
解析数论基础	2012－08	28.00	216
解析数论基础(第二版)	2014－01	48.00	287
解析数论问题集(第二版)	2014－05	88.00	343

哈尔滨工业大学出版社刘培杰数学工作室 已出版(即将出版)图书目录

书　名	出版时间	定　价	编号
数论入门	2011－03	38.00	99
代数数论入门	2015－03	38.00	448
数论开篇	2012－07	28.00	194
解析数论引论	2011－03	48.00	100
Barban Davenport Halberstam 均值和	2009－01	40.00	33
基础数论	2011－03	28.00	101
初等数论 100 例	2011－05	18.00	122
初等数论经典例题	2012－07	18.00	204
最新世界各国数学奥林匹克中的初等数论试题(上、下)	2012－01	138.00	144,145
初等数论(Ⅰ)	2012－01	18.00	156
初等数论(Ⅱ)	2012－01	18.00	157
初等数论(Ⅲ)	2012－01	28.00	158
平面几何与数论中未解决的新老问题	2013－01	68.00	229
代数数论简史	2014－11	28.00	408
代数数论	2015－09	88.00	532
谈谈素数	2011－03	18.00	91
平方和	2011－03	18.00	92
复变函数引论	2013－10	68.00	269
伸缩变换与抛物旋转	2015－01	38.00	449
无穷分析引论(上)	2013－04	88.00	247
无穷分析引论(下)	2013－04	98.00	245
数学分析	2014－04	28.00	338
数学分析中的一个新方法及其应用	2013－01	38.00	231
数学分析例选:通过范例学技巧	2013－01	88.00	243
高等代数例选:通过范例学技巧	2015－06	88.00	475
三角级数论(上册)(陈建功)	2013－01	38.00	232
三角级数论(下册)(陈建功)	2013－01	48.00	233
三角级数论(哈代)	2013－06	48.00	254
三角级数	2015－07	28.00	263
超越数	2011－03	18.00	109
三角和方法	2011－03	18.00	112
整数论	2011－05	38.00	120
随机过程(Ⅰ)	2014－01	78.00	224
随机过程(Ⅱ)	2014－01	68.00	235
算术探索	2011－12	158.00	148
组合数学	2012－04	28.00	178
组合数学浅谈	2012－03	28.00	159
丢番图方程引论	2012－03	48.00	172
拉普拉斯变换及其应用	2015－02	38.00	447
同余理论	2012－05	38.00	163
[x]与{x}	2015－04	48.00	476
极值与最值.上卷	2015－06	38.00	486
极值与最值.中卷	2015－06	38.00	487
极值与最值.下卷	2015－06	28.00	488
整数的性质	2012－11	38.00	192

哈尔滨工业大学出版社刘培杰数学工作室已出版(即将出版)图书目录

书　　名	出版时间	定　价	编号
历届美国中学生数学竞赛试题及解答(第一卷)1950—1954	2014—07	18.00	277
历届美国中学生数学竞赛试题及解答(第二卷)1955—1959	2014—04	18.00	278
历届美国中学生数学竞赛试题及解答(第三卷)1960—1964	2014—06	18.00	279
历届美国中学生数学竞赛试题及解答(第四卷)1965—1969	2014—04	28.00	280
历届美国中学生数学竞赛试题及解答(第五卷)1970—1972	2014—06	18.00	281
历届美国中学生数学竞赛试题及解答(第七卷)1981—1986	2015—01	18.00	424
历届 IMO 试题集(1959—2005)	2006—05	58.00	5
历届 CMO 试题集	2008—09	28.00	40
历届中国数学奥林匹克试题集	2014—10	38.00	394
历届加拿大数学奥林匹克试题集	2012—08	38.00	215
历届美国数学奥林匹克试题集:多解推广加强	2012—08	38.00	209
历届波兰数学竞赛试题集.第 1 卷,1949～1963	2015—03	18.00	453
历届波兰数学竞赛试题集.第 2 卷,1964～1976	2015—03	18.00	454
保加利亚数学奥林匹克	2014—10	38.00	393
圣彼得堡数学奥林匹克试题集	2015—01	48.00	429
历届国际大学生数学竞赛试题集(1994—2010)	2012—01	28.00	143
全国大学生数学夏令营数学竞赛试题及解答	2007—03	28.00	15
全国大学生数学竞赛辅导教程	2012—07	28.00	189
全国大学生数学竞赛复习全书	2014—04	48.00	340
历届美国大学生数学竞赛试题集	2009—03	88.00	43
前苏联大学生数学奥林匹克竞赛题解(上编)	2012—04	28.00	169
前苏联大学生数学奥林匹克竞赛题解(下编)	2012—04	38.00	170
历届美国数学邀请赛试题集	2014—01	48.00	270
全国高中数学竞赛试题及解答.第 1 卷	2014—07	38.00	331
大学生数学竞赛讲义	2014—09	28.00	371
亚太地区数学奥林匹克竞赛题	2015—07	18.00	492
高考数学临门一脚(含密押三套卷)(理科版)	2015—01	24.80	421
高考数学临门一脚(含密押三套卷)(文科版)	2015—01	24.80	422
新课标高考数学题型全归纳(文科版)	2015—05	72.00	467
新课标高考数学题型全归纳(理科版)	2015—05	82.00	468
王连笑教你怎样学数学:高考选择题解题策略与客观题实用训练	2014—01	48.00	262
王连笑教你怎样学数学:高考数学高层次讲座	2015—02	48.00	432
高考数学的理论与实践	2009—08	38.00	53
高考数学核心题型解题方法与技巧	2010—01	28.00	86
高考思维新平台	2014—03	38.00	259
30 分钟拿下高考数学选择题、填空题(第二版)	2012—01	28.00	146
高考数学压轴题解题诀窍(上)	2012—02	78.00	166
高考数学压轴题解题诀窍(下)	2012—03	28.00	167
北京市五区文科数学三年高考模拟题详解:2013～2015	2015—08	48.00	500
北京市五区理科数学三年高考模拟题详解:2013～2015	2015—09	68.00	505
向量法巧解数学高考题	2009—08	28.00	54
高考数学万能解题法	2015—09	28.00	534
整函数	2012—08	18.00	161
近代拓扑学研究	2013—04	38.00	239
多项式和无理数	2008—01	68.00	22
模糊数据统计学	2008—03	48.00	31
模糊分析学与特殊泛函空间	2013—01	68.00	241

哈尔滨工业大学出版社刘培杰数学工作室已出版(即将出版)图书目录

书　　名	出版时间	定　价	编号
受控理论与解析不等式	2012－05	78.00	165
解析不等式新论	2009－06	68.00	48
建立不等式的方法	2011－03	98.00	104
数学奥林匹克不等式研究	2009－08	68.00	56
不等式研究(第二辑)	2012－02	68.00	153
不等式的秘密(第一卷)	2012－02	28.00	154
不等式的秘密(第一卷)(第2版)	2014－02	38.00	286
不等式的秘密(第二卷)	2014－01	38.00	268
初等不等式的证明方法	2010－06	38.00	123
初等不等式的证明方法(第二版)	2014－11	38.00	407
不等式・理论・方法(基础卷)	2015－07	38.00	496
不等式・理论・方法(经典不等式卷)	2015－07	38.00	497
不等式・理论・方法(特殊类型不等式卷)	2015－07	48.00	498
谈谈不定方程	2011－05	28.00	119
数学奥林匹克在中国	2014－06	98.00	344
数学奥林匹克问题集	2014－01	38.00	267
数学奥林匹克不等式散论	2010－06	38.00	124
数学奥林匹克不等式欣赏	2011－09	38.00	138
数学奥林匹克超级题库(初中卷上)	2010－01	58.00	66
数学奥林匹克不等式证明方法和技巧(上、下)	2011－08	158.00	134,135
新编640个世界著名数学智力趣题	2014－01	88.00	242
500个最新世界著名数学智力趣题	2008－06	48.00	3
400个最新世界著名数学最值问题	2008－09	48.00	36
500个世界著名数学征解问题	2009－06	48.00	52
400个中国最佳初等数学征解老问题	2010－01	48.00	60
500个俄罗斯数学经典老题	2011－01	28.00	81
1000个国外中学物理好题	2012－04	48.00	174
300个日本高考数学题	2012－05	38.00	142
500个前苏联早期高考数学试题及解答	2012－05	28.00	185
546个早期俄罗斯大学生数学竞赛题	2014－03	38.00	285
548个来自美苏的数学好问题	2014－11	28.00	396
20所苏联著名大学早期入学试题	2015－02	18.00	452
161道德国工科大学生必做的微分方程习题	2015－05	28.00	469
500个德国工科大学生必做的高数习题	2015－06	28.00	478
德国讲义日本考题.微积分卷	2015－04	48.00	456
德国讲义日本考题.微分方程卷	2015－04	38.00	457
中国初等数学研究　2009卷(第1辑)	2009－05	20.00	45
中国初等数学研究　2010卷(第2辑)	2010－05	30.00	68
中国初等数学研究　2011卷(第3辑)	2011－07	60.00	127
中国初等数学研究　2012卷(第4辑)	2012－07	48.00	190
中国初等数学研究　2014卷(第5辑)	2014－02	48.00	288
中国初等数学研究　2015卷(第6辑)	2015－06	68.00	493

哈尔滨工业大学出版社刘培杰数学工作室已出版(即将出版)图书目录

书　　名	出版时间	定　价	编号
博弈论精粹	2008－03	58.00	30
博弈论精粹.第二版(精装)	2015－01	88.00	461
数学 我爱你	2008－01	28.00	20
精神的圣徒　别样的人生——60位中国数学家成长的历程	2008－09	48.00	39
数学史概论	2009－06	78.00	50
数学史概论(精装)	2013－03	158.00	272
斐波那契数列	2010－02	28.00	65
数学拼盘和斐波那契魔方	2010－07	38.00	72
斐波那契数列欣赏	2011－01	28.00	160
数学的创造	2011－02	48.00	85
数学中的美	2011－02	38.00	84
数论中的美学	2014－12	38.00	351
数学王者　科学巨人——高斯	2015－01	28.00	428
振兴祖国数学的圆梦之旅:中国初等数学研究史话	2015－06	78.00	490
二十世纪中国数学史料研究	2015－10	48.00	536
最新全国及各省市高考数学试卷解法研究及点拨评析	2009－02	38.00	41
2011年全国及各省市高考数学试题审题要津与解法研究	2011－10	48.00	139
2013年全国及各省市高考数学试题解析与点评	2014－01	48.00	282
全国及各省市高考数学试题审题要津与解法研究	2015－02	48.00	450
全国中考数学压轴题审题要津与解法研究	2013－04	78.00	248
新编全国及各省市中考数学压轴题审题要津与解法研究	2014－05	58.00	342
全国及各省市5年中考数学压轴题审题要津与解法研究	2015－04	58.00	462
新课标高考数学——五年试题分章详解(2007～2011)(上、下)	2011－10	78.00	140,141
中考数学专题总复习	2007－04	28.00	6
数学解题——靠数学思想给力(上)	2011－07	38.00	131
数学解题——靠数学思想给力(中)	2011－07	48.00	132
数学解题——靠数学思想给力(下)	2011－07	38.00	133
我怎样解题	2013－01	48.00	227
数学解题中的物理方法	2011－06	28.00	114
数学解题的特殊方法	2011－06	48.00	115
中学数学计算技巧	2012－01	48.00	116
中学数学证明方法	2012－01	58.00	117
数学趣题巧解	2012－03	28.00	128
高中数学教学通鉴	2015－05	58.00	479
和高中生漫谈:数学与哲学的故事	2014－08	28.00	369
自主招生考试中的参数方程问题	2015－01	28.00	435
自主招生考试中的极坐标问题	2015－04	28.00	463
近年全国重点大学自主招生数学试题全解及研究.华约卷	2015－02	38.00	441
近年全国重点大学自主招生数学试题全解及研究.北约卷	即将出版		
自主招生数学解证宝典	2015－09	48.00	535
格点和面积	2012－07	18.00	191
射影几何趣谈	2012－04	28.00	175
斯潘纳尔引理——从一道加拿大数学奥林匹克试题谈起	2014－01	28.00	228
李普希兹条件——从几道近年高考数学试题谈起	2012－10	18.00	221
拉格朗日中值定理——从一道北京高考试题的解法谈起	2015－10	18.00	197
闵科夫斯基定理——从一道清华大学自主招生试题谈起	2014－01	28.00	198
哈尔测度——从一道冬令营试题的背景谈起	2012－08	28.00	202

哈尔滨工业大学出版社刘培杰数学工作室已出版(即将出版)图书目录

书　　名	出版时间	定　价	编号
切比雪夫逼近问题——从一道中国台北数学奥林匹克试题谈起	2013－04	38.00	238
伯恩斯坦多项式与贝齐尔曲面——从一道全国高中数学联赛试题谈起	2013－03	38.00	236
卡塔兰猜想——从一道普特南竞赛试题谈起	2013－06	18.00	256
麦卡锡函数和阿克曼函数——从一道前南斯拉夫数学奥林匹克试题谈起	2012－08	18.00	201
贝蒂定理与拉姆贝克莫斯尔定理——从一个拣石子游戏谈起	2012－08	18.00	217
皮亚诺曲线和豪斯道夫分球定理——从无限集谈起	2012－08	18.00	211
平面凸图形与凸多面体	2012－10	28.00	218
斯坦因豪斯问题——从一道二十五省市自治区中学数学竞赛试题谈起	2012－07	18.00	196
纽结理论中的亚历山大多项式与琼斯多项式——从一道北京市高一数学竞赛试题谈起	2012－07	28.00	195
原则与策略——从波利亚"解题表"谈起	2013－04	38.00	244
转化与化归——从三大尺规作图不能问题谈起	2012－08	28.00	214
代数几何中的贝祖定理(第一版)——从一道IMO试题的解法谈起	2013－08	18.00	193
成功连贯理论与约当块理论——从一道比利时数学竞赛试题谈起	2012－04	18.00	180
磨光变换与范·德·瓦尔登猜想——从一道环球城市竞赛试题谈起	即将出版		
素数判定与大数分解	2014－08	18.00	199
置换多项式及其应用	2012－10	18.00	220
椭圆函数与模函数——从一道美国加州大学洛杉矶分校(UCLA)博士资格考题谈起	2012－10	28.00	219
差分方程的拉格朗日方法——从一道2011年全国高考理科试题的解法谈起	2012－08	28.00	200
力学在几何中的一些应用	2013－01	38.00	240
高斯散度定理、斯托克斯定理和平面格林定理——从一道国际大学生数学竞赛试题谈起	即将出版		
康托洛维奇不等式——从一道全国高中联赛试题谈起	2013－03	28.00	337
西格尔引理——从一道第18届IMO试题的解法谈起	即将出版		
罗斯定理——从一道前苏联数学竞赛试题谈起	即将出版		
拉克斯定理和阿廷定理——从一道IMO试题的解法谈起	2014－01	58.00	246
毕卡大定理——从一道美国大学数学竞赛试题谈起	2014－07	18.00	350
贝齐尔曲线——从一道全国高中联赛试题谈起	即将出版		
拉格朗日乘子定理——从一道2005年全国高中联赛试题的高等数学解法谈起	2015－05	28.00	480
雅可比定理——从一道日本数学奥林匹克试题谈起	2013－04	48.00	249
李天岩－约克定理——从一道波兰数学竞赛试题谈起	2014－06	28.00	349
整系数多项式因式分解的一般方法——从克朗耐克算法谈起	即将出版		
布劳维不动点定理——从一道前苏联数学奥林匹克试题谈起	2014－01	38.00	273
压缩不动点定理——从一道高考数学试题的解法谈起	即将出版		
伯恩赛德定理——从一道英国数学奥林匹克试题谈起	即将出版		

哈尔滨工业大学出版社刘培杰数学工作室已出版(即将出版)图书目录

书　　名	出版时间	定　价	编号
布查特一莫斯特定理——从一道上海市初中竞赛试题谈起	即将出版		
数论中的同余数问题——从一道普特南竞赛试题谈起	即将出版		
范·德蒙行列式——从一道美国数学奥林匹克试题谈起	即将出版		
中国剩余定理:总数法构建中国历史年表	2015-01	28.00	430
牛顿程序与方程求根——从一道全国高考试题解法谈起	即将出版		
库默尔定理——从一道 IMO 预选试题谈起	即将出版		
卢丁定理——从一道冬令营试题的解法谈起	即将出版		
沃斯滕霍姆定理——从一道 IMO 预选试题谈起	即将出版		
卡尔松不等式——从一道莫斯科数学奥林匹克试题谈起	即将出版		
信息论中的香农熵——从一道近年高考压轴题谈起	即将出版		
约当不等式——从一道希望杯竞赛试题谈起	即将出版		
拉比诺维奇定理	即将出版		
刘维尔定理——从一道《美国数学月刊》征解问题的解法谈起	即将出版		
卡塔兰恒等式与级数求和——从一道 IMO 试题的解法谈起	即将出版		
勒让德猜想与素数分布——从一道爱尔兰竞赛试题谈起	即将出版		
天平称重与信息论——从一道基辅市数学奥林匹克试题谈起	即将出版		
哈密尔顿一凯莱定理:从一道高中数学联赛试题的解法谈起	2014-09	18.00	376
艾思特曼定理——从一道 CMO 试题的解法谈起	即将出版		
一个爱尔特希问题——从一道西德数学奥林匹克试题谈起	即将出版		
有限群中的爱丁格尔问题——从一道北京市初中二年级数学竞赛试题谈起	即将出版		
贝克码与编码理论——从一道全国高中联赛试题谈起	即将出版		
帕斯卡三角形	2014-03	18.00	294
蒲丰投针问题——从 2009 年清华大学的一道自主招生试题谈起	2014-01	38.00	295
斯图姆定理——从一道“华约”自主招生试题的解法谈起	2014-01	18.00	296
许瓦兹引理——从一道加利福尼亚大学伯克利分校数学系博士生试题谈起	2014-08	18.00	297
拉格朗日中值定理——从一道北京高考试题的解法谈起	2014-01		298
拉姆塞定理——从王诗宬院士的一个问题谈起	2014-01		299
坐标法	2013-12	28.00	332
数论三角形	2014-04	38.00	341
毕克定理	2014-07	18.00	352
数林掠影	2014-09	48.00	389
我们周围的概率	2014-10	38.00	390
凸函数最值定理:从一道华约自主招生题的解法谈起	2014-10	28.00	391
易学与数学奥林匹克	2014-10	38.00	392
生物数学趣谈	2015-01	18.00	409
反演	2015-01		420
因式分解与圆锥曲线	2015-01	18.00	426
轨迹	2015-01	28.00	427
面积原理:从常庚哲命的一道 CMO 试题的积分解法谈起	2015-01	48.00	431
形形色色的不动点定理:从一道 28 届 IMO 试题谈起	2015-01	38.00	439
柯西函数方程:从一道上海交大自主招生的试题谈起	2015-02	28.00	440
三角恒等式	2015-02	28.00	442
无理性判定:从一道 2014 年“北约”自主招生试题谈起	2015-01	38.00	443
数学归纳法	2015-03	18.00	451

哈尔滨工业大学出版社刘培杰数学工作室 已出版(即将出版)图书目录

书　　名	出版时间	定　价	编号
极端原理与解题	2015－04	28.00	464
法雷级数	2014－08	18.00	367
摆线族	2015－01	38.00	438
函数方程及其解法	2015－05	38.00	470
含参数的方程和不等式	2012－09	28.00	213
中等数学英语阅读文选	2006－12	38.00	13
统计学专业英语	2007－03	28.00	16
统计学专业英语(第二版)	2012－07	48.00	176
统计学专业英语(第三版)	2015－04	68.00	465
幻方和魔方(第一卷)	2012－05	68.00	173
尘封的经典——初等数学经典文献选读(第一卷)	2012－07	48.00	205
尘封的经典——初等数学经典文献选读(第二卷)	2012－07	38.00	206
代换分析:英文	2015－07	38.00	499
实变函数论	2012－06	78.00	181
复变函数论	2015－08	38.00	504
非光滑优化及其变分分析	2014－01	48.00	230
疏散的马尔科夫链	2014－01	58.00	266
马尔科夫过程论基础	2015－01	28.00	433
初等微分拓扑学	2012－07	18.00	182
方程式论	2011－03	38.00	105
初级方程式论	2011－03	28.00	106
Galois 理论	2011－03	18.00	107
古典数学难题与伽罗瓦理论	2012－11	58.00	223
伽罗华与群论	2014－01	28.00	290
代数方程的根式解及伽罗瓦理论	2011－03	28.00	108
代数方程的根式解及伽罗瓦理论(第二版)	2015－01	28.00	423
线性偏微分方程讲义	2011－03	18.00	110
几类微分方程数值方法的研究	2015－05	38.00	485
N 体问题的周期解	2011－03	28.00	111
代数方程式论	2011－05	18.00	121
动力系统的不变量与函数方程	2011－07	48.00	137
基于短语评价的翻译知识获取	2012－02	48.00	168
应用随机过程	2012－04	48.00	187
概率论导引	2012－04	18.00	179
矩阵论(上)	2013－06	58.00	250
矩阵论(下)	2013－06	48.00	251
对称锥互补问题的内点法:理论分析与算法实现	2014－08	68.00	368
抽象代数:方法导引	2013－06	38.00	257
函数论	2014－11	78.00	395
反问题的计算方法及应用	2011－11	28.00	147
初等数学研究(Ⅰ)	2008－09	68.00	37
初等数学研究(Ⅱ)(上、下)	2009－05	118.00	46,47
数阵及其应用	2012－02	28.00	164
绝对值方程—折边与组合图形的解析研究	2012－07	48.00	186
代数函数论(上)	2015－07	38.00	494
代数函数论(下)	2015－07	38.00	495
偏微分方程论:法文	2015－10	48.00	533
闵嗣鹤文集	2011－03	98.00	102
吴从炘数学活动三十年(1951～1980)	2010－07	99.00	32
吴从炘数学活动又三十年(1981～2010)	2015－07	98.00	491

哈尔滨工业大学出版社刘培杰数学工作室已出版(即将出版)图书目录

书名	出版时间	定价	编号
趣味初等方程妙题集锦	2014－09	48.00	388
趣味初等数论选美与欣赏	2015－02	48.00	445
耕读笔记(上卷):一位农民数学爱好者的初数探索	2015－04	48.00	459
耕读笔记(中卷):一位农民数学爱好者的初数探索	2015－05	28.00	483
耕读笔记(下卷):一位农民数学爱好者的初数探索	2015－05	28.00	484
数贝偶拾——高考数学题研究	2014－04	28.00	274
数贝偶拾——初等数学研究	2014－04	38.00	275
数贝偶拾——奥数题研究	2014－04	48.00	276
集合、函数与方程	2014－01	28.00	300
数列与不等式	2014－01	38.00	301
三角与平面向量	2014－01	28.00	302
平面解析几何	2014－01	38.00	303
立体几何与组合	2014－01	28.00	304
极限与导数、数学归纳法	2014－01	38.00	305
趣味数学	2014－03	28.00	306
教材教法	2014－04	68.00	307
自主招生	2014－05	58.00	308
高考压轴题(上)	2015－01	48.00	309
高考压轴题(下)	2014－10	68.00	310
从费马到怀尔斯——费马大定理的历史	2013－10	198.00	I
从庞加莱到佩雷尔曼——庞加莱猜想的历史	2013－10	298.00	II
从切比雪夫到爱尔特希(上)——素数定理的初等证明	2013－07	48.00	III
从切比雪夫到爱尔特希(下)——素数定理100年	2012－12	98.00	III
从高斯到盖尔方特——二次域的高斯猜想	2013－10	198.00	IV
从库默尔到朗兰兹——朗兰兹猜想的历史	2014－01	98.00	V
从比勃巴赫到德布朗斯——比勃巴赫猜想的历史	2014－02	298.00	VI
从麦比乌斯到陈省身——麦比乌斯变换与麦比乌斯带	2014－02	298.00	VII
从布尔到豪斯道夫——布尔方程与格论漫谈	2013－10	198.00	VIII
从开普勒到阿诺德——三体问题的历史	2014－05	298.00	IX
从华林到华罗庚——华林问题的历史	2013－10	298.00	X
吴振奎高等数学解题真经(概率统计卷)	2012－01	38.00	149
吴振奎高等数学解题真经(微积分卷)	2012－01	68.00	150
吴振奎高等数学解题真经(线性代数卷)	2012－01	58.00	151
钱昌本教你快乐学数学(上)	2011－12	48.00	155
钱昌本教你快乐学数学(下)	2012－03	58.00	171
第19～23届"希望杯"全国数学邀请赛试题审题要津详细评注(初一版)	2014－03	28.00	333
第19～23届"希望杯"全国数学邀请赛试题审题要津详细评注(初二、初三版)	2014－03	38.00	334
第19～23届"希望杯"全国数学邀请赛试题审题要津详细评注(高一版)	2014－03	28.00	335
第19～23届"希望杯"全国数学邀请赛试题审题要津详细评注(高二版)	2014－03	38.00	336
第19～25届"希望杯"全国数学邀请赛试题审题要津详细评注(初一版)	2015－01	38.00	416
第19～25届"希望杯"全国数学邀请赛试题审题要津详细评注(初二、初三版)	2015－01	58.00	417
第19～25届"希望杯"全国数学邀请赛试题审题要津详细评注(高一版)	2015－01	48.00	418
第19～25届"希望杯"全国数学邀请赛试题审题要津详细评注(高二版)	2015－01	48.00	419

哈尔滨工业大学出版社刘培杰数学工作室已出版(即将出版)图书目录

书　　名	出版时间	定　价	编号
高等数学解题全攻略(上卷)	2013－06	58.00	252
高等数学解题全攻略(下卷)	2013－06	58.00	253
高等数学复习纲要	2014－01	18.00	384
三角函数	2014－01	38.00	311
不等式	2014－01	38.00	312
数列	2014－01	38.00	313
方程	2014－01	28.00	314
排列和组合	2014－01	28.00	315
极限与导数	2014－01	28.00	316
向量	2014－09	38.00	317
复数及其应用	2014－08	28.00	318
函数	2014－01	38.00	319
集合	即将出版		320
直线与平面	2014－01	28.00	321
立体几何	2014－04	28.00	322
解三角形	即将出版		323
直线与圆	2014－01	28.00	324
圆锥曲线	2014－01	38.00	325
解题通法(一)	2014－07	38.00	326
解题通法(二)	2014－07	38.00	327
解题通法(三)	2014－05	38.00	328
概率与统计	2014－01	28.00	329
信息迁移与算法	即将出版		330
物理奥林匹克竞赛大题典——力学卷	2014－11	48.00	405
物理奥林匹克竞赛大题典——热学卷	2014－04	28.00	339
物理奥林匹克竞赛大题典——电磁学卷	2015－07	48.00	406
物理奥林匹克竞赛大题典——光学与近代物理卷	2014－06	28.00	345
历届中国东南地区数学奥林匹克试题集(2004～2012)	2014－06	18.00	346
历届中国西部地区数学奥林匹克试题集(2001～2012)	2014－07	18.00	347
历届中国女子数学奥林匹克试题集(2002～2012)	2014－08	18.00	348
几何变换(Ⅰ)	2014－07	28.00	353
几何变换(Ⅱ)	2015－06	28.00	354
几何变换(Ⅲ)	2015－01	38.00	355
几何变换(Ⅳ)	即将出版		356
美国高中数学竞赛五十讲. 第1卷(英文)	2014－08	28.00	357
美国高中数学竞赛五十讲. 第2卷(英文)	2014－08	28.00	358
美国高中数学竞赛五十讲. 第3卷(英文)	2014－09	28.00	359
美国高中数学竞赛五十讲. 第4卷(英文)	2014－09	28.00	360
美国高中数学竞赛五十讲. 第5卷(英文)	2014－10	28.00	361
美国高中数学竞赛五十讲. 第6卷(英文)	2014－11	28.00	362
美国高中数学竞赛五十讲. 第7卷(英文)	2014－12	28.00	363
美国高中数学竞赛五十讲. 第8卷(英文)	2015－01	28.00	364
美国高中数学竞赛五十讲. 第9卷(英文)	2015－01	28.00	365
美国高中数学竞赛五十讲. 第10卷(英文)	2015－02	38.00	366

哈尔滨工业大学出版社刘培杰数学工作室 已出版(即将出版)图书目录

书　　名	出版时间	定　价	编号
IMO 50 年.第 1 卷(1959—1963)	2014—11	28.00	377
IMO 50 年.第 2 卷(1964—1968)	2014—11	28.00	378
IMO 50 年.第 3 卷(1969—1973)	2014—09	28.00	379
IMO 50 年.第 4 卷(1974—1978)	即将出版		380
IMO 50 年.第 5 卷(1979—1984)	2015—04	38.00	381
IMO 50 年.第 6 卷(1985—1989)	2015—04	58.00	382
IMO 50 年.第 7 卷(1990—1994)	即将出版		383
IMO 50 年.第 8 卷(1995—1999)	即将出版		384
IMO 50 年.第 9 卷(2000—2004)	2015—04	58.00	385
IMO 50 年.第 10 卷(2005—2008)	即将出版		386
历届美国大学生数学竞赛试题集.第一卷(1938—1949)	2015—01	28.00	397
历届美国大学生数学竞赛试题集.第二卷(1950—1959)	2015—01	28.00	398
历届美国大学生数学竞赛试题集.第三卷(1960—1969)	2015—01	28.00	399
历届美国大学生数学竞赛试题集.第四卷(1970—1979)	2015—01	18.00	400
历届美国大学生数学竞赛试题集.第五卷(1980—1989)	2015—01	28.00	401
历届美国大学生数学竞赛试题集.第六卷(1990—1999)	2015—01	28.00	402
历届美国大学生数学竞赛试题集.第七卷(2000—2009)	2015—08	18.00	403
历届美国大学生数学竞赛试题集.第八卷(2010—2012)	2015—01	18.00	404
新课标高考数学创新题解题诀窍:总论	2014—09	28.00	372
新课标高考数学创新题解题诀窍:必修 1～5 分册	2014—08	38.00	373
新课标高考数学创新题解题诀窍:选修 2—1,2—2,1—1,1—2分册	2014—09	38.00	374
新课标高考数学创新题解题诀窍:选修 2—3,4—4,4—5 分册	2014—09	18.00	375
全国重点大学自主招生英文数学试题全攻略:词汇卷	2015—07	48.00	410
全国重点大学自主招生英文数学试题全攻略:概念卷	2015—01	28.00	411
全国重点大学自主招生英文数学试题全攻略:文章选读卷(上)	即将出版		412
全国重点大学自主招生英文数学试题全攻略:文章选读卷(下)	即将出版		413
全国重点大学自主招生英文数学试题全攻略:试题卷	2015—07	38.00	414
全国重点大学自主招生英文数学试题全攻略:名著欣赏卷	即将出版		415
数学物理大百科全书.第 1 卷	2015—08	408.00	508
数学物理大百科全书.第 2 卷	2015—08	418.00	509
数学物理大百科全书.第 3 卷	2015—08	396.00	510
数学物理大百科全书.第 4 卷	2015—08	408.00	511
数学物理大百科全书.第 5 卷	2015—08	368.00	512

哈尔滨工业大学出版社刘培杰数学工作室
已出版(即将出版)图书目录

书　　名	出版时间	定　价	编号
劳埃德数学趣题大全.题目卷.1:英文	2015-10	18.00	516
劳埃德数学趣题大全.题目卷.2:英文	2015-10	18.00	517
劳埃德数学趣题大全.题目卷.3:英文	2015-10	18.00	518
劳埃德数学趣题大全.题目卷.4:英文	即将出版		519
劳埃德数学趣题大全.题目卷.5:英文	即将出版		520
劳埃德数学趣题大全.答案卷:英文	即将出版		521
李成章教练奥数笔记.第1卷	2015-10	48.00	522
李成章教练奥数笔记.第2卷	2015-10	48.00	523
李成章教练奥数笔记.第3卷	2015-10	38.00	524
李成章教练奥数笔记.第4卷	2015-10	38.00	525
李成章教练奥数笔记.第5卷	即将出版		526
李成章教练奥数笔记.第6卷	即将出版		527
李成章教练奥数笔记.第7卷	即将出版		528
李成章教练奥数笔记.第8卷	即将出版		529
李成章教练奥数笔记.第9卷	即将出版		530
zeta 函数,q-zeta 函数,相伴级数与积分	2015-08	88.00	513
微分形式:理论与练习	2015-08	58.00	514
离散与微分包含的逼近和优化	2015-08	58.00	515

联系地址:哈尔滨市南岗区复华四道街10号　哈尔滨工业大学出版社刘培杰数学工作室

网　　址:http://lpj.hit.edu.cn/

邮　　编:150006

联系电话:0451-86281378　　13904613167

E-mail:lpj1378@163.com